U0873209

职业本科校企合作双元开发新形态信息化教材
高等职业教育自动化类应用型人才培养实用教材

组态控制技术

主　编　刘祥平　李　波　王　宁
副主编　邓　英　刘赛军　戴元梦

西南交通大学出版社
·成　都·

图书在版编目（CIP）数据

组态控制技术 / 刘祥平，李波，王宁主编. -- 成都：西南交通大学出版社，2024. 8. --（职业本科校企合作双元开发新形态信息化教材）（高等职业教育自动化类应用型人才培养实用教材）. -- ISBN 978-7-5643-9965-8

Ⅰ. TP273

中国国家版本馆 CIP 数据核字第 2024L5T716 号

职业本科校企合作双元开发新形态信息化教材
高等职业教育自动化类应用型人才培养实用教材

Zutai Kongzhi Jishu
组态控制技术

主编 刘祥平 李 波 王 宁

策划编辑	罗在伟
责任编辑	雷 勇
封面设计	何东琳设计工作室
出版发行	西南交通大学出版社 （四川省成都市金牛区二环路北一段 111 号 西南交通大学创新大厦 21 楼）
营销部电话	028-87600564 028-87600533
邮政编码	610031
网 址	http://www.xnjdcbs.com
印 刷	四川煤田地质制图印务有限责任公司
成品尺寸	185 mm × 260 mm
印 张	17.25
字 数	431 千
版 次	2024 年 8 月第 1 版
印 次	2024 年 8 月第 1 次
书 号	ISBN 978-7-5643-9965-8
定 价	48.00 元

图书如有印装质量问题 本社负责退换
版权所有 盗版必究 举报电话：028-87600562

前 言

随着计算机信息、网络通信、大数据处理等技术的快速发展，现代工业控制系统已由早期单纯的自动化发展为集自动化、数字化、智能化于一体的综合控制系统。组态控制技术集数据采集与过程控制于一体，可以高效地实现工业生产数字化和工业控制自动化、智能化，是现代工业控制系统的重要组成部分。

工业组态软件是一种专门用于工业自动化领域进行数据采集与过程控制的软件，是实现工业组态控制的主要平台。该类软件支持各种主流 PLC 硬件设备和多种现场总线通信协议，能够便捷地完成工业现场数据采集；自带功能丰富的控件库和脚本系统，让用户快速完成图形化人机界面和后台监视控制系统（SCADA）开发；强大的数据处理、报警和故障诊断等功能，极大地提高生产效率和质量。通过工业组态软件，用户可以高效、快速地完成工业组态控制系统开发。常用的工业组态软件包括 MCGS、WinCC、组态王、Lookout 等，可广泛应用于工业生产、电力系统、给水系统、石油、化工等领域。

本书以工控组态软件 MCGS 嵌入版 V7.7 为背景，详细介绍 MCGS 组态软件的组态过程和实际应用。在内容安排上遵循"理论够用、实践为重"的原则，精选理论教学内容，强化实践环节，重点突出组态控制技术的实用性，深入浅出地介绍组态软件的工作原理、设计方法、实施步骤及应用案例。本书内容包括监控组态软件概述、用户窗口与实时数据库、运行策略与脚本程序、数据处理与安全机制、报警处理与曲线绘制、报表输出与配方处理、MCGS 数据采集与控制、MCGS 串口通信与控制等，通过项目教学法组织教学，编排多个工程训练项目，项目难易程度由简单到复杂，逐步提升读者的工程实践能力，掌握和应用组态控制核心技术，培养实际操作技能、问题解决能力和创新思维。本书内容丰富，有较强的实用性和可操作性，可作为高等学校电气、自动化类专业及工程技术人员的教材或参考书。

本书由重庆机电职业技术大学刘祥平、李波、王宁担任主编，邓英、刘赛军、戴元梦担任副主编。具体编写分工如下：第 1 章由李波编写；第 2 章、第 7 章和第 8 章由刘祥平编写；第 3 章由王宁编写；第 4 章由邓英编写；第 5 章由刘赛军编写；第 6 章由戴元梦编写。全书由刘祥平统稿和定稿。

由于编者的经验、水平有限，书中难免存在妥当与疏漏之处，敬请广大读者批评指正！

编　者

2024 年 4 月

目 录

第 1 章 MCGS 组态软件概述 001

1.1 组态与组态软件的含义 001

1.2 常用组态软件简介 001

1.3 MCGS 嵌入版组态软件的功能和特点 002

1.4 MCGS 嵌入版组态软件的体系结构 004

1.5 MCGS 组态软件的常用术语 005

1.6 MCGS 嵌入版组态步骤 007

1.7 MCGS 嵌入版组态软件的安装 008

第 2 章 MCGS 组态软件的工作台 011

2.1 MCGS 组态软件的用户窗口 011

2.2 MCGS 组态软件的实时数据库 018

2.3 MCGS 组态软件的运行策略与脚本程序 035

2.4 MCGS 组态软件的设备窗口 060

2.5 MCGS 组态软件的主控窗口 062

第 3 章 MCGSTPC 与 PLC 的应用 066

3.1 TPC7062K 触摸屏的认知 066

3.2 TPC7062K 与组态计算机的连接 068

3.3 TPC7062K 与 PLC 的硬件连接 070

第 4 章 数据处理及安全机制 098

4.1 MCGS 的数据处理 098

4.2 MCGS 的安全机制 103

第 5 章 报警处理与曲线绘制 136

5.1 MCGS 的报警处理 136

5.2 MCGS 的曲线绘制 140

第 6 章　报表输出与配方处理 165
6.1　MCGS 的报表输出 165
6.2　MCGS 的配方处理 173
第 7 章　工程应用实例　电机拖动监控系统设计 195
7.1　系统监控画面设计 195
7.2　PLC 控制程序设计 213
7.3　MCGS 设备组态与在线调试 215
第 8 章　工程应用实例　运料小车控制系统设计 221
8.1　系统监控画面设计 222
8.2　运行策略和控制面板设计 242
8.3　PLC 控制程序设计 262
8.4　MCGS 设备组态与在线调试 265
参考文献 269

第 1 章　MCGS 组态软件概述

1.1　组态与组态软件的含义

组态（Configuration）是指利用软件工具对计算机和软件等各种资源进行配置的过程其目的是使计算机或软件按照预先设置自动执行特定任务，满足使用者的要求。

组态软件又称为组态监控系统软件（Supervisory Control and Data Acquisition，SCADA），是数据采集与过程控制的专用软件。

组态软件是处在集散控制系统（DCS）操作层和管理层的软件平台和开发环境，是为用户提供快速构建工业自动控制系统监控功能、通用层次的软件工具。组态软件通过对现场数据的采集处理，以动画显示、报警处理、流程控制、实时曲线、历史曲线、报表输出等多种方式向用户提供解决实际工程问题的方案。

“组态软件”作为一个专业术语，尚未有一个统一的定义。就内涵而言，组态软件是指在软件领域内，操作人员根据应用对象及控制任务的要求，配置（包括对象的定义、制作和编辑，对象状态特征属性参数的设定等）用户应用软件，也就是把组态软件视为“应用程序生成器”。从应用角度讲，组态软件是完成系统硬件与软件沟通，建立现场与监控层沟通的人机界面的软件平台。组态软件可广泛应用于工业控制领域，如电力系统、给水系统、石油、化工、制造业自动生产线等领域的数据采集与监视控制，以及过程控制等。

1.2　常用组态软件简介

目前市场上的组态软件产品有国外专业软件厂商提供的产品、国内自行开发的国产化产品。这些组态软件产品的相同特性体现在具有强大的图形组态功能、强大的数据库、丰富的功能模块、开放式结构，可提供多种数据驱动程序、系统开发环境和系统运行环境以及可供用户二次开发的脚本语言；不同特性主要体现在所使用脚本语言种类不同、提供的命令语言函数数量不同、关键字种类不同、与第三方软件通信方式不同、扩展功能组件不同、产品价格不同。

目前主流的比较常用的组态软件主要包括：

（1）北京昆仑通态自动化软件科技有限公司的 MCGS。

（2）北京亚控科技发展有限公司的组态王。

（3）北京三维力控科技有限公司的力控。

（4）北京世纪佳诺科技有限公司的世纪星。

（5）美国 Wonderware 公司的 InTouch。
（6）美国 GE 公司旗下 Intellution 公司的 IFIX。
（7）西门子公司的 WinCC。

1.3 MCGS 嵌入版组态软件的功能和特点

通用监控系统（Monitor and Control Generated System，MCGS）是一套用于快速构造和生成计算机监控系统的组态软件，通过与其他相关的硬件设备结合，可以快速、方便地对现场数据进行采集处理，以动画显示、报警处理、流程控制、报表输出等多种方式向用户提供解决实际工程问题的方案。MCGS 充分利用了 Windows 操作系统图形功能完备、界面一致性好、易学易用的特点，比以往使用专用机开发的工业控制系统具有更好的通用性，在自动化领域有着更广泛的应用。

1.3.1 MCGS 嵌入版组态软件的功能

MCGS 嵌入版组态软件的功能主要包括：

（1）具有简单、灵活的可视化操作界面。MCGS 嵌入版组态软件采用全中文、可视化、面向窗口的开发界面，符合中国人的使用习惯和要求。以窗口为单位，构造用户运行系统的图形界面，使得 MCGS 嵌入版组态软件的操作既简单直观又灵活多变。用户可以使用系统的缺省构架，也可以根据需要自己组态配置，生成各种类型和风格的图形界面。

（2）实时性强，具有良好的并行处理性能。MCGS 嵌入版组态软件是真正的 32 位系统，充分利用了多任务、按优先级分时操作的功能，以线程为单位对在工程作业中实时性强的关键任务和实时性不强的非关键任务进行分时并行处理。例如，MCGS 嵌入版组态软件在处理数据采集、设备驱动和异常处理等关键任务时，可在主机运行周期时间内插空进行，如打印数据一类的非关键性工作，实现并行处理。

（3）多媒体画面丰富、生动。MCGS 嵌入版组态软件以图像、图符、报表、曲线等多种形式，为操作员提供系统运行状态、品质及异常报警等相关信息；利用大小变化、颜色改变、明暗闪烁、移动翻转等，增强画面的动态显示效果；对图元、图符对象定义相应的状态属性，实现动画效果。MCGS 嵌入版组态软件还为用户提供丰富的动画构件，每个动画构件都对应一个特定的动画功能。

（4）安全机制完善。MCGS 嵌入版组态软件提供良好的安全机制，为不同级别用户设定不同的操作权限。此外，MCGS 嵌入版组态软件还提供工程密码，以保护组态开发者的成果。

（5）具有强大的网络功能。MCGS 嵌入版组态软件具有强大的网络通信功能，支持串口通信、Modem 串口通信、以太网 TCP/IP 通信，不仅可以方便快捷地实现远程数据传输，还可以通过 Web 浏览功能监测整个企业的生产信息，实现设备管理和企业管理的集成。

（6）报警功能多样化。MCGS 嵌入版组态软件提供多种不同的报警方式，方便用户进行报警设置，实时显示报警信息并对报警数据进行存储与应答，为工业现场安全可靠的生产运行提供有力的保障。

（7）实时数据库有助于用户分步组态。实时数据库是一个数据处理中心，是系统各个部分及其各种功能性构件的公用数据区，是整个系统的核心。各个部件独立地向实时数据库输入和输出数据，并完成自己的差错控制。在生成用户应用系统时，每一部分均可分别进行组态配置，独立建造，互不相干。

（8）支持多种硬件设备。MCGS 嵌入版组态软件针对外部设备的特征，设立设备工具箱，定义多种设备构件，建立系统与外部设备的连接关系，赋予相关的属性，实现对外部设备的驱动和控制。用户在设备工具箱中可方便选择各种设备构件。不同的设备对应不同的构件，所有的设备构件均通过实时数据库建立联系，但建立时又是相互独立的，即对某一构件的操作或改动，不影响其他构件和整个系统的结构，因此 MCGS 嵌入版组态软件是一个“设备无关”的系统，用户不必因外部设备的局部改动，而影响整个系统。

（9）方便控制复杂的运行流程。MCGS 嵌入版组态软件开辟了运行策略，用户可以选用系统提供的各种条件和功能的策略构件，用图形化的方法和简单的类 BASIC 语言构造多分支的应用程序，按照设定的条件和顺序，操作外部设备，控制窗口的打开或关闭，与实时数据库进行数据交换，自由、精确地控制运行流程，同时也可以由用户创建新的策略构件，扩展系统的功能。

（10）具有良好的可维护性。MCGS 嵌入版组态软件系统由五大功能模块组成，主要的功能模块以构件的形式来构造，不同的构件有着不同的功能，且各自独立。三种基本类型的构件（如设备构件、动画构件、策略构件）完成了 MCGS 嵌入版组态软件系统的三大部分（设备驱动、动画显示和流程控制）的所有工作。

（11）用自建文件系统来管理数据存储，系统可靠性更高。由于 MCGS 嵌入版组态软件不再使用 Access 数据库来存储数据，而是使用了自建的文件系统来管理数据存储，所以与 MCGS 通用版组态软件相比，MCGS 嵌入版组态软件的可靠性更高，在异常掉电的情况下也不会丢失数据。

（12）设立对象元件库，组态工作简单方便。对象元件库实际上是分类存储各种组态对象的图库。组态时，可把制作完好的对象（包括图形对象、窗口对象策略对象乃至位图文件等）以元件的形式存入图库，也可把元件库中的各种对象取出，直接为当前的工程所用。随着工作的积累，对象元件库将日益扩大和丰富，这样解决了组态结果的积累和重新利用问题，组态工作将会变得越来越简单方便。

1.3.2 MCGS 嵌入版组态软件的特点

MCGS 嵌入版组态软件特点主要包括：

（1）容量小。整个系统最低配置只需要 2 MB 的存储空间，可以方便地使用各种存储设备。

（2）速度快。系统的时间控制精度高，可以方便地完成各种高速采集，满足实时控制系统要求。

（3）成本低。系统最低配置只需要主频为 24 MB 的 386 单板计算机、4 MB 内存，极大地降低设备成本。

（4）稳定性高。无硬盘、内置“看门狗”。上电后重启时间短，可在各种恶劣环境下稳定、长时间运行。

（5）功能强大。提供中断处理，定时扫描精度可达到毫秒级，提供对计算机串口、内存、端口的访问，并可以根据需要灵活组态。

（6）通信方便。内置串行通信功能、以太网通信功能、Web 浏览功能和 Modem 远程诊断功能，可以方便地与各种设备进行数据交换、远程采集和 Web 浏览。

（7）操作简便。MCGS 嵌入版组态软件不但继承了 MCGS 通用版与网络版组态软件简单易学的优点，还增加了灵活的模块操作，以流程为单位构造用户控制系统，使得 MCGS 嵌入版组态软件的操作既简单直观，又灵活多变。

（8）支持多种设备。提供了所有常用硬件设备的驱动。

（9）有助于建造完整的解决方案。MCGS 嵌入版组态软件具备与 MCGS 通用版和网络版组态软件相同的组态环境界面，可有效帮助用户建造从嵌入版设备、现场监控工作站到企业生产监控信息网的完整解决方案，并有助于用户开发的项目在这三个层次上的平滑迁移。

1.4　MCGS 嵌入版组态软件的体系结构

MCGS 组态软件由“MCGS 组态环境”和“MCGS 运行环境”两个部分组成，两部分相互独立又紧密联系。MCGS 组态软件的整体结构如图 1-1 所示。

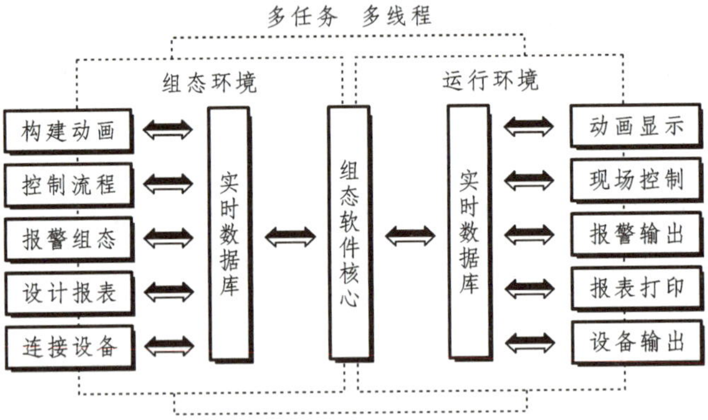

图 1-1　MCGS 组态软件的整体结构

MCGS 组态环境是生成用户应用系统的工作环境，用户在 MCGS 组态环境中完成动画设计、设备连接、编写控制流程、编制工程打印报表等全部组态工作后，生成扩展名为.mcg 的工程文件，又称为组态结果数据库，与 MCGS 运行环境一起构成了用户应用系统，统称为“工程”。

MCGS 运行环境是用户应用系统的运行环境，在运行环境中完成对工程的控制工作。

MCGS 嵌入版组态软件生成的应用系统如图 1-2 所示，主要由主控窗口、设备窗口、用户窗口、实时数据库和运行策略五部分组成，具体含义主要包括：

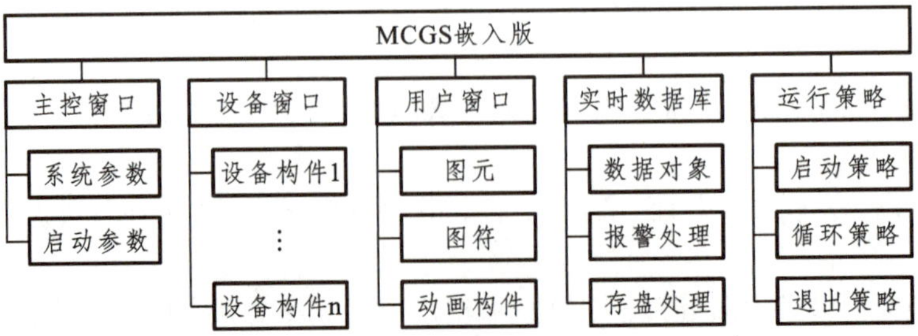

图 1-2　MCGS 嵌入版组态软件的组成

（1）主控窗口。

主控窗口确定工业控制中工程作业的总体轮廓以及运行流程、特性参数和启动特性等项内容，是应用系统的主框架。在主控窗口中可以放置一个设备窗口和多个用户窗口，负责调度和管理这些窗口的打开或关闭。

（2）设备窗口。

设备窗口专门用来放置不同类型和功能的设备构件，实现对外部设备的操作和控制。设备窗口通过设备构件采集外部设备数据并送入实时数据库，或把实时数据库数据输出到外部设备。

（3）用户窗口。

用户窗口用于设置工程中的人机交互界面，实现数据和流程的“可视化”。如生成各种动画显示画面、报警输出和数据与曲线图表等。

（4）实时数据库。

实时数据库是 MCGS 嵌入版组态软件的核心，将 MCGS 工程的各个部分连接成有机的整体。从外部设备采集来的实时数据送入实时数据库，系统其他部分操作的数据也来自于实时数据库。

（5）运行策略。

运行策略是对系统运行流程进行有效控制的手段，放置由策略条件构件和策略构件组成的“策略行”；通过对运行策略的定义，使系统能够按照设定的顺序和条件操作任务，实现对外部设备工作过程的精确控制。

1.5 MCGS 组态软件的常用术语

MCGS 组态软件常用的术语主要包括：

（1）工程。

工程是用户应用系统的简称。引入工程的概念，是为了使复杂的计算机专业技术更贴近普通工程用户。在 MCGS 组态环境中生成的文件称为工程文件，其扩展名为.mcg，存放于 MCGS 目录的 WORK 子目录中，如“D:\MCGS\WORK\MCGS 例程 1.mcg”。

（2）对象。

对象是操作目标与操作环境的统称，如窗口、构件、数据、图形等皆称为对象。

（3）选中对象。

选中对象是指单击窗口或对象，使其处于可操作状态，称此操作为选中对象，被选中的对象（包括窗口）也称为当前对象。

（4）组态。

组态是指在窗口环境内进行对象的定义、制作和编辑，并设定其状态特征（属性）参数，将此项工作称为组态。

（5）属性。

属性是指对象的名称、类型、状态、性能及用法等特征的统称。

（6）菜单。

菜单是执行某种功能的命令集合，如系统菜单中的“文件”菜单命令是用来处理与工程文件有关的执行命令。位于窗口顶端菜单条内的菜单命令称为顶层菜单，一般分为独立的菜单项和下拉菜单两种形式，下拉菜单还可分成多级，每一级称为次级子菜单。

（7）构件。

构件是指具备某种特定功能的程序模块，可以用 Visual Basic、VC 等程序设计语言编写，通过编译生成 DLL、OCX 等文件。用户对构件设置一定的属性，并与定义的数据变量相连接，即可在系统运行中实现相应的功能。

（8）策略。

策略是指对系统运行流程进行有效控制的措施和方法。

（9）启动策略。

启动策略是指在进入运行环境后首先运行的策略，只运行一次，一般完成系统初始化的处理。该策略由 MCGS 自动生成，具体处理的内容由用户填充。

（10）循环策略。

循环策略是指按照用户指定的周期，循环执行策略块内的内容，通常用来完成流程控制任务。

（11）退出策略。

退出策略是指在退出运行环境时执行的策略，一般由 MCGS 自动生成、自动调用，该策略模块完成系统结束运行前的善后处理任务。

（12）用户策略。

用户策略是指由用户定义并用于完成特定功能的策略，一般由按钮、菜单、其他策略来调用执行。

（13）事件策略。

事件策略是指当开关型变量发生跳变时（如由 1 跳变到 0 或由 0 跳变到 1）执行的策略，只运行一次。

（14）热键策略。

热键策略是指当用户按下定义的快捷键（如 Ctrl+D）时执行的策略，只运行一次。

（15）可见度。

可见度是指对象在窗口内的显现状态，即可见、不可见状态。

（16）变量类型。

变量类型是指 MCGS 定义的变量，主要包括数值型、开关型、字符型、事件型和组对象 5 种类型。

（17）事件对象。

事件对象是指用来记录和标识某种事件的产生或状态的变化情况，如开关量状态的变化。

（18）组对象。

组对象是指用来存储具有相同存盘属性的多个变量的集合，其内部成员可包含多个其他类型的变量。组对象只是对有关联的某一类数据对象的整体表示方法，而系统实际的操作则针对每个成员进行。

（19）动画刷新周期。

动画刷新周期是指动画更新速度，即颜色变换、物体运动、液面升降的快慢等，一般采用 ms 为单位。

（20）父设备。

父设备是指本身没有特定功能，但可以和其他设备一起与计算机进行数据交换的硬件设备，如串口父设备。

（21）子设备。

子设备是指必须通过一种父设备与计算机进行通信的设备。

（22）模拟设备。

模拟设备是指在对工程文件测试时提供的可变化数据的内部设备，可提供多种变化方式。

（23）数据库存盘文件。

数据库存盘文件是指 MCGS 工程文件在硬盘中存储时的文件，为 MDB 文件，一般以工程文件的文件名+“D”进行命名，存储在 MCGS 目录的 WORK 子目录中。

1.6 MCGS 嵌入版组态步骤

使用 MCGS 嵌入版组态软件完成一个实际的应用系统，首先必须在 MCGS 组态环境下进行系统的组态生成工作，然后将系统放在 MCGS 的模拟运行环境下运行。在 MCGS 组态环境下构造一个用户应用系统，一般包括工程整体规划、工程建立、构造实时数据库、组态用户窗口、组态运行策略、组态主控窗口、组态设备窗口、组态结果检查、工程测试等步骤。

1. 工程整体规划

在实际工程项目中，使用 MCGS 构造应用系统前应进行工程的整体规划，保证项目的顺利实施。

工程设计人员首先要了解整个工程的系统构成和工艺流程，清楚监控对象的特征，明确主要的监控要求和技术要求等问题。在此基础上，拟定组建工程的总体规划和设想，主要包括系统应实现哪些功能、控制流程如何实现、需要什么样的用户窗口界面、实现何种动画效果以及如何在实时数据库中定义数据变量等环节，同时还要分析工程中设备的采集及输出通道与实时数据库定义的变量之间的对应关系，明确哪些变量要求与设备连接、哪些变量是软件内部用来传递数据以及用于实现动画显示。做好工程的整体规划，有助于快速有效地完成工程项目。

完成工程的规划后，就可以进行工程构建工作。

2. 工程构建

工程构建的主要内容包括定义工程名称、封面窗口名称和启动窗口名称，指定存盘数据库文件的名称及存盘数据库，设定动画刷新的周期。创建工程后，在 MCGS 组态环境中建立了由 5 部分组成的工程结构框架。

3. 构造实时数据库

实时数据库是 MCGS 嵌入版工程的数据交换和数据处理中心。数据对象是构成实时数据库的基本单元，建立实时数据库的过程也就是定义数据对象的过程。

4. 组态用户窗口

组态用户窗口的过程就是制作动画显示画面的过程。动画制作分为静态图形设计和动态属性设置两个过程。前者类似于“画画”，用户通过 MCGS 组态软件提供的基本图形元素及对象元件库，在用户窗口内“组合”成各种复杂的画面；后者则是设置图形的动画属性，与实时数据库中定义的变量建立相关性连接。

5. 组态运行策略

在运行策略窗口内，从策略构件箱中选择所需功能策略构件，构成各种功能模块（称为策略块），由这些模块实现各种人机交互操作。MCGS 为用户提供了编程使用的“脚本程序”功能构件，它可以使用简单的编程语言编写工程控制程序。

6. 组态主控窗口

为了对系统运行的状态及工作流程进行有效的调度和控制，通常要在主控窗口内编制菜单。编制菜单分两步进行：第一步是搭建菜单框架；第二步是对各级菜单进行属性设置。

7. 组态设备窗口

在设备窗口中，选择与外部设备相匹配的设备构件，连接设备通道，确定数据变量的数据处理方式，完成设备属性设置。

8. 组态结果检查

在组态过程中不可避免地会产生各种错误，错误的组态会导致各种无法预料的结果。为了保证组态生成的应用系统能够正确运行，要求组态结果准确无误。MCGS 的组态系统会提示相关的错误信息，可以根据这些提示信息来发现和解决问题。

9. 工程测试

测试工程各部分工作情况，完成整个工程的组态工作。

1.7 MCGS 嵌入版组态软件的安装

MCGS 嵌入版组态软件的安装步骤主要包括：

（1）从 www.MCGS.com.cn 网站下载 MCGS 嵌入版组态软件安装包，解压缩后双击 AutORun.exe 文件，会出现如图 1-3 所示的 MCGS 嵌入版组态软件安装程序主对话框。

图 1-3　MCGS 嵌入版组态软件安装程序主对话框

（2）在安装程序窗口中单击“安装组态软件”，弹出如图 1-4 所示的安装程序窗口。单击“下一步”按钮，启动安装程序。

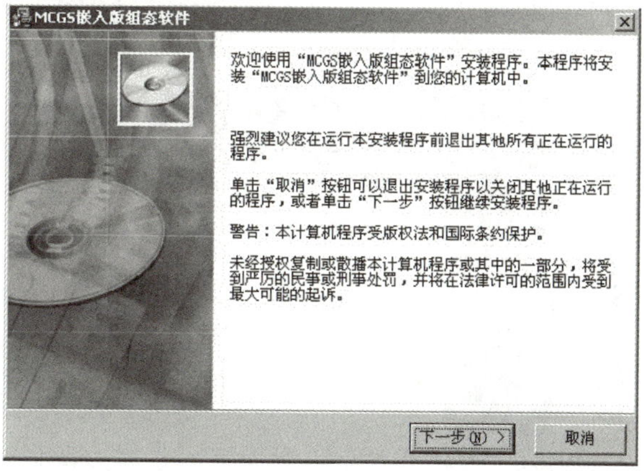

图 1-4　MCGS 嵌入版组态软件安装程序窗口

（3）按照提示步骤操作，安装程序将提示指定安装目录，用户不指定时系统缺省安装到 D:\MCGSE 目录下，如下图 1-5 所示。建议使用缺省目录，系统安装大约需要几分钟。

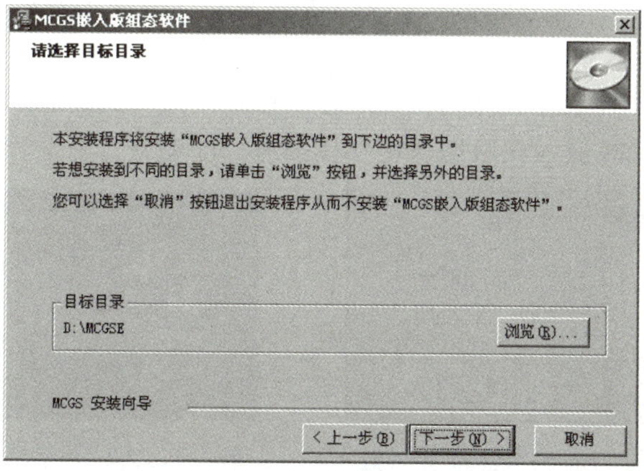

图 1-5　MCGS 组态软件安装目录选择对话框

（4）MCGS 嵌入版组态软件主程序安装完成后，会出现如图 1-6 所示的驱动安装询问对话框，继续安装设备驱动，选择“是”按钮，出现如图 1-7 所示对话框。

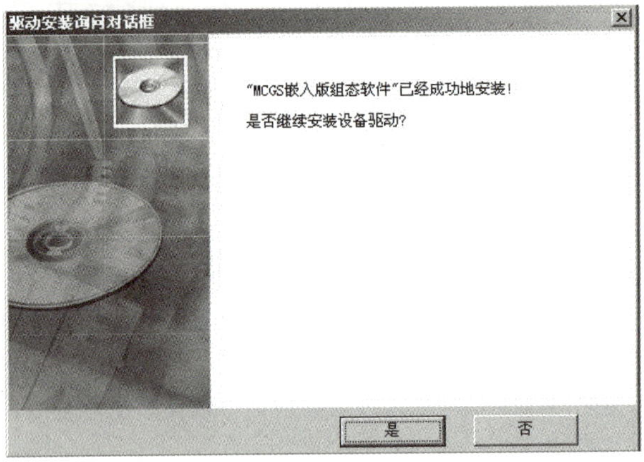

图 1-6　MCGS 组态软件驱动安装询问对话框

（5）选择“所有驱动”后单击“下一步”按钮，进入驱动安装程序。按照提示操作，安装大约需要几分钟。

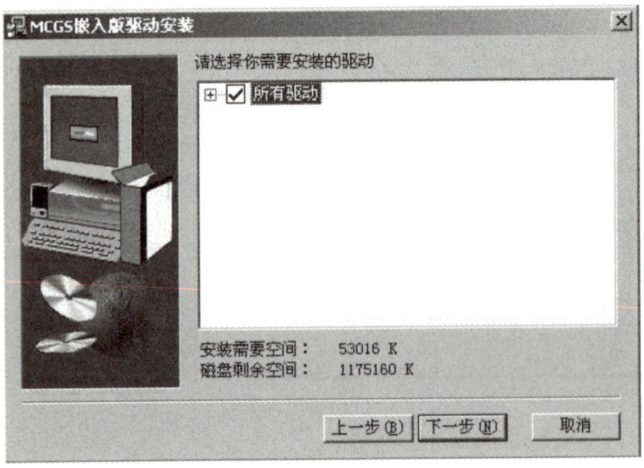

图 1-7　MCGS 组态软件驱动选择对话框

（6）安装过程结束后，系统将弹出如图 1-8 所示对话框提示安装完成，提示是否重新启动计算机，选择重启后，完成安装。

（7）安装完成后，Windows 操作系统的桌面上添加了如下图 1-9 所示的两个快捷方式图标，分别用于启动 MCGS 嵌入式组态环境和模拟运行环境。

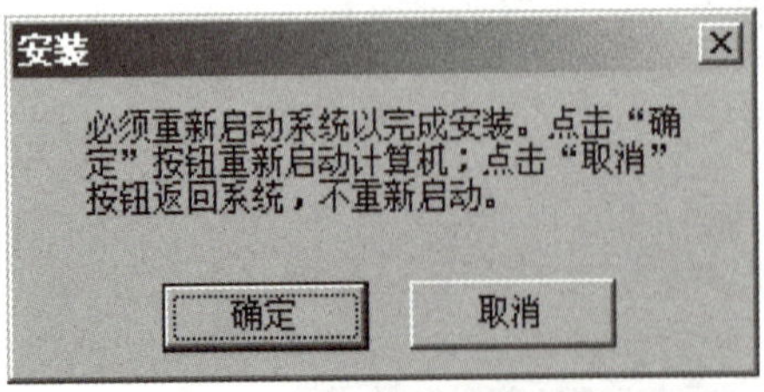

图 1-8　MCGS 组态软件安装完成对话框

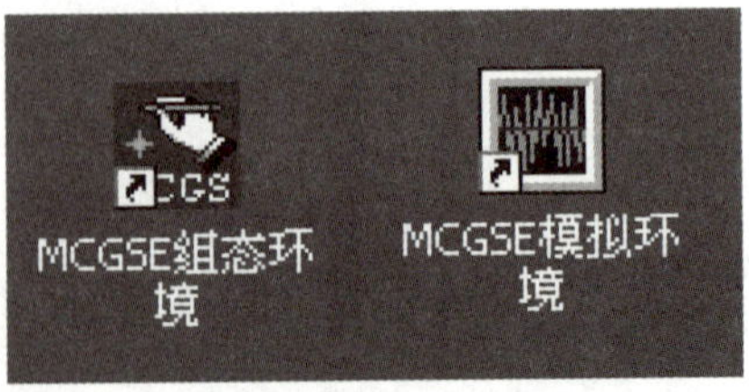

图 1-9　MCGS 组态软件快捷图标

第 2 章　MCGS 组态软件的工作台

MCGS 用工作台窗口来管理构成用户应用系统的五个部分，如图 2-1 所示。主要由主控窗口、设备窗口、用户窗口、实时数据库和运行策略五个选项卡构成，分别对应于五个不同的窗口，其中每一个窗口负责管理用户应用系统的一个部分，用鼠标单击不同的标签可切换不同的窗口，对应用系统的相应部分进行组态操作。

图 2-1　MCGS 工作台窗口

2.1　MCGS 组态软件的用户窗口

用户窗口是由用户定义的用于构建 MCGS 图形操作环境的窗口。用户窗口是组成 MCGS 图形操作环境的基本单位，所有的图形操作环境都是由一个或多个用户窗口组合而成。创建用户窗口后，通过放置各种类型的图形对象，定义相应的属性，为用户提供生动、具有多种风格的动画画面。

用户窗口可以放置三种不同类型的图形对象，即图元、图符、动画构件。图元和图符对象为用户提供整套完善的设计制作图形界面和定义动画的方法。动画构件对应于不同的动画功能，是从工程实践经验中总结出来的常用的动画显示与操作模块，用户可以直接使用。通过在用户窗口内放置不同的图形对象，搭建多个用户窗口，可以构造各种复杂的图形操作环境，用不同的方式实现数据和流程的“可视化”。

用户窗口最多可定义 512 个组态。所有的用户窗口均位于主控窗口内，打开时窗口可见，关闭时窗口不可见，允许多个用户窗口同时处于打开状态。用户窗口的位置、大小和边界等属性可以随意改变或设置，如可以让一个用户窗口在顶部作为工具栏，也可以放在底部作为状态条，还可以使其成为一个普通的最大化显示窗口等。多个用户窗口的灵活组态配置，构成丰富多彩的图形操作环境。

2.1.1 新建工程

MCGS 中用“工程”表示组态生成的应用系统，创建一个新工程就是创建一个新的用户应用系统，打开工程就是打开一个已经存在的应用系统。工程文件的命名规则和 Windows 操作系统相同，MCGS 自动给工程文件名加上扩展名“.MCE”。每个工程都对应一个组态结果数据库文件。

在 Windows 操作系统的桌面上，进入 MCGS 组态环境的方式可任选下列方式之一：

（1）双击 Windows 操作系统桌面上的“MCGS 组态环境”快捷图标。

（2）选择“开始”→“程序”→“MCGS 组态软件”→“MCGS 组态环境”命令。

（3）按快捷键“Ctrl+Alt+G”。

进入 MCGS 组态环境后，单击工具条上的“新建”按钮或选择“文件”菜单中的“新建工程”命令，系统会自动创建一个名为“新建工程 X.MCG”的新工程（X 为数字，表示建立新工程的顺序，如 1、2、3 等）。由于尚未进行组态操作，因此新工程只是一个“空壳”，是一个包含 5 个基本组成部分的结构框架。接下来要逐步在框架中配置不同的功能部件，构造完成能执行特定任务的应用系统。

在保存新工程时，可以随意更换工程文件的名称。默认情况下，所有的工程文件都存放在 MCGS 安装目录下的 WORK 子目录里，用户也可以根据自身需要指定存放工程文件的目录。

2.1.2 创建用户窗口

在 MCGS 组态环境的工作台窗口内，选择“用户窗口”选项卡，单击其中的“新建窗口”按钮即可定义一个新的用户窗口，其名称为“窗口 0”，如图 2-2 所示。

图 2-2 新建用户窗口

在“用户窗口”选项卡中，可以选择大图标、小图标、列表、详细资料四种方式显示所建的用户窗口（单击鼠标右键，通过快捷菜单选择相应显示方式），也可以在所建的用户窗口中剪切、复制、粘贴指定的用户窗口，还可以直接修改所建的用户窗口的名称。

2.1.3 设置窗口属性

在 MCGS 中，用户窗口作为一个独立的对象而存在，包含的许多属性需要在组态时正确设置。选中用户窗口，打开“用户窗口属性设置”对话框的方式可任选下列方式之一：

（1）单击工具条中的“显示属性”按钮。

（2）执行“编辑”→“属性”命令。

（3）按快捷键“Alt+Enter”。

（4）进入窗口后，双击用户窗口的空白处。

（5）进入窗口后，单击鼠标右键，在弹出的快捷菜单中选择“属性”命令。

弹出对话框后，可以分别对用户窗口的“基本属性”“扩充属性”“启动脚本”“循环脚本”“退出脚本”等属性进行设置。

1. 基本属性

基本属性包括窗口名称、窗口标题、窗口位置、窗口边界形式、窗口内容注释等，如图 2-3 所示。

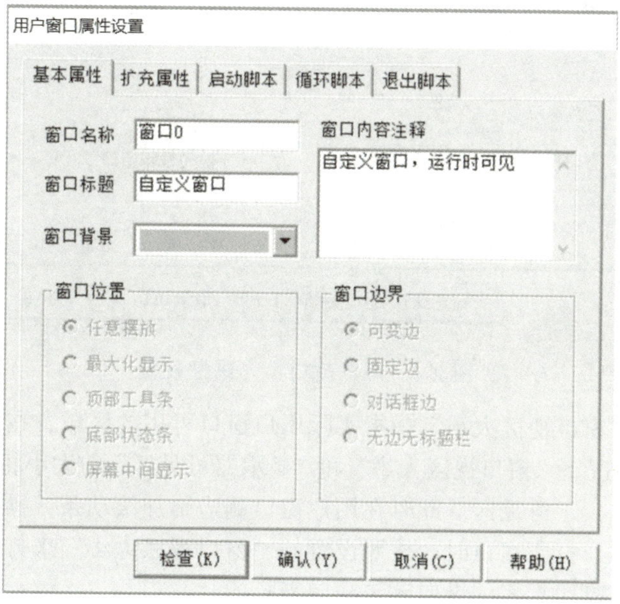

图 2-3　用户窗口基本属性设置

在建立窗口时，系统赋予窗口的默认名称为“窗口 X”（X 为区分窗口的数字代码）。各项属性主要包括：

（1）窗口标题是系统运行时在用户窗口标题栏上显示的标题文字。

（2）窗口背景用来设置窗口的颜色。

（3）窗口位置属性决定了窗口的显示方式。当窗口的位置设定为“顶部工具条”或“底部状态条”时，系统运行时的窗口没有标题栏和状态框，窗口宽度与主控窗口相同，形状等同于工具条或状态条；当窗口位置设定为“屏幕中间显示”时，系统运行时的用户窗口始终位于主控窗口的中间（窗口处于打开状态时）；当设定为“最大化显示”时，系统运行时的用户窗口充满整个屏幕；当设定为“任意摆放”时，窗口的当前位置即为运行时的位置。

（4）窗口边界属性决定了窗口的边界形式，当窗口边界设置为“无边无标栏”时，系统运行时的窗口标题并不存在。

2. 扩充属性

单击“扩充属性”标签，进入用户窗口的“扩充属性”选项卡，可以对窗口的位置进行精确定位、设置是否锁定窗口的位置、确定标题栏和控制框是否显示等。用户窗口扩充属性设置如图 2-4 所示。

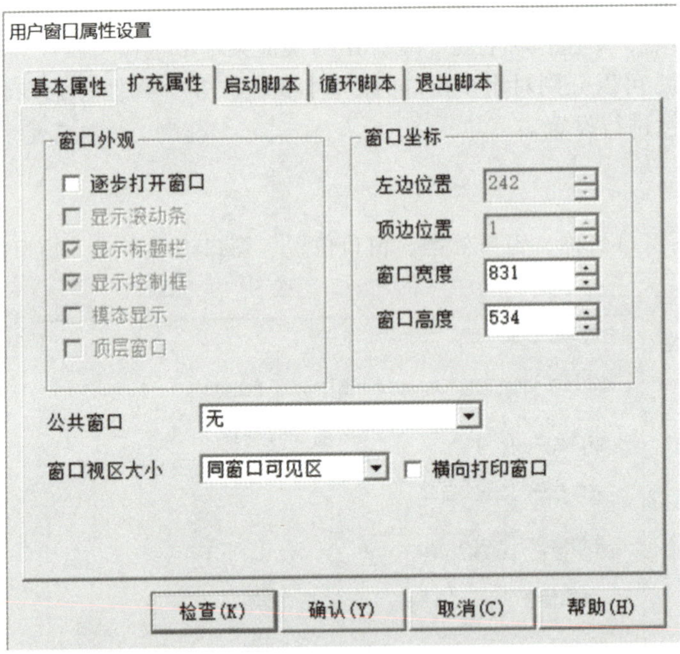

图 2-4　用户窗口扩充属性设置

扩充属性中的“窗口视区大小”是指实际用户窗口可用的区域，在显示器上所见的区域称为可见区。一般情况下“窗口视区大小”和“显示器可见区”的大小相同，但是可以把“窗口视区大小”设置成大于可见区。此时在用户窗口侧边附加滚动条，操作滚动条可以浏览用户窗口内的所有图形。打印窗口时，按照设置的“窗口视区大小”来打印窗口内容，还可以选择打印方向，即按打印纸张的纵向还是横向来打印。

3. 启动脚本

单击“启动脚本”标签，进入该用户窗口的“启动脚本”选项卡，如图 2-5 所示。单击“打开脚本程序编辑器”按钮，可以用 MCGS 提供的类似普通 BASIC 语言的编程语言来编写脚本程序，控制该用户窗口启动时需要完成的操作。

4. 循环脚本

单击“循环脚本”标签，进入该用户窗口的“循环脚本”选项卡。如果需要用户窗口循环显示，在“循环时间”文本框内输入用户窗口的循环时间。单击“打开脚本程序编辑器”按钮，可以编写脚本程序，控制该用户窗口需要完成的循环操作。

5. 退出脚本

单击“退出脚本”标签，进入该用户窗口的“退出脚本”选项卡。单击“打开脚本程序编辑器”，可以编写脚本程序，控制该用户窗口关闭时需要完成的操作。

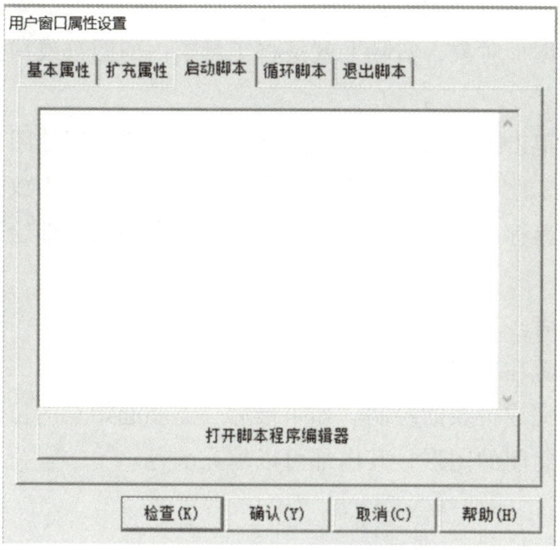

图 2-5　用户窗口启动脚本设置

2.1.4　创建图形对象

定义用户窗口并完成属性设置后，就可以在用户窗口内使用系统提供的绘图工具箱来创建图形对象，制作图形界面。

1. 工具箱

在工作台的“用户窗口”选项卡中，双击指定的用户窗口图标或者选中用户窗口图标后，单击“动画组态”按钮，一个空白的用户窗口就打开了，可在里面放置图形对象，以生成需要的图形界面。

在用户窗口中创建图形对象之前，需要从工具箱中选取需要的图形构件进行图形对象的创建工作。MCGS 提供两个创建图形对象的工具箱，即放置图元和动画构件的绘图工具箱和常用图符工具箱，从这两个工具箱中选取所需的构件或图符，在用户窗口内进行组合，就可以构成用户窗口所需的各种图形界面。

单击工具条中的“工具箱”按钮，打开放置图元和动画构件的绘图工具箱，如图 2-6 所示。

图 2-6　绘图工具

在工具箱中选中所需要的图元、图符或者动画构件，利用鼠标在用户窗口中拖曳出一定大小的图形就成功创建一个图形对象。

用系统提供的图元和图符组合出新的图形。在 MCGS 组态环境窗口中执行“排列”→“构成图符”命令构成新的图符，可以将新的图形组合为一个整体。如果要修改新建的图符或者取消新图符的组合，执行“排列”→“分解图符”命令，可以把新建的图符分解，得到组成它的图元和图符。

2. 绘制图形对象

在用户窗口中绘制图形对象，实际上就是将工具箱内的图符或构件放置到用户窗口中，具体操作方法主要包括：

（1）打开工具箱，单击工具箱内对应的图标，选中所要绘制的图元、图符或动画构件。把鼠标移到用户窗口内，此时鼠标会变成十字形，按住鼠标左键不放，在窗口内拖动鼠标到适当的位置，然后松开鼠标左键，就在该位置建立了所需的图形即绘制图形对象完成，此时鼠标恢复为箭头形状。

（2）当绘制折线或者多边形时，在工具箱中单击折线图元按钮，将鼠标移到用户窗口编辑区，先将十字光标放置在折线的起始点位置，单击，再移动到第二点位置，单击……直到最后一点位置时双击，完成折线的绘制。如果最后一点和起始点的位置相同，则折线闭合成多边形。多边形是一个封闭的图形，其内部可以填充颜色。

3. 复制图形对象

复制图形对象是指将用户窗口内已有的图形对象复制到指定的位置，原图形仍保留，这样可以加快图形的绘制速度，具体操作步骤主要包括：

（1）单击用户窗口内要复制的图形对象，选中后在 MCGS 组态环境窗口中执行“编辑”→“拷贝”命令或者按快捷键“Ctrl + C”，之后执行“编辑”→“粘贴”命令或者按快捷键“Ctrl + V”，则复制出一个新的图形，连续执行“粘贴”命令，可复制出多个图形。

（2）图形复制完毕，用鼠标将其拖动到用户窗口中所需的位置。

4. 剪切图形对象

剪切对象是将用户窗口中选中的图形对象剪下，放置到指定位置，具体操作主要包括：

（1）选中需要剪切的图形对象，在 MCGS 组态环境窗口中执行“编辑”→“剪切”命令，接着执行“编辑”→“粘贴”命令，粘贴所选图形。

（2）用鼠标移动所选图形，将其放到新的位置。

5. 操作对象元件库

MCGS 设置了对象元件库，用来解决组态结果的重新利用问题。通常在使用本系统的过程中，把常用的、制作好的图形对象甚至整个用户窗口存入对象元件库中，需要时从元件库中取出来直接使用即可。从元件库中读取图形对象的操作方法主要包括：

（1）单击工具箱中的“插入元件”图标，系统弹出“对象元件库管理”对话框，如图 2-7 所示。选中对象类型后，从相应的元件列表中选择所要的图形对象，单击“确定”按钮，即可将该图形对象放置在用户窗口。

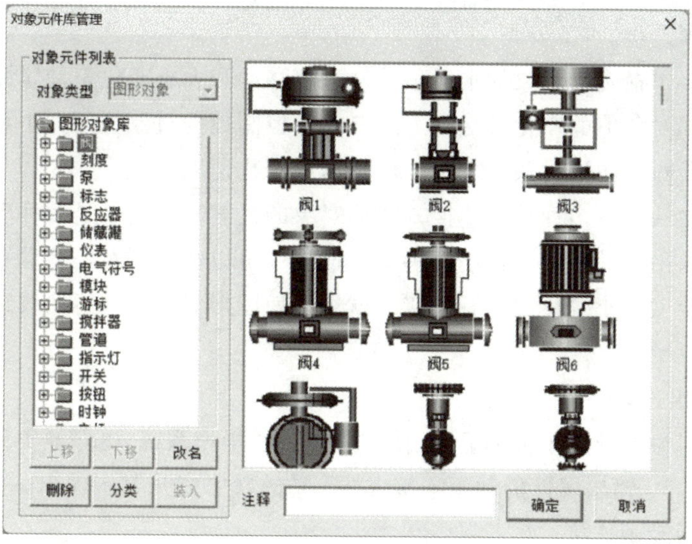

图 2-7　对象元件库管理对话框

（2）当需要把制作完好的图形对象插入到对象元件库中时，先选中所要插入的图形对象，此时“插入元件”图标激活，单击该图标后系统弹出“把选定的图形保存到对象元件库？”提示框，单击“确定”按钮，系统弹出“对象元件库管理”对话框，系统默认的对象名为“新图形”，用鼠标拖动到指定位置，松开鼠标，同时还可以对新放置的图形对象进行重命名、位置移动等操作，完成操作后单击“确定”按钮，则把新的图形对象存入到对象元件库。

2.1.5　定义动画连接

1. 动画连接的含义

由图形对象组合而成的图形界面是静止的，需要对这些图形对象进行动画属性设置，从而真实地描述外界对象的状态变化，达到过程实时监控的目的。

动画连接，实际上是将用户窗口内创建的图形对象与实时数据库中定义的数据对象建立起对应的关系，在不同的数值区间内设置不同的图形状态属性（如颜色、大小、位置移动、可见度和闪烁效果等），将物理对象的特征参数以动画方式进行描述，这样在系统运行过程中利用数据对象的值来驱动图形对象的状态变化，进而产生形象逼真的动画效果。

2. 常见的动画连接

图元、图符对象所包含的动画连接方式包括四大类共 11 种，即颜色动画连接（如填充颜色、边线颜色和字符颜色）、位置动画连接（如水平移动、垂直移动和大小变化）、输入输出连接（如显示输出、按钮输入和按钮动作）、特殊动画连接（如可见度变化、闪烁效果）。

（1）颜色动画连接。

颜色动画连接是指将图形对象的颜色属性与数据对象值建立连接关系，使图元、图符对象的颜色属性随数据对象值的变化而变化，用这种方式实现颜色不断变化的动画效果。颜色属性包括填充颜色、边线颜色和字符颜色三种，只有“标签”图元对象才有字符颜色动画连接。对于“位图”图元对象，无须定义颜色动画连接。

（2）位置动画连接。

位置动画连接包括图形对象的水平移动、垂直移动和大小变化三种属性，使图形对象的位置和大小随数据对象值的变化而变化。用户只要控制数据对象值的大小和值的变化速度，就能精确地控制所对应图形对象的大小、位置以及变化速度。

用户可以定义一种或多种动画连接，图形对象的最终动画效果是多种动画属性的合成效果。如同时定义水平移动和垂直移动两种动画连接，可以使图形对象沿着一条特定的曲线轨迹运动；如果再定义大小变化的动画连接，就可以使图形对象在进行曲线运动的过程中同时改变其大小。

（3）输入/输出连接。

为了使图形对象能够用于数据显示、操作人员方便操作系统、更好地实现人机交互功能，系统增加了设置输入/输出属性的动画连接方式，该连接方式从显示输出、按钮输入、按钮动作三个方面来实现动画连接。

显示输出连接只用于“标签”图元对象，显示数据对象的数值；按钮输入连接用于输入数据对象的数值；按钮动作连接用于响应来自鼠标或键盘的操作，执行特定的功能。

进行属性设置时，在“动画组态属性设置”对话框内，从“输入输出连接”项中选定一种，进入相应的属性窗口进行设置。

（4）特殊动画连接。

在 MCGS 中，特殊动画连接包括可见度和闪烁效果两种方式，用于实现图元、图符对象的可见与不可见交替变换和图形闪烁效果，图形的可见度变换也属于闪烁动画，MCGS 中的每个图元、图符对象都可以定义特殊动画连接的方式。

2.2 MCGS 组态软件的实时数据库

实时数据库是 MCGS 系统的核心，也是应用系统的数据处理中心，系统各部分均以实时数据库为数据公用区，进行数据交换、数据处理和实现数据的可视化。本节介绍 MCGS 数据对象和实时数据库的基本概念，从数据对象着手，详细介绍构造实时数据库的操作方法。

2.2.1 定义数据对象

数据对象是实时数据库的基本单元，在 MCGS 生成应用系统时，应对实际工程问题进行简化和抽象化处理，将代表工程特征的所有物理量作为系统参数加以定义。定义数值类型、参数的属性及其操作方法。这种把数值类型、参数属性和操作方法定义成一体的数据就称为数据对象。构造实时数据库的过程，就是定义数据对象的过程。在实际组态过程中，一般无法一次全部定义所面对的数据对象，而是根据实际情况逐步增加的。

MCGS 中数据对象的作用域是全局的，与全局变量一样，数据对象的各个属性在整个运行过程中都保持有效，系统中的其他部分都能对实时数据库中的数据对象进行操作处理。

定义数据对象时，在组态环境工作台窗口中选择“实时数据库”选项卡，系统会显示已定义的数据对象，如图 2-8 所示。

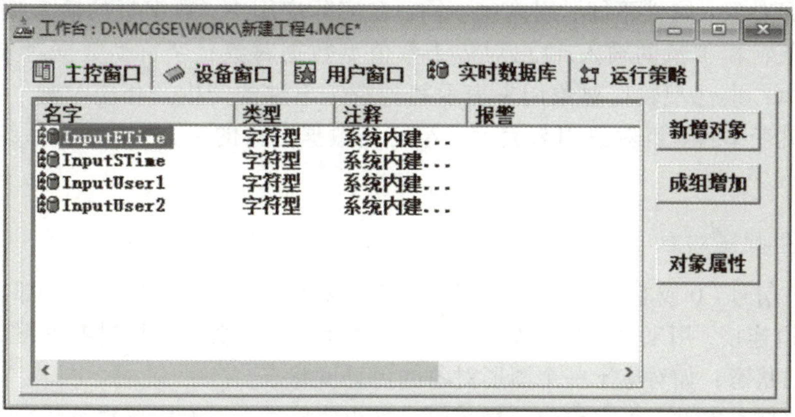

图 2-8　打开的“实时数据库”选项卡

对于新建工程，“实时数据库”选项卡中会显示系统自建的 4 个字符型数据对象，分别是 InputETime、InputSTime、InputUserl 和 InputUser2。

当对象列表中增加一个新的对象时，可在该处选定数据对象，单击“新增对象”按钮，则在选中的对象之后增加一个新的数据对象；如果不指定位置，则会在对象表的最后增加一个新的数据对象。新增对象的名称以选中的对象名称为基准，按字符递增的顺序由系统按照默认设置确定。需要注意的是，数据对象的名称中不能有空格，否则会影响对此数据对象的存盘数据的读取。

为了快速生成多个相同类型的数据对象，可以“成组增加”按钮，在弹出的“成组增加数据对象”对话框中一次定义多个数据对象，如图 2-9 所示。

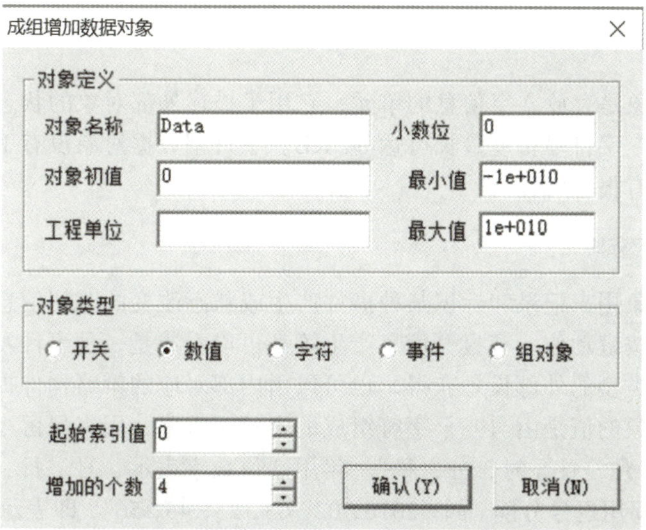

图 2-9　“成组增加数据对象”对话框

2.2.2 数据对象的类型

在 MCGS 中，数据对象包括开关型、数值型、字符型、事件型、组对象五种类型。不同类型的数据对象，属性不同，用途也不同。在实际应用中，数字量的输入/输出对应于开关型数据对象；模拟量的输入/输出对应于数值型数据对象；字符型数据对象是记录文字信息的字符串；事件型数据对象用来表示某种特定事件的产生及相应时刻，如报警事件、开关量状态跳变事件；组对象用来表示一组特定数据对象的集合，以便于系统对该组数据统一处理。

1. 开关型数据对象

记录开关信号（0 或非 0）的数据对象称为开关型数据对象，它通常与外部设备的数字量输入/输出通道连接，用来表示某一设备当前所处的状态。开关型数据对象也用于表示 MCGS 中某一对象的状态，如对应于一个图形对象的可见度状态。

开关型数据对象没有工程单位、最大值、最小值属性，没有限值报警属性，只有状态报警属性。

2. 数值型数据对象

在 MCGS 中，数值型数据对象的数值范围：负数从-3.402 823E38 ~ -1.401 298E-45，正数从 1.401 298E-45 ~ 3.402 823E38。数值型数据对象除了存放数值及参与数值运算外，还提供报警信息，并能够与外部设备的模拟量输入/输出通道相连接。

数值型数据对象包含最大值和最小值属性，其值不会超过设定的数值范围。当对象的值小于最小值或大于最大值时，对象的值分别取最小值或最大值。

数值型数据对象有限值报警属性，可同时设置下下限、下限、上限、上上限、上偏差、下偏差等 6 种报警限值。当对象的值超过设定的限值时开始报警；当对象的值在所设的限值之内时报警结束。

3. 字符型数据对象

字符型数据对象是存放文字信息的单元，它用于描述外部对象的状态特征，其值为多个字符组成的字符串，字符串长度最长可达 64 KB。字符型数据对象没有工程单位、最大值、最小值属性，也没有报警属性。

4. 事件型数据对象

事件型数据对象用来记录和标识某种事件产生或状态改变的时间信息。如开关量的状态发生变化、用户有按键动作、有报警信息产生等都可以看成是一种事件发生。事件发生的信息可以直接从某种类型的外部设备获得，也可以由内部对应的策略构件提供。

事件型数据对象的值是由 19 个字符组成的定长字符串，用来保留当前最近一次事件所产生的时刻："年，月，日，时，分，秒"。年用 4 位数字表示，月、日、时、分、秒分别用两位数字表示，之间用逗号分隔。如 "2010，02，03，23，45，56"，即表示该事件产生于 2010 年 2 月 3 日 23 时 45 分 56 秒。

事件型数据对象没有工程单位、最大值、最小值属性，没有限值报警，只有状态报警。不同于开关型数据对象，事件型数据对象对应的事件产生次，其报警也产生次，且报警的产生和结束是同时完成的。

5. 组对象

组对象是 MCGS 引入的一种特殊类型的数据对象，用于把相关的多个数据对象集合在一起，作为一个整体来定义和处理。

在实际工程中，描述一个锅炉的工作状态包括温度、压力、流量、液面高度等多个物理量。为便于处理，定义“锅炉”为一个组对象，用来表示“锅炉”这个实际的物理对象，其内部成员则由上述物理量对应的数据对象组成。这样，在对“锅炉”对象进行处理（如进行组态存盘、曲线显示、报警显示）时，只需指定组对象的名称“锅炉”，就包括了对其所有成员的处理。

组对象是多个数据对象的集合，应包含两个以上的数据对象，但不能包含其他的组对象。一个数据对象可以是多个不同组对象的成员。

把一个对象的类型定义成组对象后，还必须定义该组对象所包含的成员。在“数据对象属性设置”对话框内有“组对象成员”选项卡，用来定义该组对象的成员，如图 2-10 所示。“数据对象属性设置”对话框中的左边为所有数据对象的列表，右边为组对象成员列表。单击“增加”按钮，可以把左边指定的数据对象增加到组对象成员列表中；单击“删除”按钮则可以把右边指定的组对象成员删除。组对象没有工程单位、最大值、最小值属性，组对象本身没有报警属性。

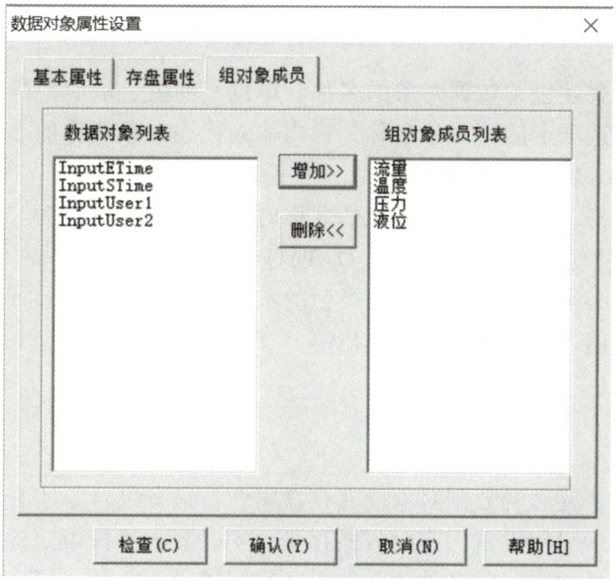

图 2-10 定义组对象成员

2.2.3 数据对象的属性设置

定义数据对象后，应根据实际需要设置数据对象的属性。在组态环境工作台窗口，选择“实时数据库”选项卡，从数据对象列表中选中某一数据对象，单击“对象属性”按钮，或者双击数据对象，弹出图 2-11 所示的“数据对象属性设置”对话框。对话框设有 3 个选项卡，即基本属性、存盘属性和报警属性。

1. 基本属性设置

单击“对象属性”按钮或双击对象名，会显示“数据对象属性设置”对话框的“基本属性”选项卡，如图 2-11 所示，用户可按所列项目分别进行设置。

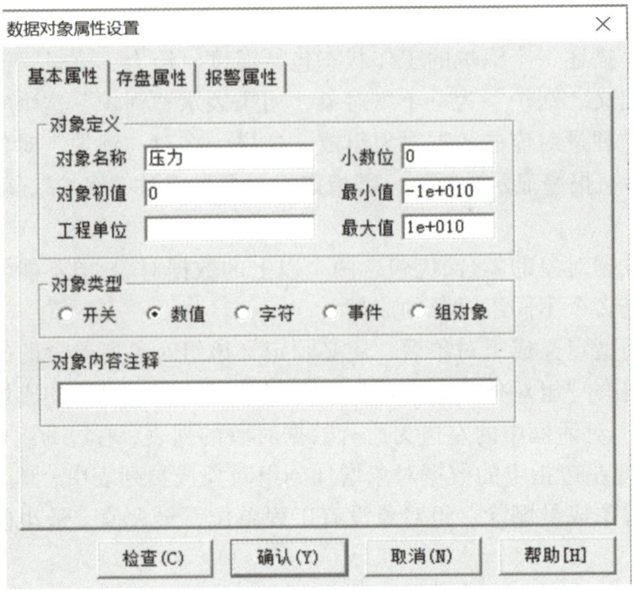

图 2-11　数据对象属性设置——基本属性

数据对象的基本属性包含数据对象的名称、单位、初值、取值范围和类型等基本特征信息。在“基本属性”选项卡的“对象名称”栏内输入代表对象名称的字符串，字符串个数不得超过 32 位（汉字 16 位），对象名称的第一个字符不能为“!”“￥”符号或 0～9 的数字，字符串中间不能有空格。用户不指定对象的名称时，系统默认设定为“DATAX”，其中 X 为顺序索引代码（第一个定义的数据对象为 DATAO）。

数据对象的类型必须正确设置。不同类型的数据对象，属性内容不同，可按所列栏目设定对象的初值、最大值、最小值、工程单位等。在“对象内容注释”一栏中，可输入说明对象情况的注释性文字。

2. 存盘属性设置

MCGS 嵌入版中，普通的数据对象没有存盘属性，只有组对象才有存盘属性，如图 2-12 所示。对数据组对象，只能设置为定时方式存盘。实时数据库按设定的时间间隔，定时存储数据组对象的所有成员在同一时刻的值。如果时间间隔设为 0 秒，则实时数据库不进行自动存盘处理，只能用其他方式处理数据的存盘，如可以通过 MCGS 嵌入版中称为“数据对象操作”的策略构件来控制数据对象值的带有一定条件的存盘，也可以在脚本程序内用系统函数“!SaveData”来控制数据对象值的存盘。注意在 MCGS 嵌入版中，此函数仅对数据组对象有效。数据对象的存盘属性设置如图 2-12 所示。

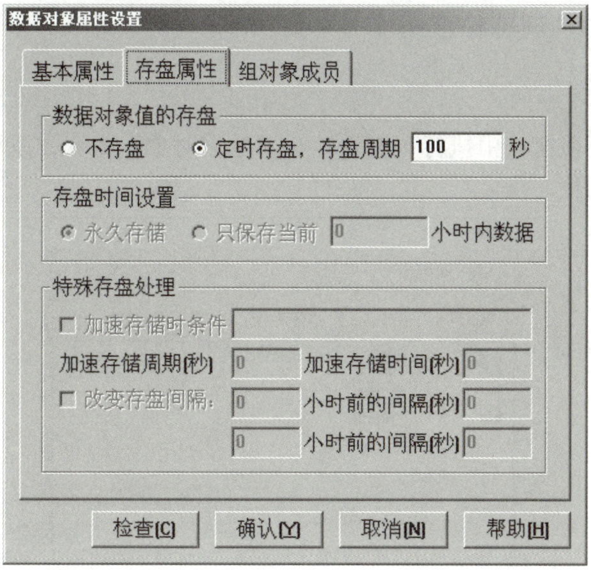

图 2-12　数据对象属性设置——存盘属性

3. 报警属性设置

MCGS 嵌入版把报警处理作为数据对象的一个属性，封装在数据对象内部，不同类型的数据对象、报警属性的设置各不相同，如图 2-13 所示。数值型数据对象最多可同时设置 6 种限值报警；开关型数据对象只有状态报警，按下的状态（如“开”或“关”）为报警状态，另一种状态即为正常状态。当对象的值变为相应的值（如 0 或 1）时，触发报警；事件型数据对象不用设置报警状态，对应的事件产生一次就会有一次报警，且报警的产生和结束是同时的；字符型数据对象和数据组对象，没有报警属性。

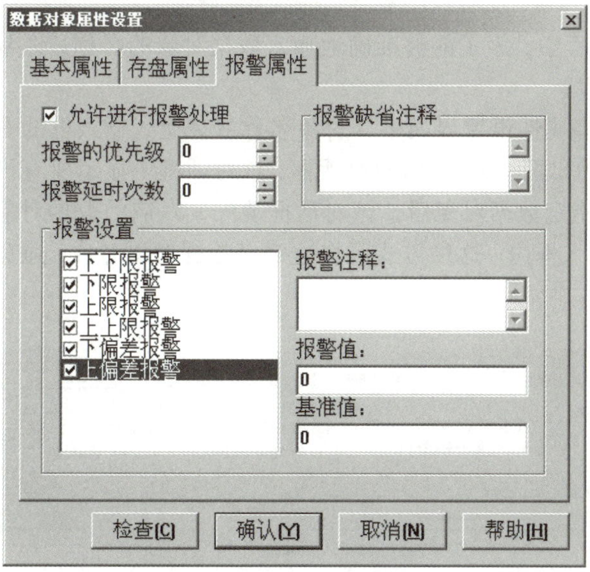

图 2-13　设置“允许进行报警处理”选项

2.2.4 数据对象的浏览和查询

1. 数据对象浏览

在 MCGS 组态环境窗口中执行“查看”→“数据对象”命令，系统弹出图 2-14 所示的“数据对象浏览”对话框。

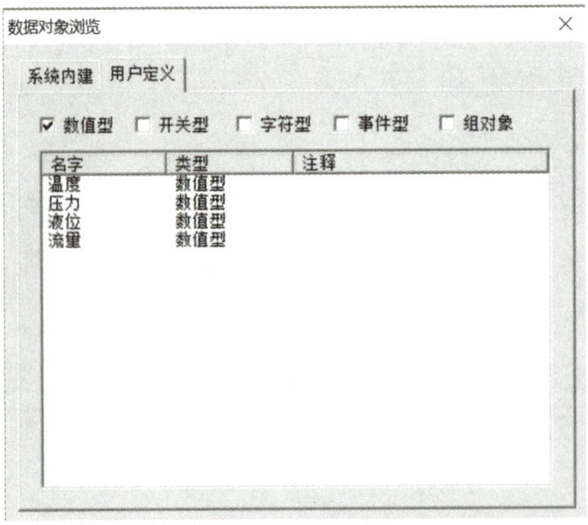

图 2-14 “数据对象浏览”对话框

利用该对话框可以方便地浏览实时数据库中不同类型的数据对象。该对话框分为“系统内建”选项卡和“用户定义”选项卡。“系统内建”选项卡用于显示系统内部数据对象及系统函数；“用户定义”选项卡显示用户定义的数据对象。选定图 2-14 所示的对象类型复选框，可以只显示指定类型的数据对象。

2. 数据对象查询

在 MCGS 组态过程中，为了能够准确地输入数据对象的名称，经常需要从已定义的数据对象列表中查询或确认。

在数据对象的许多属性设置界面中，对象名称或表达式输入框的右端都有一个“？”按钮，单击该按钮时会弹出图 2-15 所示的对话框，该对话框中显示所有可供选择的数据对象的列表。双击列表中的指定数据对象后，该对话框消失，对应的数据对象的名称会自动输入到“？”号按钮左边的输入框内。这种方式可快速定义数据对象名称，避免人工输入可能产生的错误。

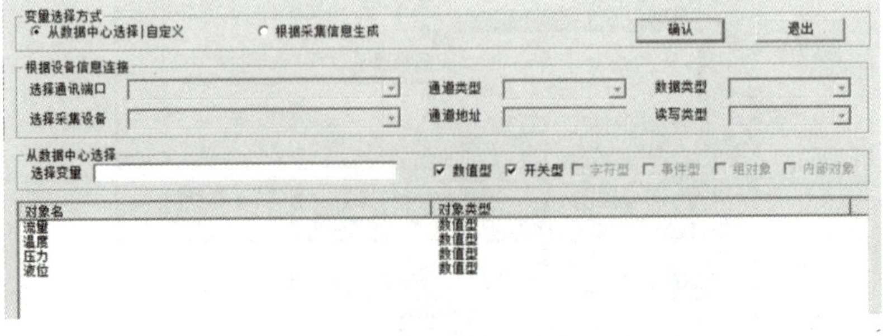

图 2-15 可供选择数据对象列表

巩固练习 1：整数累加

1. 学习目标

（1）认识组态软件 MCGS 的组态环境和运行环境。

（2）掌握组态软件 MCGS 设计应用程序的步骤和方法。

（3）掌握在实时数据库中如何主动建立数值型数据对象的方法。

（4）掌握用户窗口中循环脚本程序的设计方法。

2. 练习内容

一个整数从 0 开始每隔 1 000 ms 加 1，累加数显示在界面的文本框中。

3. 实施步骤

1）建立新工程

在设计 MCGS 组态工程时，首先要创建一个新工程，然后才能在此工程下进行各种组态工作。建立新工程的步骤主要包括：

（1）双击桌面中的“MCGS 组态环境”图标，进入 MCGS 组态环境。

（2）选择“文件”菜单中的“新建工程”选项，弹出“新建工程设置”对话框，如图 2-16 所示，TPC 类型选择为“TPC7062K”，单击“确认”按钮。

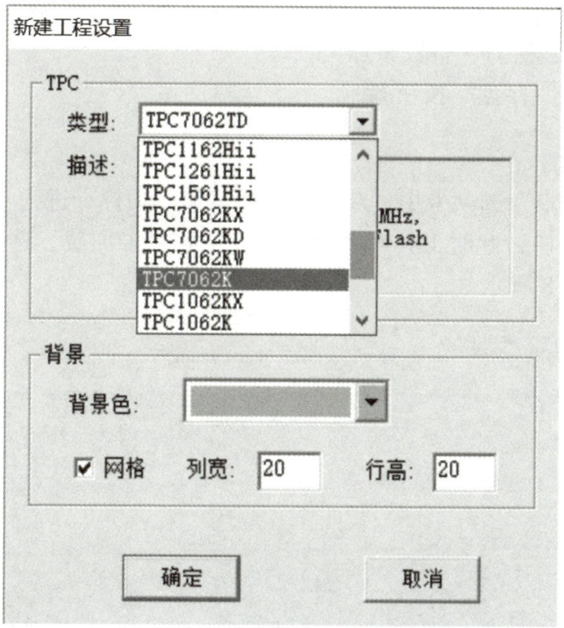

图 2-16　“新建工程设置”对话框

（3）选择“文件”菜单中的“工程另存为”选项，弹出文件保存对话框。选择保存路径后，在“文件名”中输入“整数累加”，单击“保存”按钮，工程创建完毕。

（4）单击工作台“用户窗口”选项卡中的“新建窗口”按钮，建立“窗口 0”。选中“窗口 0”，单击“窗口属性”按钮，弹出“用户窗口属性设置”对话框，如图 2-17 所示。

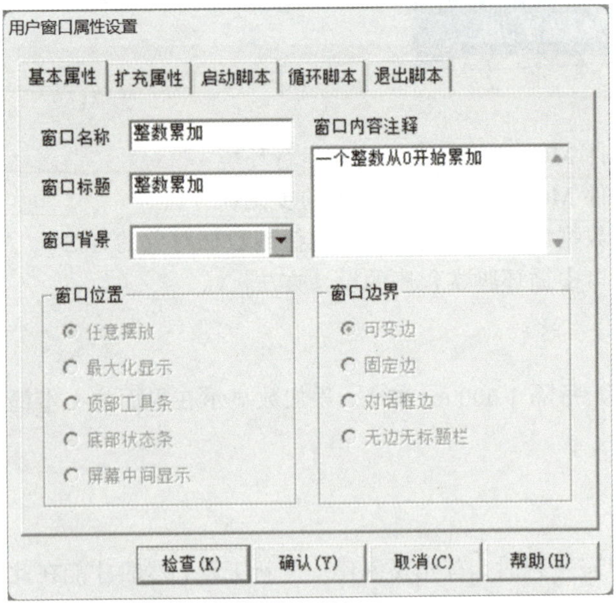

图 2-17 “用户窗口属性设置”对话框

（5）在“基本属性”选项卡中，将“窗口名称”设为“整数累加”，“窗口标题”设为“整数累加”，“窗口背景”默认为灰色，“窗口内容注释”填写“一个整数从 0 开始累加”，其他不变。单击“确认”按钮，关闭对话框。此时，在工作台“用户窗口”的空间里，刚才新建的“窗口 0”图标名称已变为“整数累加”。

（6）单击工具条上“存盘”按钮。

2）制作图形界面

在工作台“用户窗口”选项卡中，双击“整数累加”图标，进入“MCGS 组态环境-动画组态整数累加”设计窗口，此时工具箱会自动加载（如果未加载，选择“查看”→“绘图工具箱”命令），如图 2-18 所示。

图 2-18 “MCGS 组态环境动画组态整数累加”设计窗口

添加一个“输入框”构件。单击工具箱中的“输入框”构件图标 ab|，然后将鼠标移动到窗口中（此时鼠标变为十字形），单击窗口空白处并拖动鼠标，画出一个适当大小的矩形框，这样就出现“输入框”构件。

添加一个“按钮”构件。单击工具箱中的“标准按钮”构件图标，然后将鼠标移动到窗口中（此时鼠标变为十字形），单击空白处并拖动鼠标，画出一个适当大小的矩形框，这样就出现“按钮”构件。

双击“按钮”构件，弹出“标准按钮构件属性设置”对话框，在其中的“基本属性”选项卡将按钮标题改为“关闭”。设计完的图形界面如图 2-19 所示。

图 2-19 “整数累加”窗口图形界面

3）定义数据对象

在工作台“实时数据库”选项卡中，单击“新增对象”按钮，再双击新出现的对象，弹出“数据对象属性设置”对话框。在“基本属性”选项卡中将对象名称改为“num”，对象类型选“数值”。小数位设为“0”，对象初值设为“0”，最小值设为“0”，最大值设为“100”，这种事先建立数据库的方法可以理解为“主动建库”，如图 2-20 所示。

定义完成后，会发现在实时数据库中增加了一个数值型对象“num”，如图 2-21 所示。

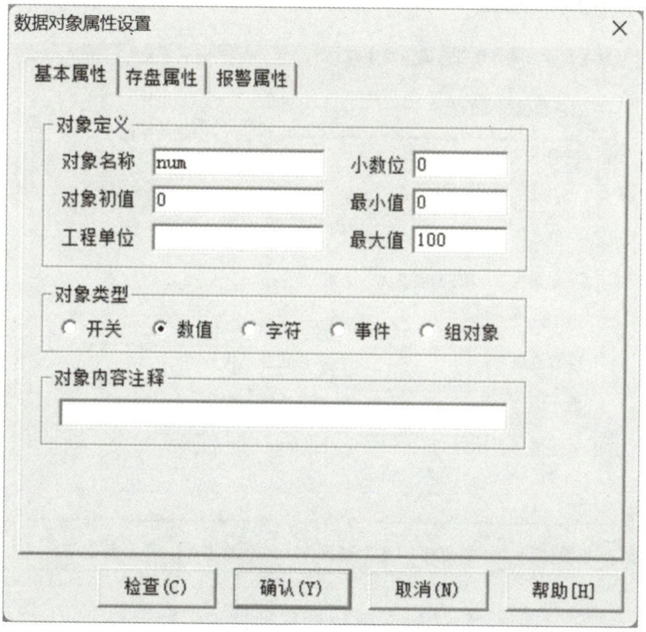

图 2-20 数据对象“num”属性设置

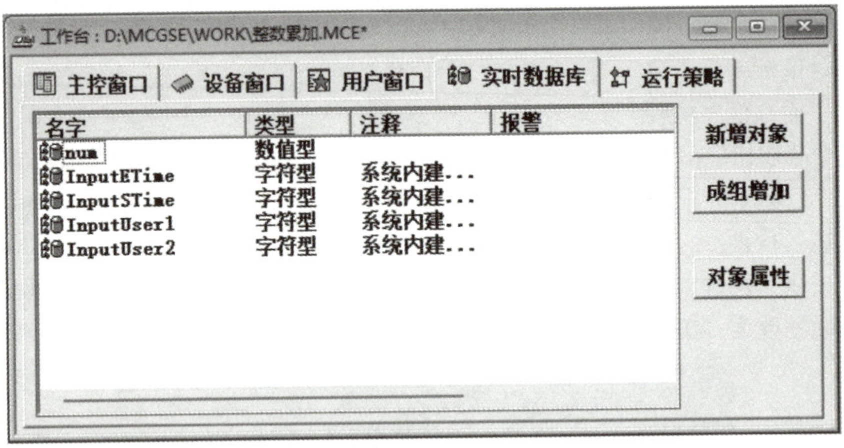

图 2-21 “整数累加”实时数据库

4）建立动画连接

在工作台窗口“用户窗口”选项卡中，双击“整数累加”图标，进入图 2-18 所示的“MCGS 组态环境-动画组态整数累加”窗口。通过双击窗口中的各图形对象，将各对象与定义好的变量连接起来。

（1）建立“输入框”构件动画连接。

双击窗口中的“输入框”构件，出现“输入框构件属性设置”对话框。在“操作属性”选项卡中将对应数据对象的名称设置为“num”(可以直接输入，也可以单击文本框右边的“?”按钮，选择已定义好的数据对象“num”)，将数值输入的取值范围中的最小值设为“0”，将最大值设为“100”，去掉“自然小数位”选项，“小数位数”设置为“0”，如图 2-22 所示。

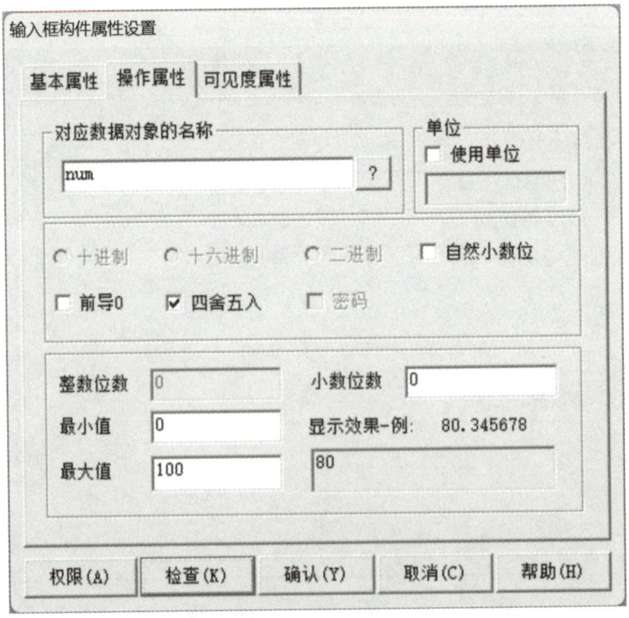

图 2-22 “输入框构件属性设置”对话框

单击“确认”按钮完成“输入框”构件动画连接。

（2）建立“关闭”按钮构件的动画连接。

双击界面中的“关闭”按钮构件，出现“标准按钮构件属性设置”对话框，在“操作属性”选项卡中选择“关闭用户窗口”，在右侧下拉列表框中选择“整数累加”，如图 2-23 所示。

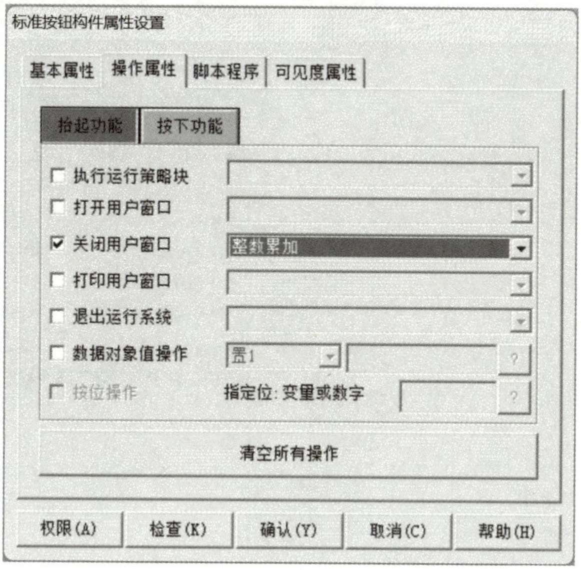

图 2-23 “标准按钮构件属性设置”对话框

5）添加脚本程序

鼠标右键单击画面组态窗口空白区域，选择“属性”（或退出画面组态窗口，单击“窗口属性”），会弹出“用户窗口属性设置”对话框。选择“循环脚本”选项卡，“循环时间”设置为“100 ms”，在编辑区输入程序“num=num+1”，如图 2-24 所示。完成设置后，单击“确认”按钮。

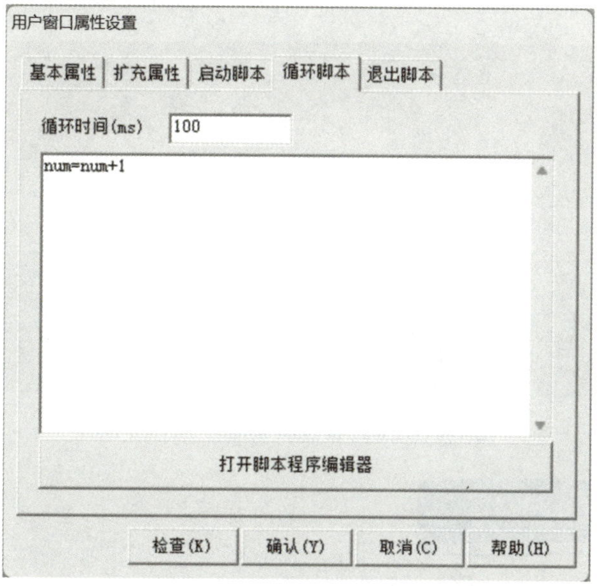

图 2-24 编写脚本程序

6）模拟仿真运行

按键盘中的“F5”键或单击工具条中的下载按钮，弹出如图 2-25 所示存盘对话框，选择“是”，弹出“下载配置”对话框，如图 2-26 所示。

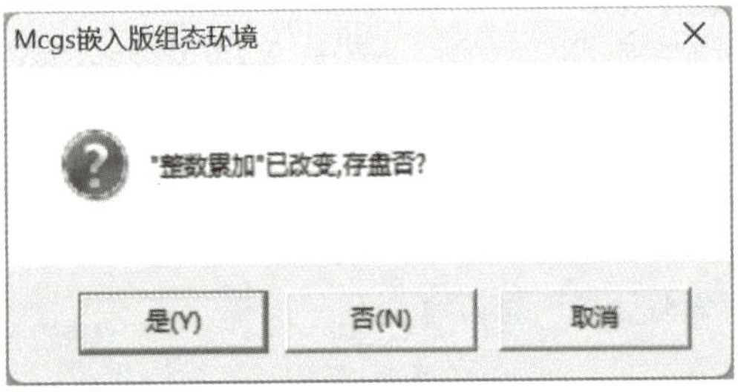

图 2-25　存盘对话框

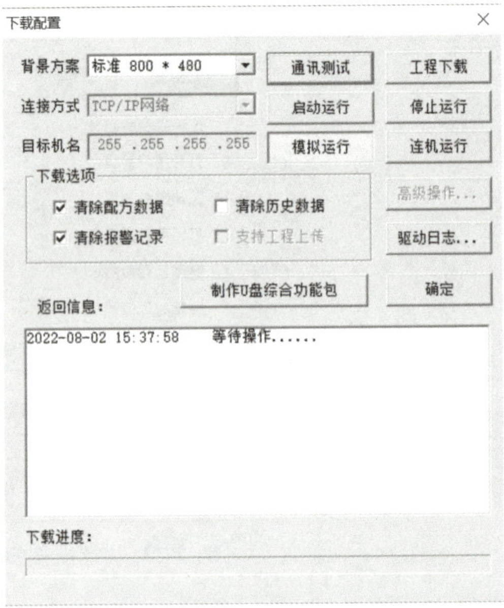

图 2-26　“下载配置”对话框

选择“模拟运行”，单击“工程下载”开始下载，数秒钟后下载完毕。单击“启动运行”，系统会运行“整数累加”窗口，界面中“输入框”构件中的数字开始累加。单击“关闭”按钮，程序停止运行，“整数累加”窗口退出。系统模拟运行效果如图 2-27 所示。

图 2-27　整数累加实训程序运行界面

巩固练习 2：实时曲线

1. 学习目标

（1）掌握数据变化实时趋势曲线的绘制方法。

（2）熟悉实时数据库中数值型对象的定义和使用。
（3）掌握实时数据库中开关型对象的定义和使用方法。
（4）熟悉用户窗口中循环脚本程序的设计方法。

2. 练习内容

一个实数从 0 开始每隔 1 000 ms 递增 1，当到达 50 时，每隔 1 000 ms 递减 1，到 0 后又开始递增，如此循环变化；绘制该实数的实时变化曲线。

3. 实施步骤

1）建立新工程

（1）双击桌面中的“MCGS 组态环境”图标，进入 MCGS 组态环境。

（2）选择“文件”菜单中的“新建工程”选项，弹出“新建工程设置”对话框，TPC 类型选择为“TPC7062K”，单击“确认”按钮。

（3）选择“文件”菜单中的“工程另存为”选项，弹出文件保存对话框。选择保存路径后，在“文件名”中输入“实时曲线”，单击“保存”按钮，工程创建完毕。

（4）单击工作台“用户窗口”选项卡中的“新建窗口”按钮，建立“窗口 0”。

（5）选中“窗口 0”，单击“窗口属性”按钮，弹出“用户窗口属性设置”对话框。在“基本属性”选项卡中，将“窗口名称”设为“实时曲线”，“窗口标题”设为“实时曲线”，“窗口内容注释”设为“绘制实数实时变化曲线”，“窗口背景”设为白色，其他不变，单击“确认”按钮关闭对话框。此时，在工作台“用户窗口”的空间里，刚才新建的“窗口 0”图标名称已变为“实时曲线”。

（6）鼠标右键单击用户窗口中“实时曲线”图标，在弹出的快捷菜单中选择“设置为启动窗口”命令。

（7）单击工具条上“存盘”按钮。

2）制作图形界面

（1）在工作台窗口的“用户窗口”选项卡中双击“实时曲线”图标，进入“动画组态实时曲线”窗口。

（2）添加一个“实时曲线”构件。单击工具箱中的“实时曲线”构件图标，然后将鼠标移动到窗口上，单击空白处并拖动鼠标，画出一个适当大小的矩形框，所设计的界面中出现“实时曲线”构件。

（3）添加一个“按钮”构件。单击工具箱中的“标准按钮”构件图标，然后将鼠标移动到窗口后单击空白处并拖动鼠标，画出一个适当大小的矩形框，所设计的界面中出现“按钮”构件。双击“按钮”构件，系统弹出“标准按钮构件属性设置”对话框，在“基本属性”选项卡中将按钮文本改为“关闭”。设计的图形界面如图 2-28 所示。

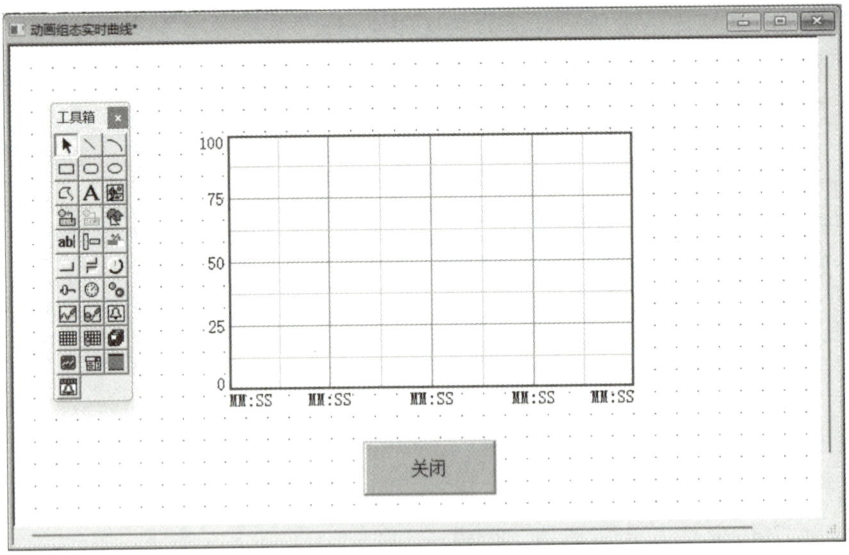

图 2-28 “实时曲线”图形界面

3）定义数据对象

（1）单击工作台窗口中的“实时数据库”选项卡。

（2）单击“新增对象”按钮，再双击新出现的对象，系统弹出“数据对象属性设置”对话框。在“基本属性”选项卡中将对象名称改为“实数”，对象类型选“数值”。小数位设为“0”，对象初值设为“0”，最小值设为“0”，最大值设为“100”。定义完成后，单击“确认”按钮，会发现在工作台窗口的“实时数据库”选项卡中增加了一个数值型对象“实数”。

（3）单击“新增对象”按钮，再双击新出现的对象，系统弹出“数据对象属性设置”对话框。在“基本属性”选项卡中将对象名称改为“增减”，对象类型选“开关”。对象初值设为“0”，其他设置不变。定义完成后，单击“确认”按钮，会发现在工作台窗口的“实时数据库”选项卡中增加了一个开关型对象“增减”。

建立完成的实时数据库如图 2-29 所示。

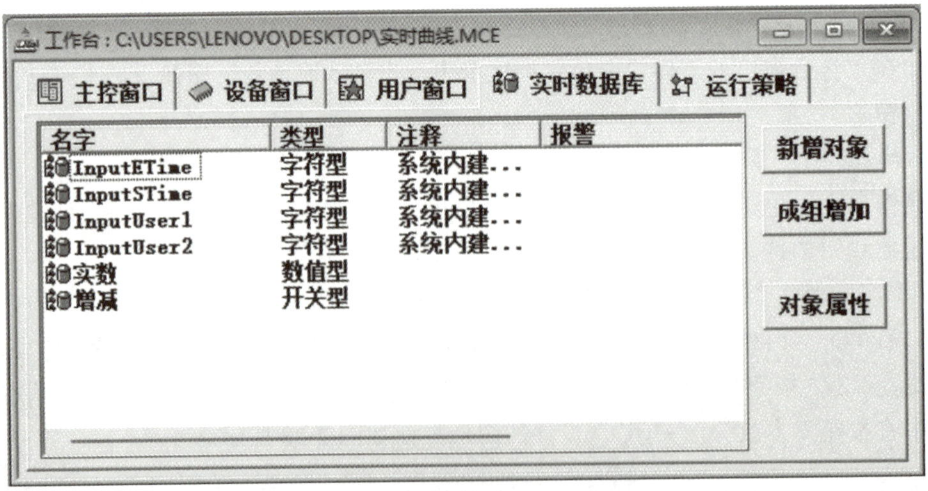

图 2-29 “实时曲线”实时数据库

4）建立动画连接

（1）切换至工作台窗口中的“用户窗口”选项卡，双击“实时曲线”图标，进入“动画组态实时曲线”

（2）建立“实时曲线”构件的动画连接。双击窗口中的“实时曲线”构件，系统弹出“实时曲线构件属性设置”对话框。在“标注属性”选项卡中，将X轴标注间隔设为“1”，时间格式选择“MM”，时间单位选择“分钟”，将X轴长度设为“3”，将Y轴最小值设为“0.0”，Y轴最大值设为“100.0”，如图2-30所示。在“画笔属性”选项卡中，曲线1选择“实数”，如图2-31所示。单击“确认”按钮，完成“实时曲线”构件动画连接。

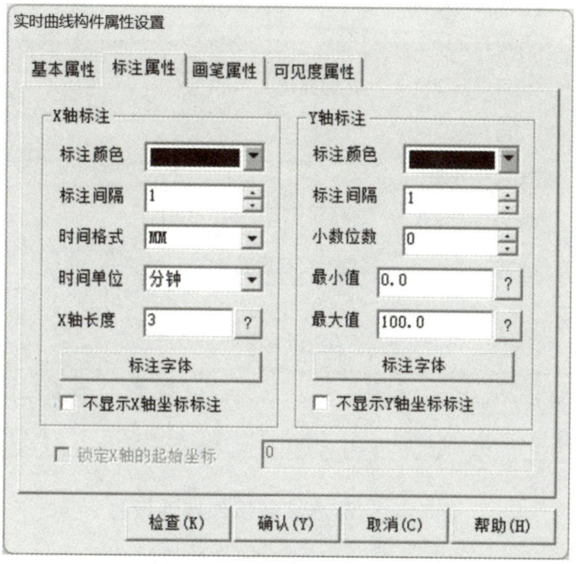

图2-30　实时曲线标注属性设置

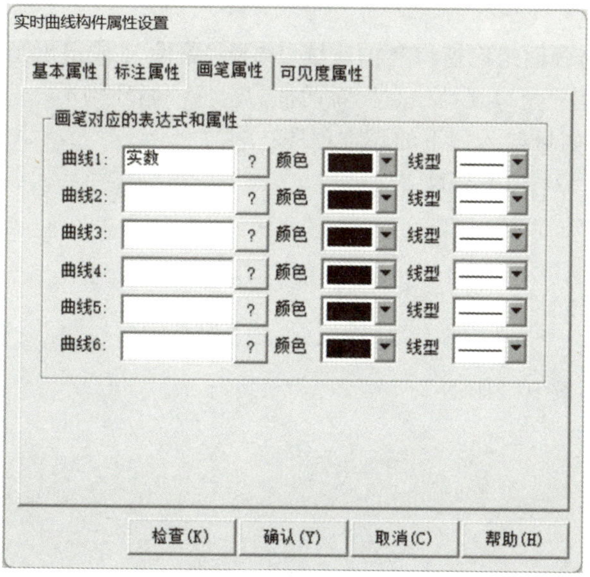

图2-31　实时曲线画笔属性设置

（3）建立“关闭”按钮构件的动画连接。双击“关闭”按钮构件，出现“标准按钮构件属性设置”对话框，在“操作属性”选项卡中，选择“关闭用户窗口”，在右侧下拉列表框中选择“实数曲线”，如图 2-32 所示。

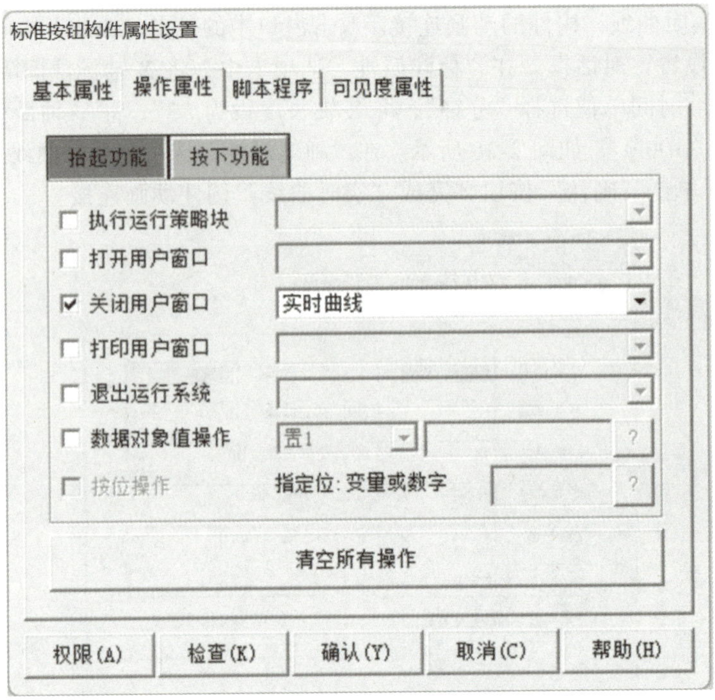

图 2-32　标准按钮操作属性设置

（4）单击“确认”按钮，完成“关闭”按钮动画连接。

5）添加脚本程序

（1）鼠标右键单击画面组态窗口空白区域，选择“属性”(或退出画面组态窗口，单击“窗口属性”)，会弹出“用户窗口属性设置”对话框。选择“循环脚本”选项卡，“循环时间”设置为“200 ms”，在编辑区输入如下的脚本程序：

```
IF 增减=0 and 实数<50 THEN
    实数=实数+1
ELSE
    增减=1
ENDIF
IF 增减=1 and 实数>0 THEN
    实数=实数-1
ELSE
    增减=0
ENDIF
```

（2）输入完成后，单击输入框下方的“检查”按钮，如有错误则要进行修改，直到无错误为止，然后单击“确认”按钮完成。

6）模拟仿真运行

将工程模拟运行下载后，在运行过程中可以看到界面中的数值从 0 开始递增，递增到 50 时开始递减，递减到 0 时开始递增，往复循环变化，界面中绘制了该实数的实时变化曲线（类似三角波）。当按下“关闭”按钮，界面消失。组态效果如图 2-33 所示。

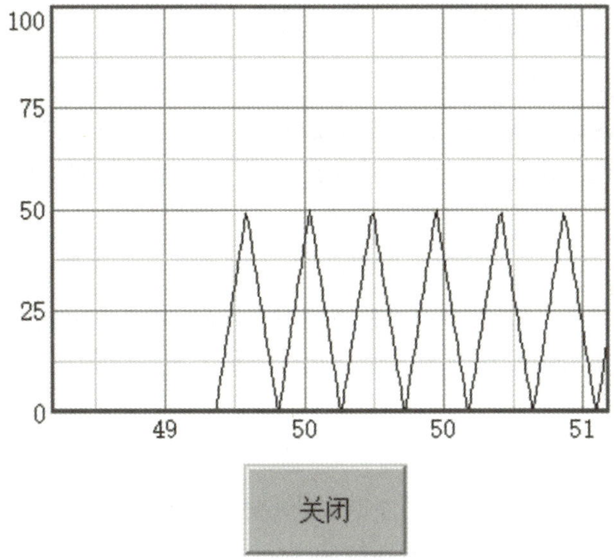

图 2-33 “实时曲线”模拟运行界面

2.3 MCGS 组态软件的运行策略与脚本程序

运行策略是用户为实现对系统运行流程自由控制所组态生成的一系列功能块的总称，运行策略的建立使系统能够按照设定的顺序和条件操作实时数据库，控制用户窗口的打开、关闭及设备构件的工作状态，从而实现对系统工作过程的精确控制及有序调度管理。MCGS 嵌入版为用户提供了进行策略组态的专用窗口和工具箱。

脚本程序是组态软件中的一种内置编程语言引擎。当某些控制和计算任务通过常规组态方法难以实现时，通过使用脚本语言能够增强整个系统的灵活性，解决其常规组态方法难以解决的问题。

本章将对使用 MCGS 开发应用程序过程中涉及的运行策略和脚本程序进行详细介绍。

2.3.1 运行策略

运行策略本身是系统提供的一个框架，其内部放置了由策略条件构件和策略构件组成的“策略行”。通过对运行策略的定义，系统能够按照设定的顺序和条件操作实时数据库，控制用户窗口的打开、关闭，并确定设备构件的工作状态等，从而实现对外部设备工作过程的精确控制。

1. 运行策略的类型

根据运行策略的不同作用和功能，MCGS 把运行策略分为启动策略、退出策略、循环策略、报警策略、事件策略、热键策略、用户策略 7 种。每种策略都由系列功能模块组成。MCGS 运行策略窗口中的“启动策略”“退出策略”“循环策略”为系统固有的 3 个策略块，其余的则由用户根据需要自行定义，每个策略都有自己的专用名称。MCGS 系统的各个部分通过策略的名称来对策略进行调用和处理。

1）启动策略

启动策略在 MCGS 进入运行时由系统自动调用执行一次。一般在该策略中完成系统初始化功能，如给特定的数据对象赋不同的初始值、调用硬件设备的初始化程序等，具体如何处理由用户组态设置。

2）退出策略

退出策略在 MCGS 退出运行前由系统自动调用执行一次。一般在该策略中完成系统善后处理功能，如在退出时把系统当前的运行状态记录下来，以便下次启动时恢复本次的工作状态。

3）循环策略

在运行过程中，循环策略由系统按照设定的循环周期自动循环调用，循环体内所需执行的操作由用户设置。该策略块由系统循环扫描执行，故可把大多数关于流程控制的任务放在此策略块内处理，系统按先后顺序扫描所有的策略行。如果策略行的条件成立，则处理策略行中的功能块。在每个循环周期内，系统都进行一次上述处理工作。

4）报警策略

报警策略由用户在组态时创建，当指定数据对象的某种报警状态产生时，报警策略被系统自动调用一次。

5）事件策略

事件策略由用户在组态时创建，当对应表达式的某种事件状态产生时，事件策略被系统自动调用一次。

6）热键策略

热键策略由用户在组态时创建，当用户按下对应的快捷键时执行一次。

7）用户策略

用户策略是用户自定义的功能模块，根据需要可以定义多个，分别用来完成不同的任务。系统不能自动调用用户策略，需要在组态时指定调用用户策略的对象。

2. 创建运行策略

在工作台窗口的“运行策略”选项卡中单击“新建策略”按钮，选择策略类型为“用户策略”，即可新建一个用户策略块（如在窗口中增加一个策略块图标），如图 2-34 所示。

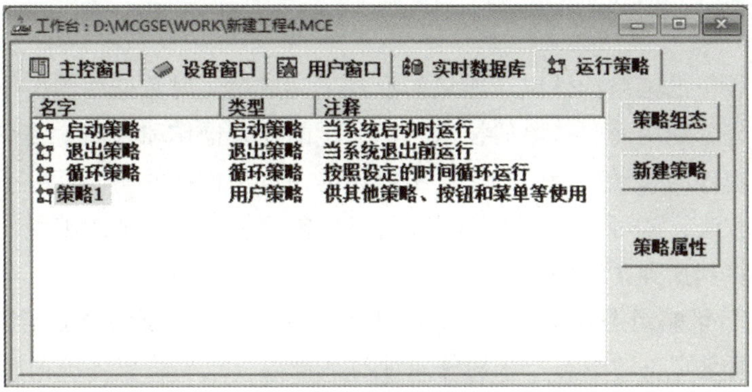

图 2-34　新建用户策略块

策略块的默认名称为“策略 X”（X 为区别各个策略块的数字代码）。在未做任何组态配置之前，“运行策略”选项卡包括 3 个系统固有的策略块，新建的策略块只是一个空的结构框架，具体内容须由用户设置。

3. 设置策略属性

在工作台窗口“运行策略”选项卡中，选中新建的“策略 1”，单击“策略属性”按钮即可弹出图 2-35 所示的“策略属性设置”对话框，其中“策略名称”用于设置策略名称，“策略内容注释”用于为策略添加文字说明。

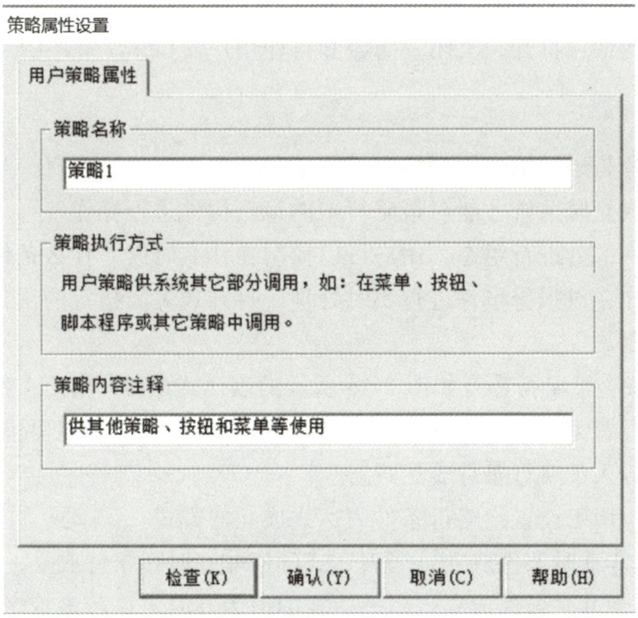

图 2-35　用户策略属性设置

系统固有的 3 个策略块，名称是专用的，不能修改，也不能被系统其他部分调用，只能在运行策略中使用。对于循环策略块，还需要设置循环时间或策略的运行时刻。

4. 策略构件

MCGS 嵌入版中的策略构件以功能块的形式来完成对实时数据库的操作、用户窗口的控制等。策略构件充分利用面向对象的技术，把大量的复杂操作和处理封装在构件的内部，提供给用户的只是构件的属性和操作方法，用户只需在策略构件的属性页中正确设置属性值和选定构件的操作方法，就可满足大多数工程项目的需要。对于复杂的工程，只需定制所需的策略构件，然后将其加到系统中来即可。

在 MCGS 运行策略组态环境中，一个策略构件就是一个完整的功能实体，用户要做的工作不是“搭制”，而是真正的组态。在构件属性对话框内，正确设置各项内容（如填表一样）就可以完成相应的工作。随着 MCGS 嵌入版组态软件的广泛应用和不断地发展，越来越多的功能强大的构件会不断地加到系统中。

目前，MCGS 嵌入版为用户提供了几种最基本的策略构件，主要包括：

（1）策略调用构件：调用指定的用户策略。

（2）数据对象构件：数据值读写、存盘和报警处理。

（3）设备操作构件：执行指定的设备命令。

（4）退出策略构件：用于中断并退出所在的运行策略块。

（5）脚本程序构件：执行用户编制的脚本程序。

（6）定时器构件：用于定时。

（7）计数器构件：用于计数。

（8）窗口操作构件：打开、关闭、隐藏和打印用户窗口。

5. 策略行条件部分

策略行条件部分是运行策略用来控制运行流程的主要部件。在每一策略行内，当策略条件部分设定的条件成立时系统才能对策略行中的策略构件进行操作。

通过对策略条件部分进行组态，用户可以控制在什么时候、什么条件下、什么状态下对实时数据库进行操作，对报警事件进行实时处理，打开或关闭指定的用户窗口，完成对系统运行流程的精确控制。

在策略块中，每个策略行都有如图 2-36 所示的表达式条件。用户在使用策略行时可以对策略行的条件进行设置（缺省时表达式的条件为真），其操作方法主要包括：

（1）表达式：输入策略行条件表达式。

（2）条件设置：用于设置策略行条件表达式成立的方式。

① 表达式的值非 0 时条件成立：当表达式的值非 0 时，条件成立，执行该策略。

② 表达式的值为 0 时条件成立：当表达式的值为 0 时，执行该策略。

③ 表达式的值产生正跳变时条件成立一次：当表达式的值产生正跳变（值从 0 到 1）时，执行一次该策略。

④ 表达式的值产生负跳变时条件成立一次：当表达式的值产生负跳变（值从 1 到 0）时，执行一次该策略。

（3）内容注释：用于对策略行条件加以注释。

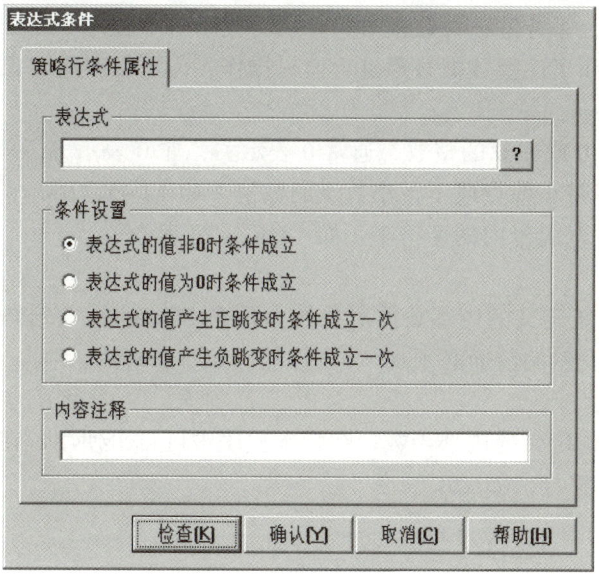

图 2-36　表达式条件对话框

2.3.2　脚本程序

MCGS 嵌入版脚本程序可以方便用户有效地编制各种特定的流程控制程序和操作处理程序。MCGS 嵌入版脚本程序被封装在一个功能构件里（称为脚本程序功能构件），在后台由独立的线程来运行和处理，能够避免由于单个脚本程序的错误而导致整个系统的瘫痪。

在 MCGS 嵌入版中，脚本语言是一种语法上类似 Basic 的编程语言，可以应用在运行策略中把整个脚本程序作为一个策略功能块执行，也可以在动画界面的事件中执行。MCGS 嵌入版引入的事件驱动机制，与 VB 或 VC 中的事件驱动机制类似，如对于用户窗口，包括装载、卸载事件；对窗口中的控件，包括鼠标单击事件、键盘按键事件等。这些事件发生时会触发一个脚本程序，执行脚本程序中的操作。

1. 脚本程序语言要素

1）数据类型

MCGS 嵌入版脚本语言使用的数据类型主要包括：

（1）开关型：表示开或者关的数据类型，通常 0 表示关，非 0 表示开，也可以作为整数使用。

（2）数值型：值在 $3.4\times10^{\pm38}$ 范围内。

（3）字符型：最多 512 个字符组成的字符串。

2）变量、常量、系统变量及系统函数

（1）变量。

脚本程序中，用户不能定义子程序和子函数，其中数据对象可以看作是脚本程序中的全局变量，所有的程序段都可共用。可以用数据对象的名称来读写数据对象的值，也可以对数据对象的属性进行操作。

开关型、数值型、字符型三种数据对象分别对应于脚本程序中的三种数据类型。在脚本程序中不能对组对象和事件型数据对象进行读写操作，但可以对组对象进行存盘处理。

（2）常量。

① 开关型常量：0 或非 0 的整数，通常 0 表示关，非 0 表示开。

② 数值型常量：带小数点或不带小数点的数值，如 12.45、100。

③ 字符型常量：双引号内的字符串，如“OK”“正常”。

（3）系统变量。

MCGS 嵌入版系统定义的内部数据对象作为系统内部变量，在脚本程序中可自由使用，在使用系统变量时，变量的前面必须加“$”符号，如 $Date。

（4）系统函数。

MCGS 嵌入版系统定义的内部函数，在脚本程序中可自由使用。在使用系统函数时，函数的前面必须加“!”符号，如!abs（ ）。

3）事　件

在 MCGS 嵌入版的动画界面组态中，可以组态处理动画事件。动画事件是在某个对象上发生的，可能是带参数也可能是不带参数的动作驱动源。如用户窗口上可以发生的 Load、Unload 事件，分别在用户窗口打开和关闭时触发。可以对这两个事件编写一段脚本程序，当某一事件触发时（用户窗口打开或关闭时）其相应脚本程序被执行。

用户窗口的 Load 和 Unload 事件没有参数，而 MouseMove 事件有参数，在组态这个事件时可以在参数组态中选择把 MouseMove 事件的几个参数连接到数据对象上，这样，当 MouseMove 事件被触发时，就会把 MouseMove 的参数包括鼠标位置、按键信息等送到连接的数据对象，然后在事件连接的脚本程序中对这些数据对象进行处理。

4）表达式

由数据对象（包括设计者在实时数据库中定义的数据对象、系统内部数据对象和系统函数）、括号和各种运算符组成的运算式称为表达式，表达式的计算结果称为表达式的值。

当表达式中包含有逻辑运算符或比较运算符时，表达式的值只可能为 0（条件不成立时为假）或非 0（条件成立时为真），这类表达式称为逻辑表达式；当表达式中只包含算术运算符，表达式的运算结果为具体的数值时，这类表达式称为算术表达式。常量或数据对象是狭义的表达式，这些单个量的值即为表达式的值。表达式值的类型即为表达式的类型，必须是开关型、数值型、字符型三种类型中的一种。

表达式是构成脚本程序的最基本元素，在 MCGS 嵌入版的组态过程中常常需要通过表达式来建立实时数据库对象与其他对象的连接关系，正确输入和构造表达式是利用 MCGS 嵌入版组态的一项重要工作。

5）运算符

（1）算术运算符。

算术运算符如表 2-1 所示。

表 2-1 算术运算符

序号	运算类型	运算符号	序号	运算类型	运算符号
1	乘方	∧	5	加法	+
2	乘法	*	6	减法	—
3	除法	/	7	取模运算	Mod
4	整除	\			

（2）逻辑运算符。

逻辑运算符如表 2-2 所示。

表 2-2 逻辑运算符

序号	运算类型	运算符号	序号	运算类型	运算符号
1	逻辑与	AND	3	逻辑或	OR
2	逻辑非	NOT	4	逻辑异或	XOR

（3）比较运算符。

比较运算符如表 2-3 所示。

表 2-3 比较运算符

序号	运算类型	运算符号	序号	运算类型	运算符号
1	大于	>	4	小于等于	<=
2	大于等于	>=	5	小于	<
3	等于	=	6	不等于	<>

注：字符串比较需要使用字符串函数!StrCmp，不能直接使用比较运算符。

6）运算符优先级

按照优先级从高到低的顺序，各个运算符排列如表 2-4 所示。

表 2-4 运算符优先级

运算符	优先级	运算符	优先级
( )	1	<，>，<=，>=，=，<>	5
∧	2	NOT	6
*，/，\，Mod	3	AND，OR，XOR	7
+，—	4		

2. 脚本程序基本语句

MCGS 嵌入版脚本程序是为了实现对某些多分支流程的控制及操作处理，其包括的最简单的语句有赋值语句、条件语句、退出语句和注释语句，为了实现高级循环功能还提供了循环语句。所有的脚本程序都可由这五种语句组成，当需要在一个程序行中包含多条语句时，各条语句之间须用“:”分开，程序行也可以是没有任何语句的空行。大多数情况下，一个程序行只包含一条语句，赋值程序行中根据需要可在一行中放置多条语句。

1）赋值语句

赋值语句的形式：数据对象=表达式。

赋值号用“=”表示，其具体含义是把“=”右边表达式的运算值赋给左边的数据对象。

赋值号左边必须是能够读写的数据对象，如开关型数据、数值型数据以及能进行读写操作的内部数据对象，而组对象、事件型数据对象、只读的内部数据对象、系统函数以及常量均不能出现在赋值号的左边，因为不能对这些对象进行读写操作。

赋值号的右边为表达式，表达式的类型必须与左边数据对象值的类型相符合，否则系统会提示“赋值语句类型不匹配”的错误信息。

2）条件语句

条件语句形式主要包括：

（1）IF〖表达式〗THEN〖赋值语句或退出语句〗

（2）IF〖表达式〗THEN

〖语句〗

ENDIF

（3）IF〖表达式〗THEN

〖语句〗

ELSE

〖语句〗

ENDIF

条件语句中的四个关键字“IF”“THEN”“ELSE”“ENDIF”不分大小写。如拼写不正确，检查程序时会提示出错信息。

条件语句允许多级嵌套，即条件语句中可以包含新的条件语句，MCGS 脚本程序的条件语句最多可以有 8 级嵌套，为编制多分支流程的控制程序提供方便。

“IF”语句的表达式一般为逻辑表达式，也可以是数值型的表达式。当表达式的值为非 0 时，条件成立，执行“THEN”后的语句；否则，条件不成立，将不执行该条件块中包含的语句，开始执行该条件块后面的语句。

值为字符型的表达式不能作为“IF”语句中的表达式。

3）循环语句

循环语句为 WHILE 和 ENDWHILE，其结构可表示为

WHILE〖条件表达式〗

…

ENDWHILE

当条件表达式成立（非 0），循环执行 WHILE 和 ENDWHILE 之间的语句，直到条件表达式不成立（为 0）时退出。

4）退出语句

退出语句为“Exit”，用于中断脚本程序的运行，停止执行其后面的语句。一般在条件语句中使用退出语句，以便在某种条件下，停止并退出脚本程序的执行。

5）注释语句

以单引号“'”开头的语句称为注释语句。注释语句在脚本程序中只起到注释说明的作用，实际运行时系统不执行任何注释语句。

3. 脚本程序的查错和运行

脚本程序编制完成后，系统首先对程序代码进行检查，以确认脚本程序的编写是否正确。检查过程中如果发现脚本程序有错误，则会返回相应的信息，以提示可能的出错原因，帮助用户查找和排除错误。常见的提示信息主要包括：

（1）组态设置正确，没有错误。
（2）未知变量。
（3）未知表达式。
（4）未知的字符型变量。
（5）未知的操作符。
（6）未知函数。
（7）函数参数不足。
（8）括号不配对。
（9）IF 语句缺少 ENDIF。
（10）IF 语句缺少 THEN。
（11）ELSE 语句缺少对应的 IF 语句。
（12）ENDIF 缺少对应的 IF 语句。
（13）未知的语法错误。

根据系统提供的错误信息进行相应的改正，系统检查通过后就可以在运行环境中运行脚本，达到简化组态过程、优化控制流程的目的。

巩固练习 3：风扇旋转

1. 学习目标

（1）掌握组态软件工具箱和“对象元件库管理”功能的使用。
（2）掌握如何修改对象元件库中的动画构件。
（3）掌握工具箱中动画显示构件的应用。
（4）掌握运行策略及脚本程序的应用。

2. 练习内容

以风扇的旋转效果为例，修改对象元件库中的构件，并利用工具箱中的动画显示构件完成动画效果。

3. 实施步骤

1）建立新工程

（1）双击桌面中的“MCGS 组态环境”图标，进入 MCGS 组态环境。

（2）选择“文件”菜单中的“新建工程”选项，弹出“新建工程设置”对话框，TPC 类型选择为“TPC7062K”，单击“确认”按钮。

（3）选择“文件”菜单中的“工程另存为”选项，弹出文件保存对话框。

（4）选择保存路径后，在“文件名”中输入“风扇叶片旋转”，单击“保存”按钮，工程创建完毕。

（5）单击工作台“用户窗口”选项卡中的“新建窗口”按钮，建立“窗口 0”。

（6）选中“窗口 0”，单击“窗口属性”按钮，弹出“用户窗口属性设置”对话框，如图 2-37 所示。

（7）在“基本属性”选项卡中，将“窗口名称”设为“风扇叶片旋转”，将“窗口标题”设为“风扇叶片旋转”，将“窗口背景”设为白色，其他不变。单击“确认”按钮，关闭对话框。此时，在工作台“用户窗口”的空间里，刚才新建的“窗口 0”图标名称已变为“风扇叶片旋转”。

（8）单击工具条上“存盘”按钮。

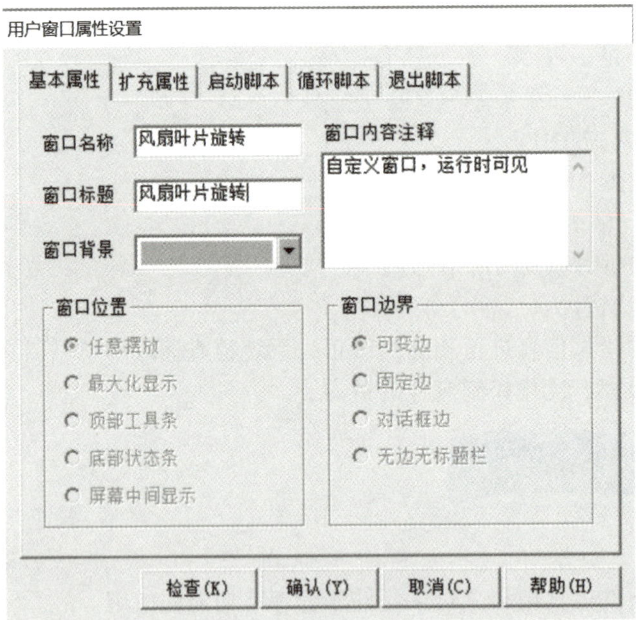

图 2-37 “用户窗口属性设置”对话框

2）建立实时数据库

（1）单击工作台中的“实时数据库”选项卡。

（2）单击“新增对象”按钮，添加“风扇”开关型数据对象。本任务建立的实时数据库如图 2-38 所示。

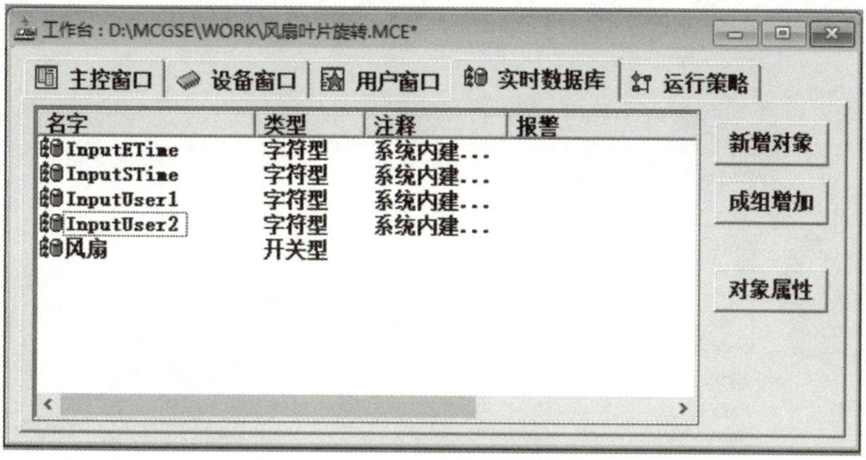

图 2-38　建立“实时数据库”

3）风扇叶片旋转画面设计

（1）修改风扇叶片构件。

在用户窗口单击工具箱中的“插入元件”按钮，弹出如图 2-39 所示的“对象元件库管理”对话框，选择搅拌器中的“搅拌器 1”，单击“确定”按钮，将构件放置到用户窗口中的合适位置。

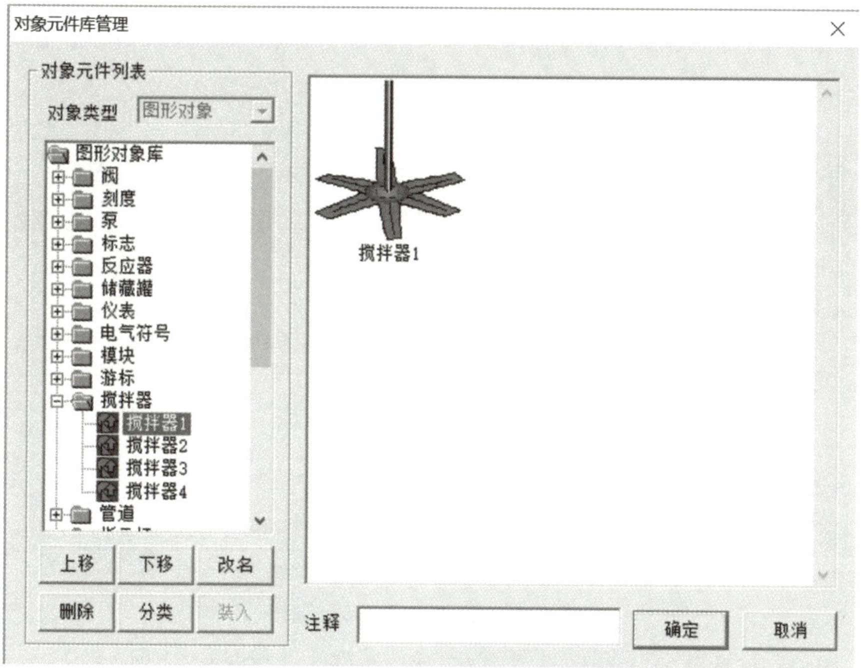

图 2-39　“对象元件库管理”对话框

选中“搅拌器 1”构件，单击鼠标右键，在弹出的快捷菜单中选择“排列”→“分解单元”，如图 2-40 所示。将分解后的构件修改为风扇叶片，如图 2-41 所示。

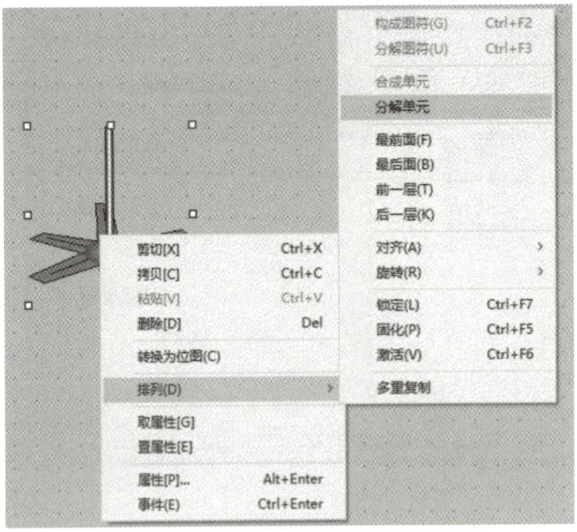

图 2-40 分解构件

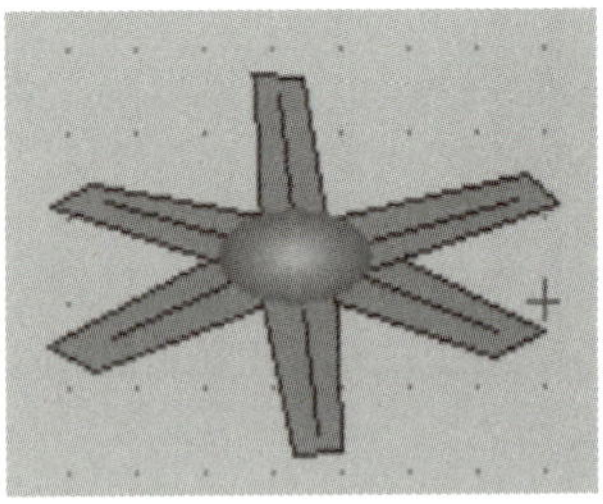

图 2-41 修改构件

全选修改后的图符，单击鼠标右键，选择“排列”→“构成图符”，或者单击绘图工具条中的“构成图符”按钮，新的图符就生成了。选中新图符，在窗口右下角将其大小设置成“80 × 80”，如图 2-42 所示。

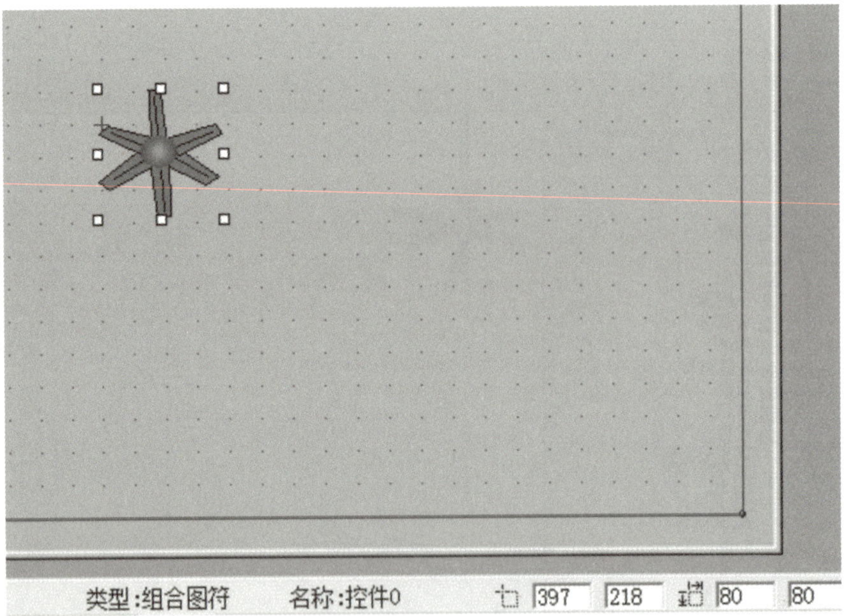

图 2-42 设置完成的新图形

选中新图形，再单击工具箱中的“保存元件”按钮，会弹出“把选定的图形对象保存到对象元件库？”对话框，单击“确定”按钮。在“对象元件库管理”对话框中的图形对象库中找到“新图形”，在“注释”输入框中输入“风扇叶片 1”，单击“改名”按钮，将图形名称修改为“风扇叶片 1”，如图 2-43 所示。单击“确定”按钮后，新图符就保存在了图形对象库中，以后可随时调用。

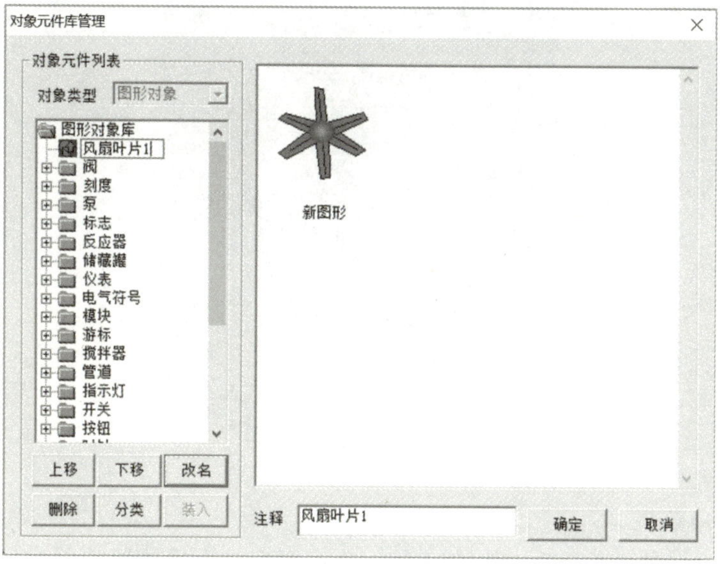

图 2-43　图形对象库生成风扇叶片 1 图符

选中风扇叶片 1，单击鼠标右键，在弹出的快捷菜单中选择“排列”→“旋转”→“左旋 90 度”，将旋转完成的新图形按照上述方式保存到图形对象库，如图 2-44 所示。

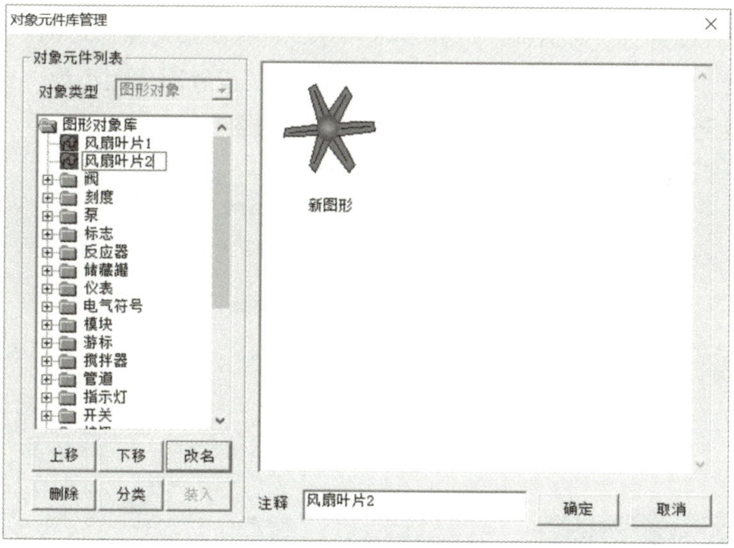

图 2-44　图形对象库生成风扇叶片 2 图符

（2）制作风扇框架。

单击工具箱中的“常见符号”图标，添加“凸平面”，设置其大小为“30×120”，双击添加好的凸平面，弹出“动画组态属性设置”对话框，设置填充颜色为“浅蓝色”，单击“确认”按钮保存。复制两个凸平面，调整大小为“90×30”，分别摆放在原凸平面的上下方。同时选中三个凸平面，并单击工具条中的“横向对中”按钮，调整三个凸平面的位置，如图 2-45 所示。风扇的框架就制作完成了。

图 2-45　风扇框架

（3）设置风扇效果。

单击工具箱中“动画显示”构件按钮，在画面窗口合适位置绘制一个大小适当的矩形区域作为“动画显示”构件，如图 2-46 所示。

双击“动画显示”构件，弹出“动画显示构件属性设置”对话框，如图 2-47 所示。在基本属性选项卡中，选择分段点“0”，在“外形”卡片中，单击“加载图像”中的“矢量图”，则弹出“对象元件库管理”对话框，如图 2-48 所示。选择图形对象库中的“风扇叶片 1”，单击“确认”按钮，则矢量图被成功插入分段点“0”中，设置图像大小为“充满按钮”，如图 2-49 所示。切换至“文本”卡片，删除文本列表中的内容。

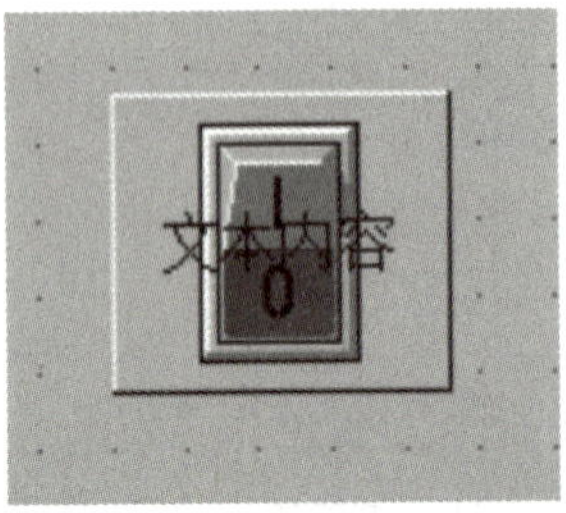

图 2-46 “动画显示”构件

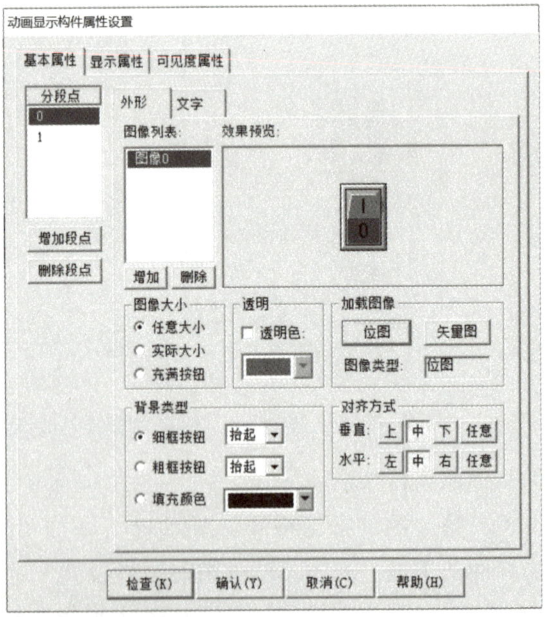

图 2-47 “动画显示构件属性设置”对话框

采用同样的方法设置分段点“1”，选择图形对象库中的“风扇叶片 2”，单击“确认”按钮保存，矢量图被成功插入分段点“1”中，删除文本列表中的内容，设置图像大小为“充满按钮”，如图 2-50 所示。注意观察两个风扇图片的区别，正是利用两个不同形状的图片交替显示从而实现风扇旋转的效果。

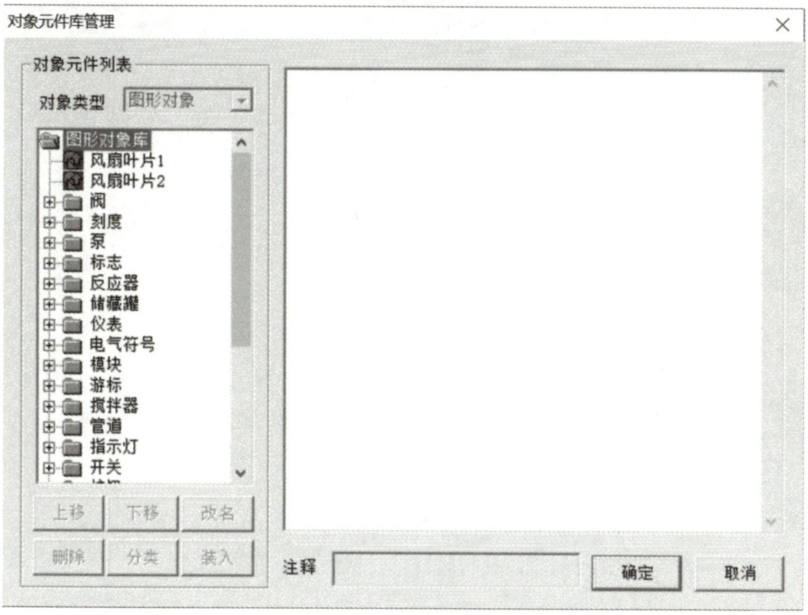

图 2-48 “对象元件库管理”对话框

切换到“显示属性”选项卡，选择显示变量的类型为“开关，数值型”，对应的变量选择“风扇”，“动画显示的实现”选择“根据显示变量的值切换显示各幅图像”，其他为默认，如图 2-51 所示。

单击“确认”按钮返回画面窗口，则在窗口上会看到刚刚完成的风扇图片。

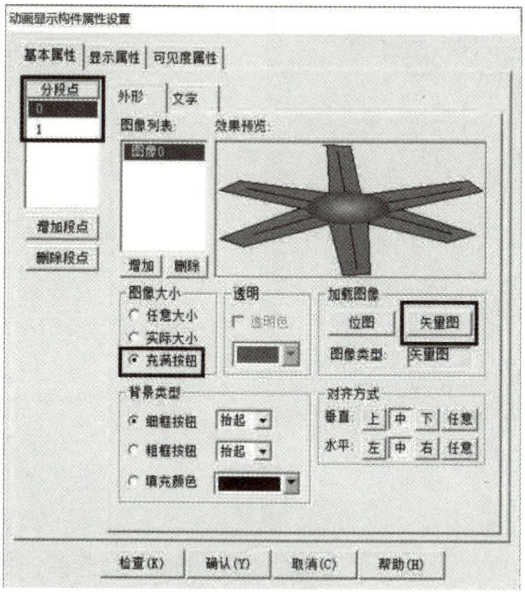

图 2-49 风扇分段点“0”设置

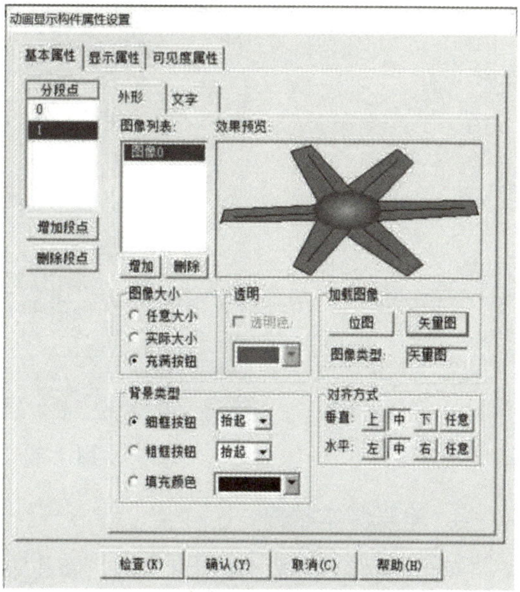

图 2-50 风扇分段点“1”设置

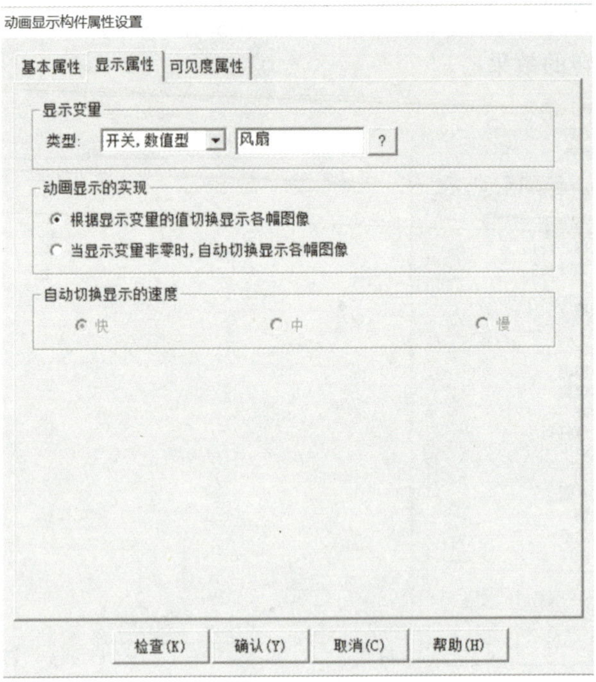

图 2-51　风扇动画显示属性设置

风扇设置好之后，调整动画显示构件的大小为“80*80”，拖到风扇框架的左上方，再复制出三个风扇，分别放置在框架的左下、右上、右下方，并使用对齐工具将四个风扇对齐放置，如图 2-52 所示。

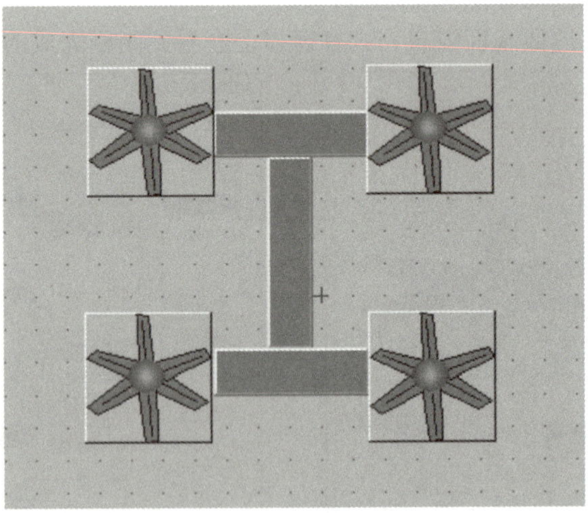

图 2-52　风扇组态效果

4. 编写脚本程序

单击“运行策略”选项卡中的“新建策略”按钮，弹出“选择策略的类型”对话框，选择“循环策略”，单击“确定”按钮，在“运行策略”选项卡中即会产生一个系统缺省定义的名称为“策略 1”的循环策略。

选中新建的“策略 1”，单击“策略属性”按钮，在弹出的“策略属性设置”对话框中，将“策略名称”设为“风扇叶片旋转”，将定时循环周期设为“100”（表示 100 ms），在“策略内容注释”中输入“风扇叶片旋转策略”，如图 2-53 所示，单击“确认”按钮。

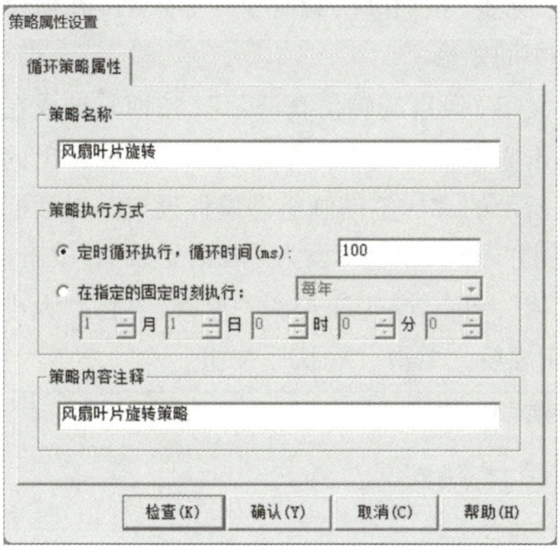

图 2-53　风扇叶片旋转策略属性设置

双击“风扇叶片旋转”循环策略（或选中“风扇叶片旋转”策略，然后单击“策略组态”按钮），进入策略组态环境。此时策略组态环境是空白的。在策略组态环境中的空白处单击鼠标右键，在弹出的快捷菜单中选择“新增策略行”选项，增加一个策略行。如果策略组态环境中没有策略工具箱，请单击窗口工具条中的“工具箱”按钮则弹出策略工具箱。

单击策略工具箱中的“脚本程序”，将鼠标移到策略块右端的图标上，添加“脚本程序”构件。双击 **脚本程序** 进入脚本程序编辑环境，输入如下的脚本程序：

风扇=1-风扇

输入完成后，单击输入框下方的“检查”按钮，然后单击“确认”按钮完成，如图 2-54 所示。

图 2-54 添加“风扇叶片旋转”脚本程序

5. 设计标题文字的闪烁效果

1）输入标题文字

单击绘图工具箱中的“标签”按钮，鼠标呈十字形后，在窗口顶端中心位置拖拽鼠标，根据需要拉出一个一定大小的矩形。

在光标闪烁位置输入文字“风扇旋转仿真演示”，按回车键或在窗口任意位置用鼠标单击一下，文字输入完毕。双击文字框（或右键单击文字框，在弹出的快捷菜单中选择“属性”选项），会弹出如图 2-55 所示的“标签动画组态属性设置”对话框，作如下设置：将“填充颜色”设为“没有填充”；将“边线颜色”设为“没有边线”；单击“字符字体”按钮，设置文字“字体”设为“黑体”，将“字形”设为“常规”，将“大小”设为“小一”，“字符颜色”设为“红色”。设置完成后，单击“确认”按钮。

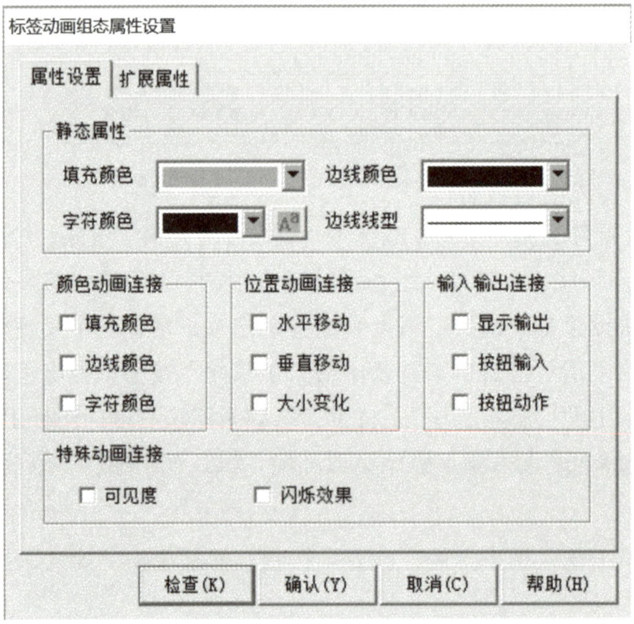

图 2-55 “标签动画组态属性设置”对话框

复制文字。按下键盘中的“Ctrl”键，同时鼠标点住“风扇旋转仿真演示”文字框并拖动，放开鼠标后则可复制一个标题文字框（或选中文字框，然后在“编辑”菜单选择“拷贝”→“粘贴”选项进行复制），如图 2-56 所示。

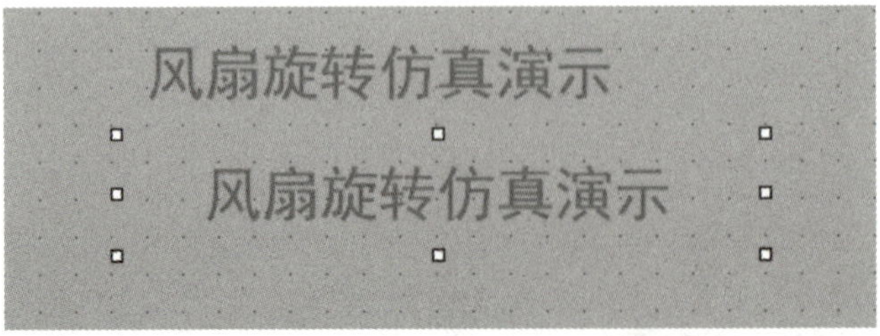

图 2-56 复制文字

2）闪烁效果设置

双击复制的文字，在弹出的“标签动画组态属性设置”对话框中，将复制的文字“字符颜色”设为黄色，选择“特殊动画连接”中的“闪烁效果”，则会出现“闪烁效果”选项卡，如图 2-57 所示。

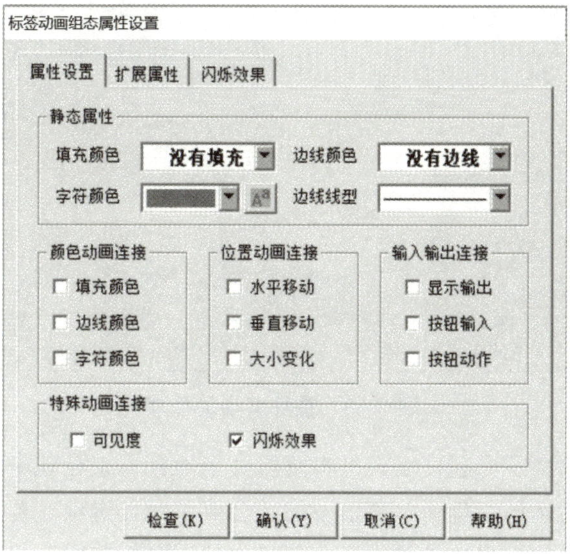

图 2-57　复制文字属性设置

单击“闪烁效果”选项卡，在“表达式”中输入“1”，表示闪烁条件永远成立，如图 2-58 所示。单击“确认”按钮后，按住键盘中的“Ctrl”键，同时选中原文字复制文字，然后选择菜单“排列”→“对齐”→“中心对中”选项，将两段文字重叠（注意层次，一定是闪烁的文字在最前面），如图 2-59 所示。

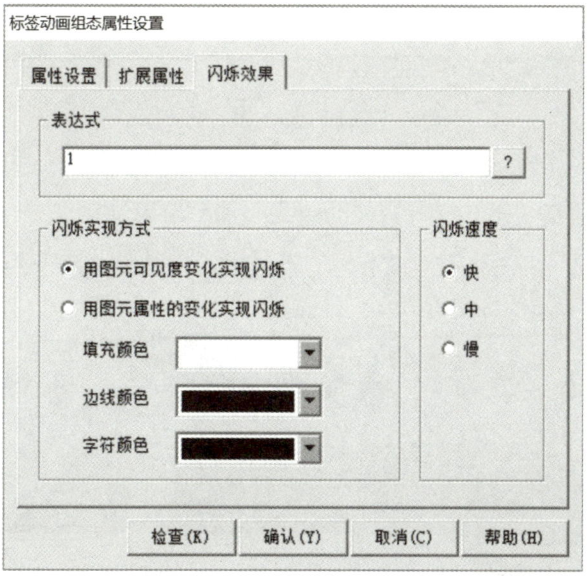

图 2-58　文字闪烁效果设置

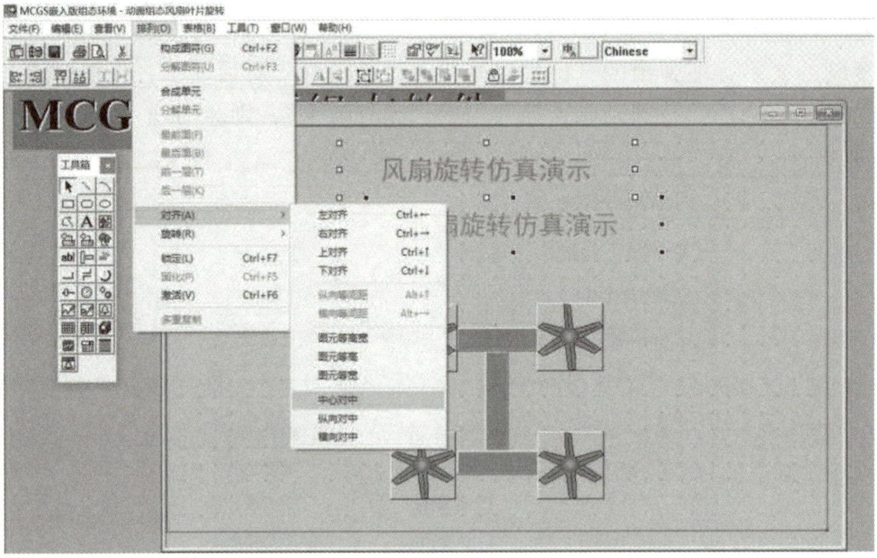

图 2-59　重叠文字的形成

若要将两段重叠的文字一起移动，可将两段文字的标签组合起来。组合的方法是同时选择两个图形对象，然后选择“排列”菜单中的“合成单元”选项。若要将组合元件拆分为独立元件，则选中组合元件，再选择“排列”菜单中的“分解单元”选项即可。

若需删除文字，只要选中文字，按键盘中的“Del”键即可。想恢复刚刚被删除的文字或元件，单击“撤销”按钮。

6. 模拟仿真调试

将工程模拟运行下载后，在运行界面可以看到风扇叶片不停地旋转，标题闪烁出现。组态效果如图 2-60 所示。

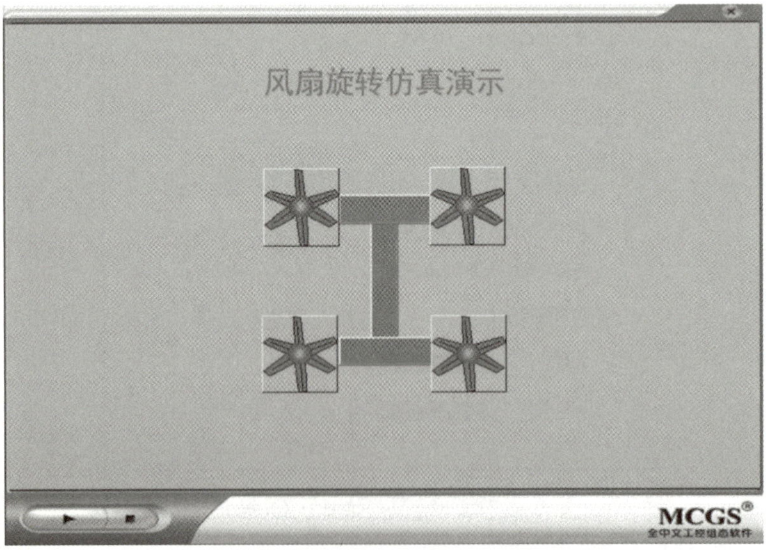

图 2-60　模拟运行效果

巩固练习 4：小球沿椭圆轨迹运动

1. 学习目标

（1）掌握在实时数据库中如何被动建立数据对象的方法。
（2）掌握工具箱中常用符号的使用及位图的应用。
（3）熟悉运行策略及脚本程序的应用。

2. 练习内容

小球运动轨迹设计具体要求：一个小球沿一个大的椭圆轨迹运动，小球绕着椭圆的边线轨迹按顺时针方向周而复始地连续运动。

3. 实施步骤

1）建立新工程

（1）选择“文件”菜单中的“新建工程”选项，自动生成新工程。
（2）选择“文件”菜单中的“工程另存为”选项，弹出文件保存对话框。
（3）选择保存路径后，在“文件名”中输入“小球沿椭圆形轨迹运动”，单击“保存”按钮，工程创建完毕。
（4）在工作台的“用户窗口”选项卡中新建一个工程名称为“小球沿椭圆形轨迹运动”的窗口。
（5）单击工具条上“存盘”按钮进行保存。

2）制作工程画面

（1）添加椭圆。

新建工程及用户窗口后，在用户窗口“查看”菜单中，单击“状态条”打开状态条，可以根据右下角的指示值调整构件的大小。

在工具箱中选中“椭圆”拖放到桌面，其大小调整为“400*200”，将“填充颜色”设置为“白色”。单击工具箱中的常用符号，从常用符号中选择三维圆球，绘制一个三维圆球，其大小调整为“50*50”。同时选择椭圆和三维圆球后单击中心对齐，小球就位于椭圆的中心，如图 2-61 所示。

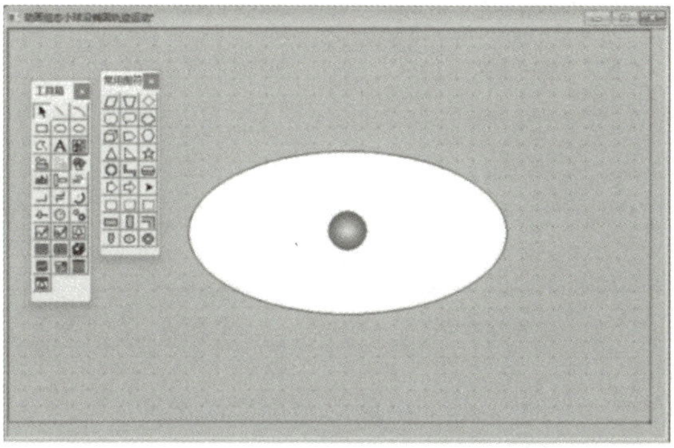

图 2-61　放置小球和椭圆构件

（2）小球的定位与属性设置。

双击小球，在弹出的“动画组态属性设置”对话框中，设置填充颜色为“蓝色”，勾选“水平移动”和“垂直移动”，如图 2-62 所示。

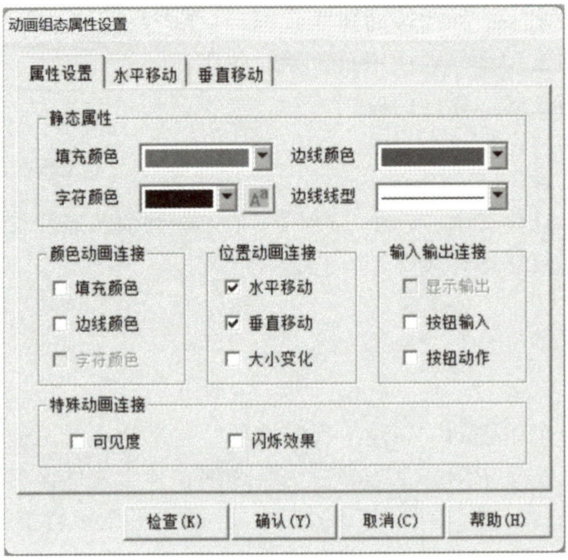

图 2-62　小球的动画组态属性设置

单击“水平移动”选项卡，在弹出的对话框中设置蓝色小球的水平移动连接：“最小移动偏移量”“表达式的值”“最大移动偏移量”“表达式的值”，设置内容如图 2-63 所示。单击“确认”时，弹出如图 2-64 所示“组态错误”提示框，选择“是（Y）”，弹出“数据对象属性设置”的对话框，选择“角度”的对象类型为“数值型”，如图 2-65 所示。数据对象“角度”就会被添加到实时数据库中。（注：这种填数据的方法叫“被动建库”或者“快速添加变量”）

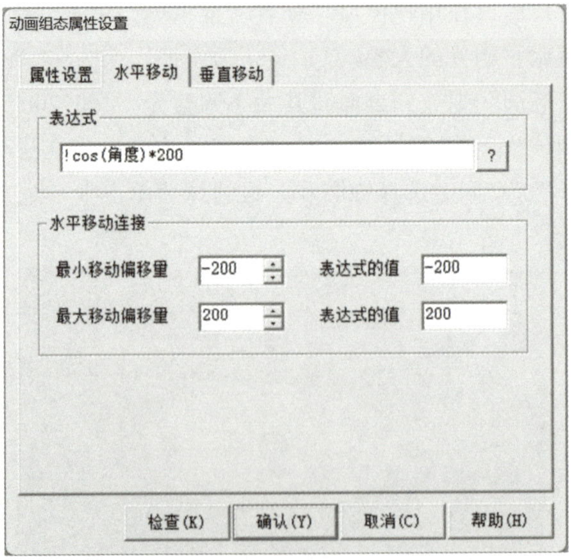

图 2-63　小球的水平移动设置

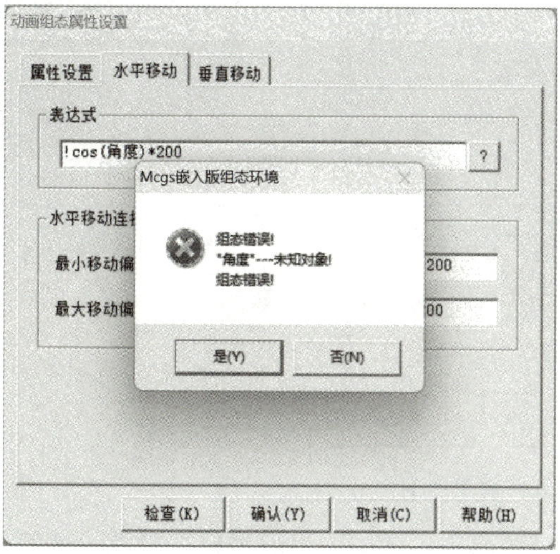

图 2-64　数据对象“组态错误”提示

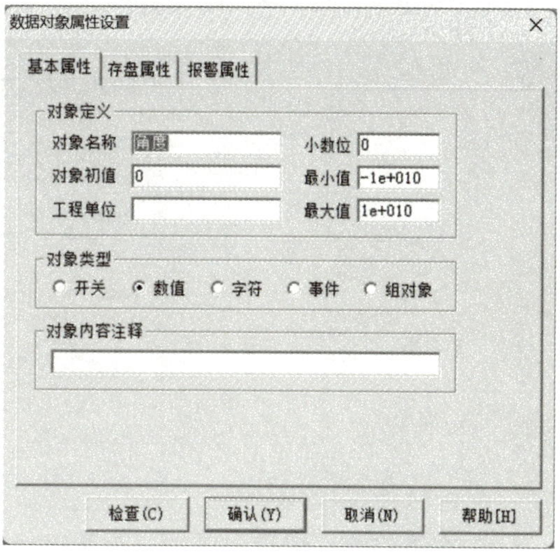

图 2-65　设置“角度”的对象类型

单击“垂直移动”选项卡，在弹出的对话框中设置蓝色小球的垂直移动连接：“最小移动偏移量”的值和“最大移动偏移量”的值，设置内容如图 2-66 所示。

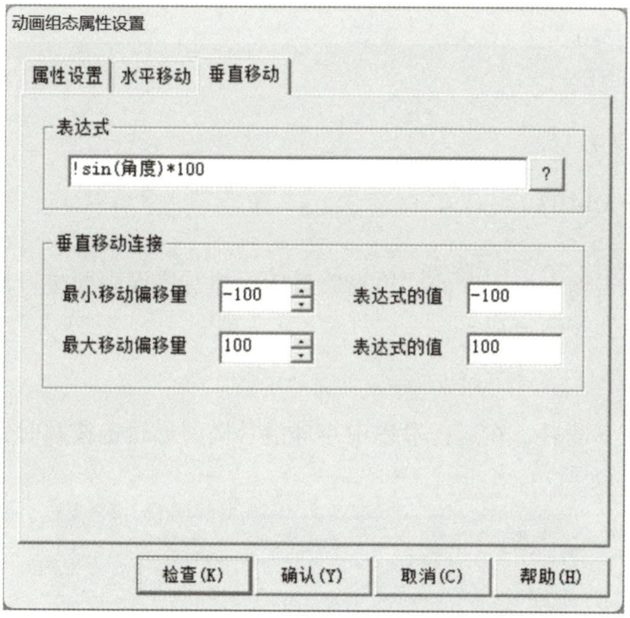

图 2-66　小球的垂直移动设置

3）编写脚本程序

（1）在“运行策略”选项卡中新建一个“循环策略”。

（2）对新建的循环策略进行属性设置，将“策略名称”设为“小球沿椭圆形轨迹运动”，将定时循环周期设为“100”（表示 100 ms），在“策略内容注释”中输入“小球沿椭圆形轨迹运动”，单击“确认”按钮，如图 2-67 所示。

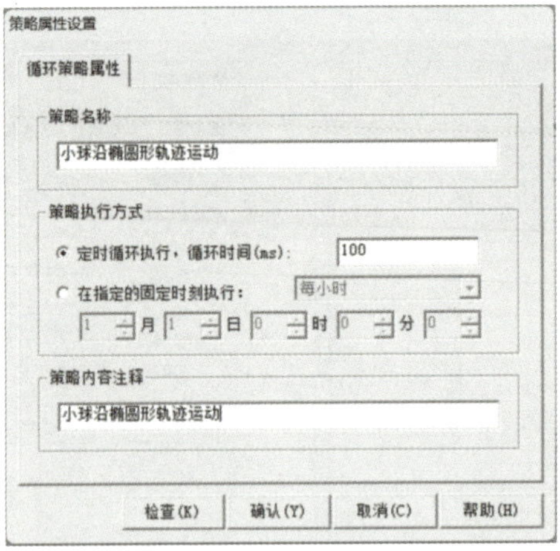

图 2-67　小球运动策略属性设置

（3）在策略组态窗口中增加一个策略行。如果策略组态环境中没有策略工具箱，请单击窗口工具条中的“工具箱”按钮，弹出策略工具箱。

（4）单击策略工具箱中的“脚本程序”，将鼠标移到策略块右端的图标上，添加“脚本程序”构件。双击 **脚本程序** 进入脚本程序编辑环境，输入如下的脚本程序：

```
角度=角度+3.14/180
IF 角度>=3.14 THEN
    角度=-3.14
ELSE
    角度=角度+3.14/180
ENDIF
```

输入完成后，单击输入框下方的“检查”按钮，如有错误则要进行修改，直到无错误为止，然后单击“确认”按钮完成。

4）下载调试

将工程模拟运行下载后，在运行过程中小球沿着椭圆形轨迹按顺时针方向周而复始地运动，组态效果如图 2-68 所示。

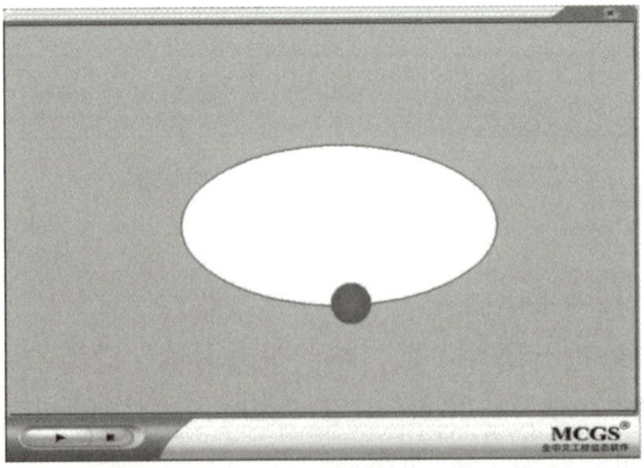

图 2-68　小球沿椭圆轨迹运行效果

5）设置背景窗口

为了使组态画面更美观，可以添加一些背景图片。具体操作步骤主要包括：

（1）双击“指示灯控制”窗口，进入组态画面，添加“位图”，在窗口右下方状态栏设置位图的坐标（0，0），大小为“800*480”，如图 2-69 所示。

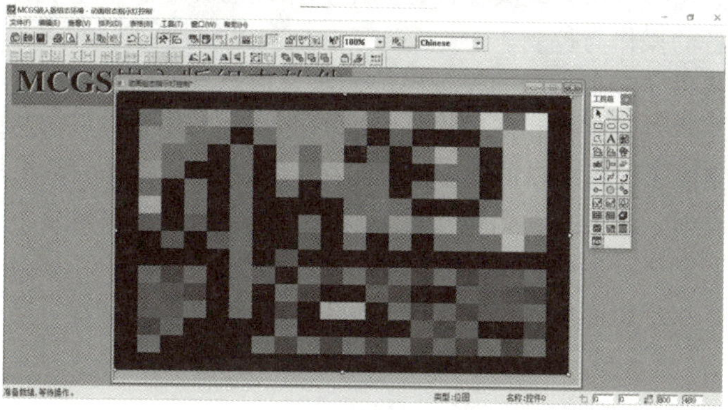

图 2-69 添加位图及大小设置

（2）鼠标右键单击位图，从弹出的快捷菜单中选择“装载位图”选项，选择配套资源中已准备好的位图（图片的格式为“.bmp”或“.jpg”），如图 2-70 所示。右键单击位图，在弹出的快捷菜单中选择“排列”→“最后面”，或者单击上方工具栏中的“置于最后面”按钮，背景设置完成。装载后的效果如图 2-71 所示。

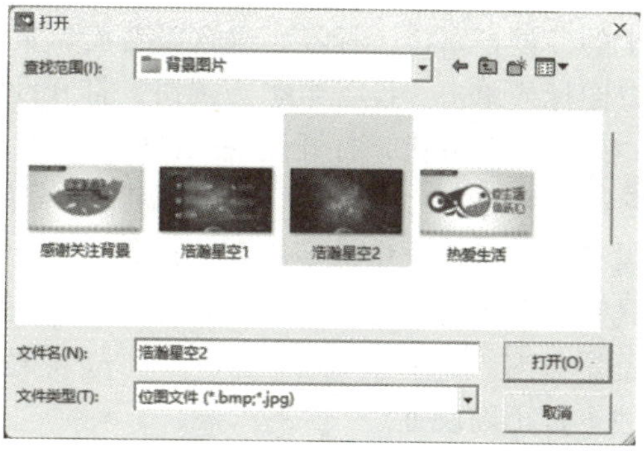

图 2-70 装载位图

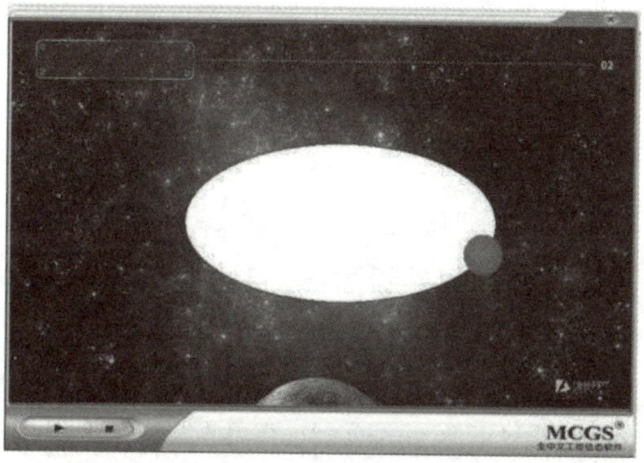

图 2-71 装载位图后的效果

2.4 MCGS组态软件的设备窗口

设备窗口是MCGS系统与作为测控对象的外部设备建立联系的后台作业环境，负责驱动外部设备，控制外部设备的工作状态。系统通过设备与数据之间的通道，采集外部设备的运行数据后送入实时数据库，供系统其他部分调用，并且把实时数据库中的数据输出到外部设备，实现对外部设备的操作与控制。

MCGS为用户提供了多种类型的设备构件，作为系统与外部设备进行联系的媒介。进入设备窗口，在设备工具箱里选择相应的构件配置到窗口内，建立接口与通道的连接关系，设置相关的属性，即完成了设备窗口的组态工作。在MCGS嵌入版中，一个用户工程只允许有一个设备窗口。运行时，由主控窗口负责打开设备窗口，而设备窗口是不可见的，在后台独立运行，负责管理和调度设备构件的运行。

在设备窗口内，用户组态的基本操作主要包括：选择构件、设置属性、连接通道、调试设备。

2.4.1 选择设备构件

设备构件是MCGS嵌入版系统对外部设备实施设备驱动的中间媒介。通过建立的数据通道，在实时数据库与测控对象之间实现数据交换，达到对外部设备的工作状态进行实时检测与控制的目的。

MCGS嵌入版系统内部设有“设备工具箱”，工具箱内提供了与常用硬件设备相匹配的设备构件。在设备窗口内配置设备构件的操作方法主要包括：

（1）选择工作台窗口中的“设备窗口”标签，进入设备窗口页。

（2）鼠标双击设备窗口图标或单击“设备组态”按钮，打开设备组态窗口。

（3）单击工具条中的“工具箱”按钮，打开设备工具箱。

（4）观察所需设备是否显示在设备工具箱内，如果所需设备没有出现，请用鼠标单击“设备管理”按钮，在弹出的设备管理对话框中选定所需的设备。

（5）鼠标双击设备工具箱内对应的设备构件，或选择设备构件后鼠标单击设备窗口，将选中的设备构件设置到设备窗口内。

（6）对设备构件的属性进行正确设置。

设备工具箱内包含有MCGS目前支持的所有硬件设备，对系统不支持的硬件设备需要预先定制相应的设备构件，才能对其进行操作。MCGS将不断增加新的设备构件，以提供对更多硬件设备提供支持。

2.4.2 设置设备构件属性

选中设备构件，单击工具条中的“属性”按钮或选择“编辑”菜单中的“属性”选项，或者双击设备构件，弹出“设备构件属性设置”对话框，进入“基本属性”选项卡，按照所列项目设定。

不同的设备构件有不同的属性，一般包括：设备名称、地址、数据采集周期。系统各部分对设备构件的操作是以设备名称为基准的，各个设备构件不能重名。与硬件相关的参数必须正确设置，否则系统不能正常工作。

2.4.3 设备通道连接

MCGS 嵌入版设备一般都包含一个或多个用来读取或者输出数据的物理通道，MCGS 嵌入版把这样的物理通道称为设备通道，如模拟量输入装置的输入通道、模拟量输出装置的输出通道、开关量输入输出装置的输入输出通道等都是设备通道。

设备通道只是数据交换用的通路，而数据输入到哪儿和从哪儿读取数据以供输出，即进行数据交换的对象，则必须由用户指定和配置。

实时数据库是 MCGS 嵌入版的核心，各部分之间的数据交换均须通过实时数据库。因此，所有的设备通道都必须与实时数据库连接。所谓通道连接，是指由用户指定设备通道与数据对象之间的对应关系，这是设备组态的一项重要工作。如不进行通道连接组态，则 MCGS 嵌入版无法对设备进行操作。

在实际应用中，开始可能并不知道系统所采用的硬件设备，可以利用 MCGS 嵌入版系统的设备无关性在实时数据库中定义所需要的数据对象，组态完成整个应用系统，在最后的调试阶段再把所需的硬件设备接上，进行设备窗口的组态，建立设备通道与对应数据对象的连接。

一般说来，设备构件的每个设备通道及其输入或输出数据的类型是由硬件本身决定，所以连接时连接的设备通道与对应的数据对象的类型必须匹配，否则连接无效。

2.4.4 设备调试

使用设备调试窗口，可以在设备组态的过程中方便地对设备进行调试，以检查设备组态设置是否正确、硬件是否处于正常工作状态。在有些设备调试窗口，可以直接对设备进行控制和操作，方便设计人员对整个系统的检查和调试。

在“设备构件属性设置”对话框内专设“设备调试”选项卡，以数据列表的形式显示各个通道数据测试结果。在通道值一列中，输入通道显示的是经过数据转换处理后的最终结果值；对输出通道，可以给对应的通道输入指定的值，经过设定的数据转换后输出到外部设备。设备调试如图 2-72 所示。

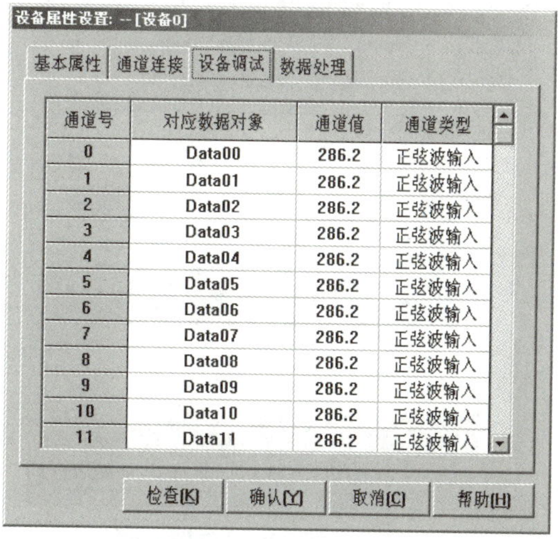

图 2-72 设备调试

2.5 MCGS 组态软件的主控窗口

MCGS 嵌入版的主控窗口是用户应用系统的主窗口，是所有设备窗口和用户窗口的父窗口。主控窗口相当于一个大的容器，可以放置一个设备窗口和多个用户窗口，负责这些窗口的管理和调度，并调度用户策略的运行。同时，主控窗口又是组态工程结构的主框架，可在主控窗口内设置系统运行流程及特征参数，方便用户的操作。

在 MCGS 嵌入版中，一个应用系统只允许有一个主控窗口，主控窗口是作为一个独立的对象存在的，其强大的功能和复杂的操作都被封装在对象的内部，组态时只需对主控窗口的属性进行正确设置即可。

2.5.1 菜单组态

为应用系统编制一套功能齐全的菜单系统（菜单组态）是主控窗口组态配置的一项重要工作。在创建工程时，MCGS 在主控窗口中自动建立了系统默认菜单系统，但只提供最简单的菜单命令，以使生成的应用系统能正常运行。

在工作台窗口的“主控窗口”选项卡中选中主控窗口图标，单击“菜单组态”按钮或双击主控窗口图标，弹出如图 2-73 所示菜单组态窗口，在该窗口内完成菜单的组态工作。

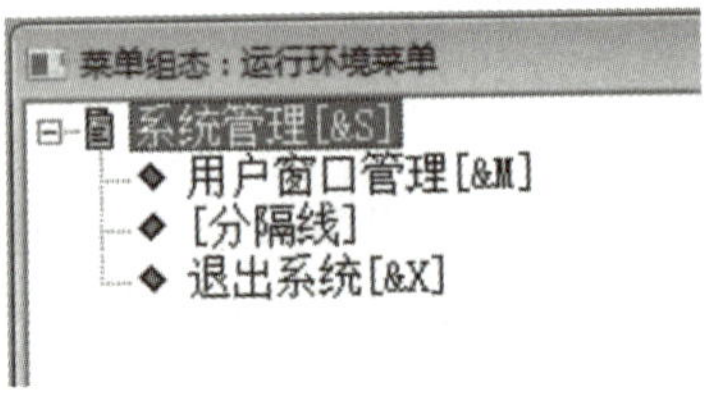

图 2-73　菜单组态窗口

2.5.2 属性设置

主控窗口是应用系统的父窗口和主框架，其基本职责是调度与管理运行系统，以反映出应用工程的总体概貌，并由此决定主控窗口的基本属性、启动属性、内存属性、系统参数、存盘参数等内容。

选中主控窗口图标，单击工具条中的“属性”按钮或“系统属性”按钮，弹出如图 2-74 所示的“主控窗口属性设置”对话框，包括五个属性设置窗口。

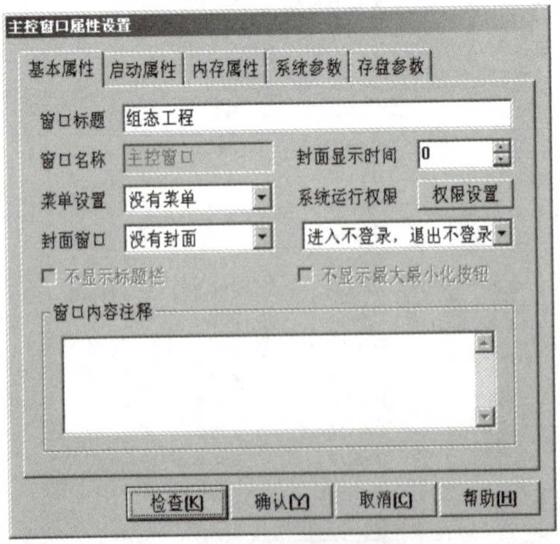

图 2-74　主控窗口属性设置

1. 基本属性

应用工程在运行时的总体外观要求完全由主控窗口的基本属性决定。选择“基本属性”标签按钮，进入如图 2-75 所示的基本属性设置对话框，需要设置的内容主要包括：

（1）窗口标题：设置工程运行窗口的标题。

（2）窗口名称：是指主控窗口的名称，缺省为“主控窗口”并以灰色显示，不可更改。

（3）菜单设置：用于确定是否建立菜单系统，如果选择“无菜单”，运行时将不显示菜单栏。

（4）封面窗口：确定工程运行时是否有封面，可在下拉菜单中选择相应的窗口作为封面窗口。

（5）封面显示时间：设置封面持续显示的时间，以秒为单位。运行时，鼠标单击窗口任何位置，封面自动消失。当封面时间设置为 0 时，封面将一直显示，直到鼠标单击窗口任何位置时，封面方可消失。

（6）系统运行权限：设置系统运行权限。单击“权限设置”按钮，进入用户权限设置对话框。

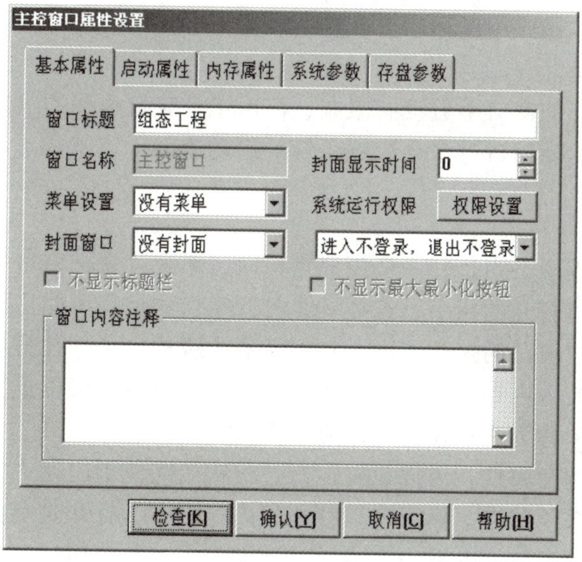

图 2-75　主控窗口“基本属性”选项卡

2. 启动属性

应用系统启动时，主控窗口应自动打开一些用户窗口，即时显示某些图形动画，如反映工程特征的封面图形，主控窗口的这一特性就称为启动属性。

选择“启动属性”标签按钮，进入如图 2-76 所示的属性设置窗口页。

图中左侧为用户窗口列表，列出了所有定义的用户窗口名称。右侧为启动时自动打开的用户窗口列表，利用“增加”和“删除”按钮，可以调整自动启动的用户窗口。“增加”“删除”所代表的意义主要包括：

（1）按“增加”按钮或用鼠标双击左侧列表内指定的用户窗口，可以把该窗口选到右侧，成为系统启动时自动运行的用户窗口。

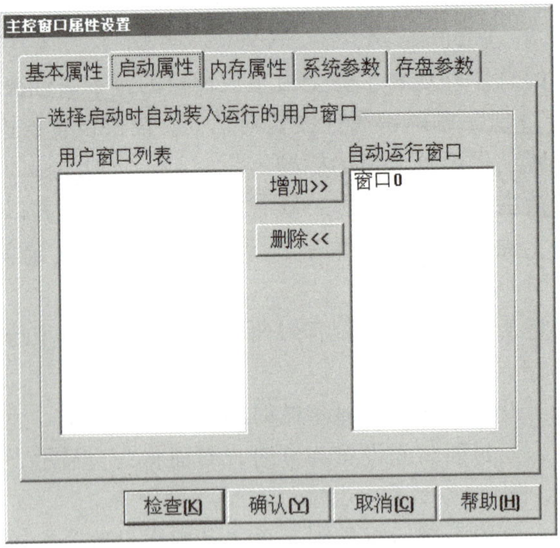

图 2-76　主控窗口“启动属性”选项卡

（2）按“删除”按钮或用鼠标双击右侧列表内指定的用户窗口，可以将该用户窗口从自动运行窗口列表中删除。

启动时，一次打开的窗口个数没有限制，但由于计算机内存的限制，一般只把最需要的窗口选为启动窗口，启动窗口过多会影响系统的启动速度。

3. 内存属性

应用工程运行过程中，当打开一个用户窗口时，系统首先把窗口的特征数据从磁盘调入内存，然后再执行窗口打开的指令，这样一个打开窗口的过程可能比较缓慢，满足不了工程的需要。为了加快用户窗口的打开速度，MCGS 嵌入版提供了一种直接从内存中打开窗口的机制，即把用户窗口装入内存，节省了磁盘操作的开销时间。将位于主控窗口内的某些用户窗口定义为内存窗口，称为主控窗口的内存属性。

利用主控窗口的内存属性，可以设置运行过程中始终位于内存中的用户窗口，不管该窗口处于打开状态还是关闭状态。由于窗口存在于内存之中，打开时不需要从硬盘读取数据，提高了打开窗口的速度。MCGS 嵌入版最多可允许选择 20 个用户窗口在运行时装入内存。受计算机内存大小的限制，一般在运行时只把需要经常打开和关闭的用户窗口装入内存。预先装入内存的窗口过多，也会影响运行系统装载的速度。

选择“内存属性”标签按钮，进入图 2-77 所示的内存属性设置窗口页，主要包括：

（1）左侧为所有定义的用户窗口列表，右侧为启动时装入内存中的用户窗口列表。利用“增加”和“删除”按钮，可以调整装入内存的用户窗口数量。

（2）按“增加”按钮或用鼠标双击左侧列表内指定的用户窗口，可以把该窗口选到右侧，成为始终位于内存中的用户窗口。

（3）按“删除”按钮或用鼠标双击右侧列表内指定的用户窗口，可以将该用户窗口从装入内存用户窗口列表中删除。

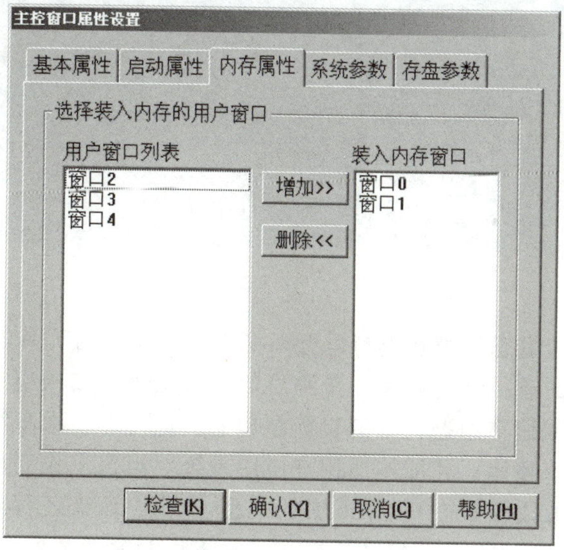

图 2-77 主控窗口“内存属性”选项卡

4. 系统参数

系统参数属性主要包括与动画显示有关的时间参数，如动画画面刷新的时间周期、图形闪烁动作的周期时间等。选中“系统参数”标签按钮，进入图 2-78 所示的控制参数设置窗口页。

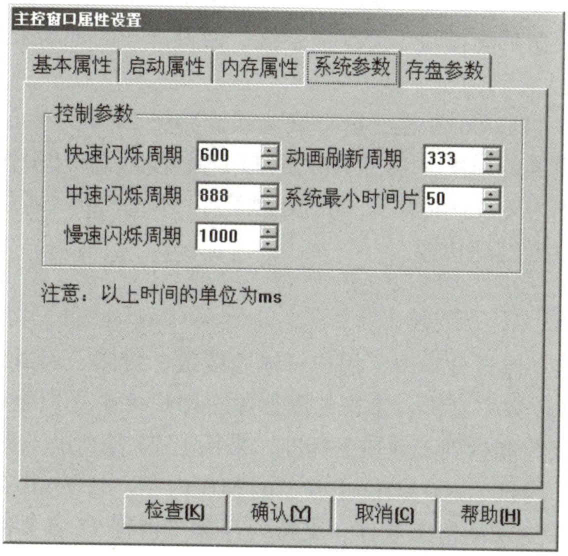

图 2-78 主控窗口“系统参数”选项卡

5. 存盘参数

存盘参数属性页可以进行工程文件配置和特大数据存储设置，通常情况下不必对此部分进行设置，保留缺省值即可。

第3章　MCGSTPC与PLC的应用

嵌入式组态软件的组态环境和模拟运行环境是一套完整的工具软件，可以在 PC 上运行。嵌入式组态软件的运行环境则是一个独立的运行系统，按照组态工程中用户指定的方式进行各种处理，完成用户组态设计的目标和功能。运行环境本身没有任何意义，必须与组态工程一起作为一个整体，才能构成用户应用系统。组态工作完成并且将组态好的工程下载到嵌入式一体化触摸屏（如 TPC7062K）的运行环境，组态工程就可以离开组态环境而独立运行。TPC 是我国自主研发、生产的嵌入式一体化触摸屏系列，TPC7062K 是具有代表性的型号。

3.1　TPC7062K 触摸屏的认知

触摸屏（TPC）主要完成现场数据的采集与监测、处理与控制。触摸屏与其他相关的输入输出硬件设备结合，可以快速、方便地开发各种用于现场采集、数据处理和控制的设备，如对各种智能仪表、数据采集模块，无纸记录仪、无人值守的现场采集站、人机界面等专用设备进行灵活组态。

MCGSTPC 的产品 TPC7062K 是一套以嵌入式低功耗 CPU 为核心（主频 400 MHz）的高性能嵌入式一体化触摸屏，采用 7 英寸高亮度 TFT 液晶显示屏（分辨率为 800×480），四线电阻式触摸屏（分辨率为 4096×4096）。同时还预装了 MCGS 嵌入式组态软件（运行版），具备强大的图像显示和数据处理功能。

1. TPC7062K 优势

（1）高清：800×480 像素分辨率，用户可体验精致、自然、通透的高清盛宴。

（2）真彩：65535 色数字真彩，丰富的图形库，用户可享受顶级震撼画质。

（3）可靠：抗干扰性能达到工业Ⅲ级标准，采用 LED 背光永不黑屏。

（4）配置：ARM9 内核、400 MHz 主频、64 MB 内存、128 MB 存储空间。

（5）软件：MCGS 全功能组态软件，支持闪存盘（俗称 U 盘）备份恢复，功能更强大。

（6）环保：低功耗，整机功耗仅 6 W，符合国家发展绿色工业、倡导能源节约的政策。

（7）时尚：7 in（1 in=2.54 cm）宽屏显示、超轻、超薄机身设计，引领简约时尚。

2. TPC7062K 产品外观

TPC7062K 的正视图、背视图分别如图 3-1、图 3-2 所示。

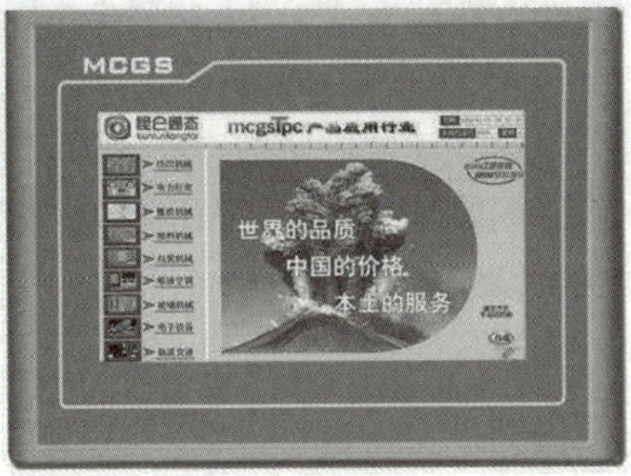

图 3-1　正视图

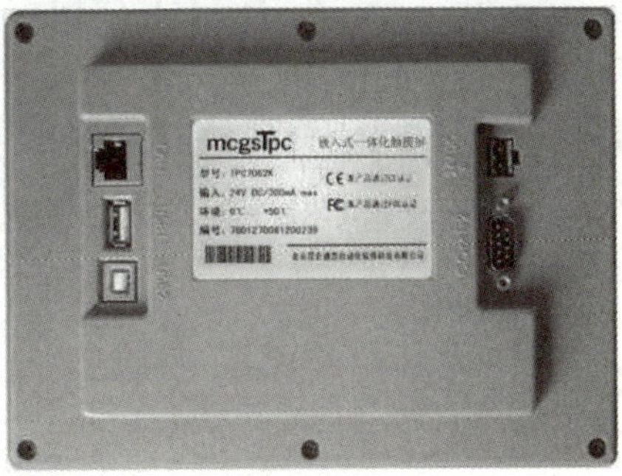

图 3-2　背视图

3. TPC7062K 外部接口

接口说明如图 3-3 所示，串口引脚定义如图 3-4 所示。

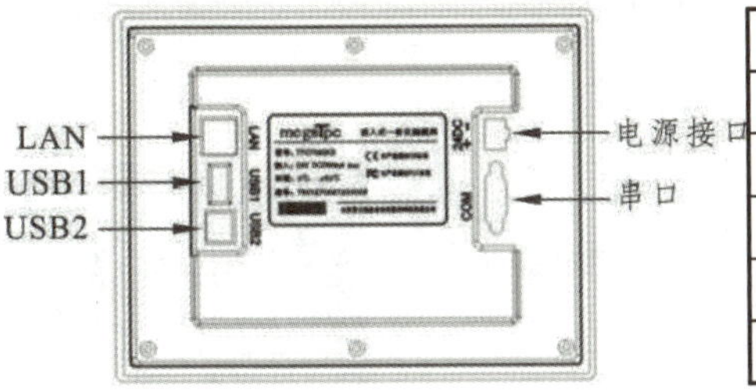

项目	TPC7062K
LAN（RJ45）	以太网接口
串口（DB9）	1×RS232，1×RS485
USB1	主口，兼容USB1.1标准
USB2	从口，用于下载工程
电源接口	24 V DC±20%

图 3-3　接口说明

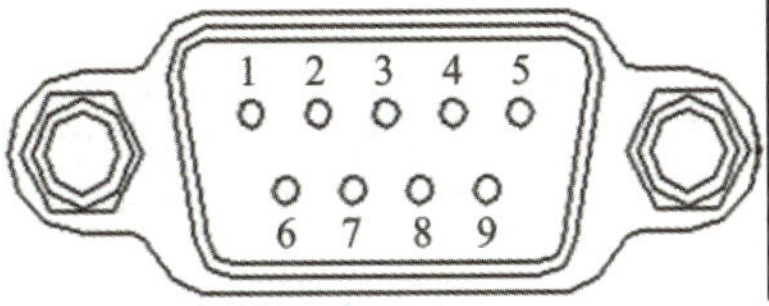

接口	PIN	引脚定义
COM1	2	RS232 RXD
	3	RS232 TXD
	5	GND
COM2	7	RS485+
	8	RS485−

图 3-4　串口引脚定义

4. TPC7062K 的启动

使用 24 V 直流电源为 TPC 供电，开机启动后屏幕出现“正在启动”进度条，此时不须任何操作，系统将自动进入工程运行界面，如图 3-5 所示。

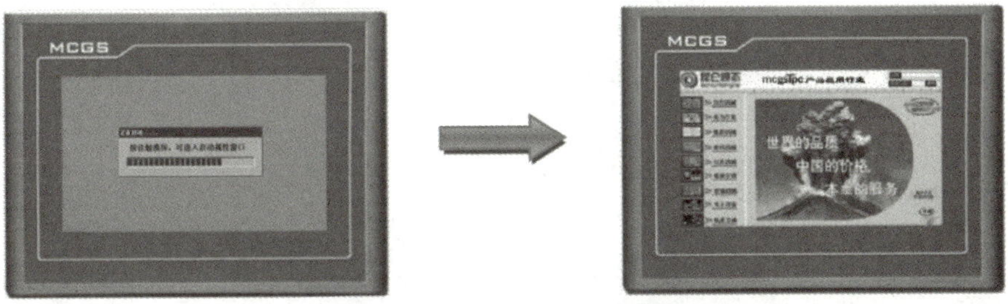

图 3-5　TPC7062K 启动过程示意

3.2 TPC7062K 与组态计算机的连接

3.2.1 TPC7062K 与组态计算机的硬件连接

图 3-6 所示的普通 USB 线，将扁平接口插到计算机的 USB 口，微型接口插到 TPC 端的 USB2 口。

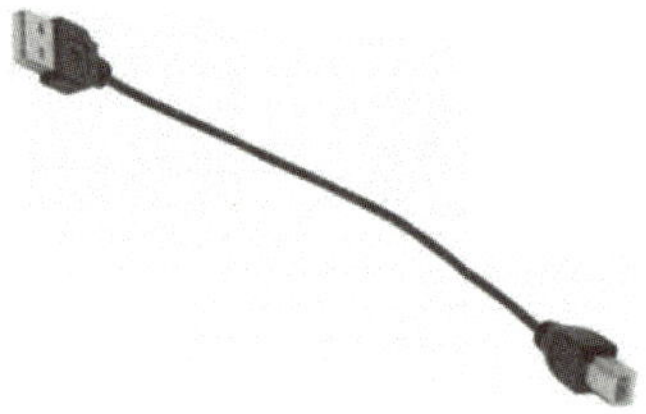

图 3-6　组态计算机与 TPC 的连接线

TPC7062K 与组态计算机硬件连接如图 3-7 所示。

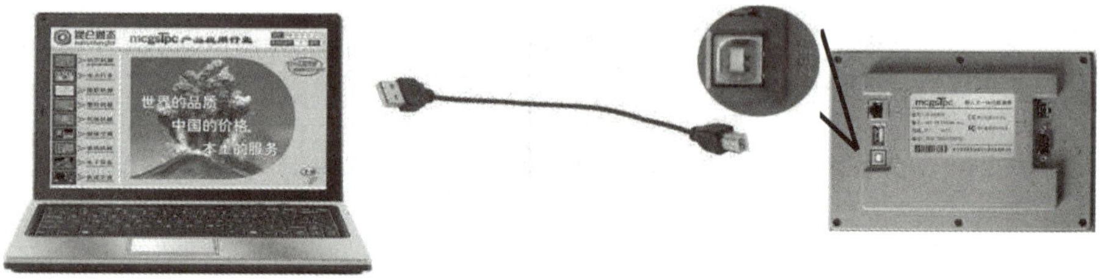

图 3-7　TPC7062K 与组态计算机连接

3.2.2 组态软件工程下载

打开一个成功的工程案例，单击工具条中的“下载”按钮，进行下载配置。在图 3-8 中选择“连机运行”，连接方式选择“USB 通信”，然后单击“通信测试”按钮，通信测试正常后，单击“工程下载”，下载过程如图 3-9 所示。

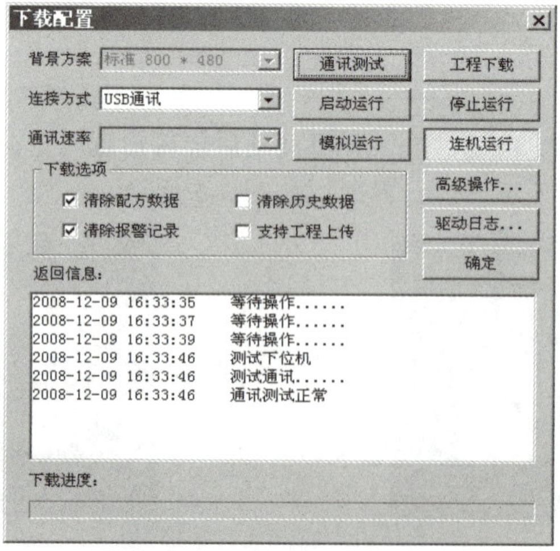

图 3-8　“下载配置”对话框

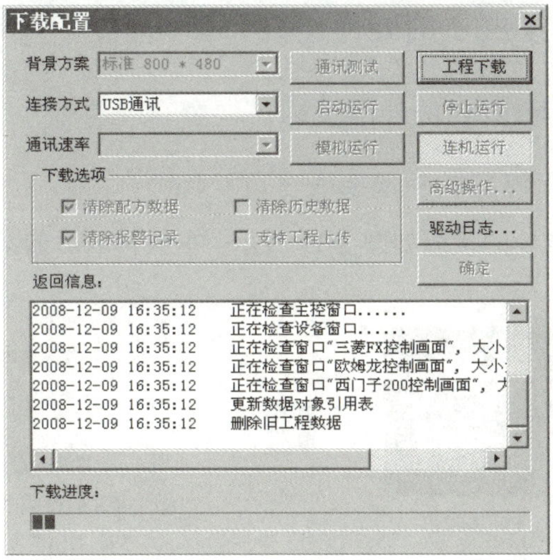

图 3-9　工程下载页面

下载后自动进入到组态运行环境，运行效果图如图 3-10 所示，从而实现人机交互的控制功能。

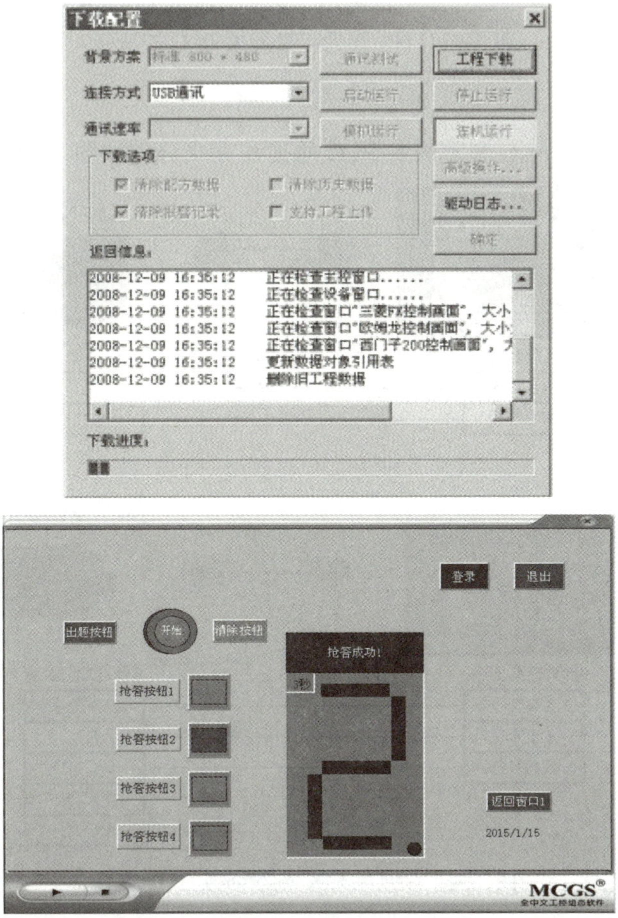

图 3-10　MCGS 组态运行环境页面

3.3 TPC7062K 与 PLC 的硬件连接

3.3.1 TPC7062K 与 PLC 的外部接线

1. TPC7062K 与三菱 PLC 的外部接线

TPC7062K 与三菱 PLC 的接线如图 3-11 所示。本教材以后的案例，如不特殊说明，均以三菱 PLC 为例。

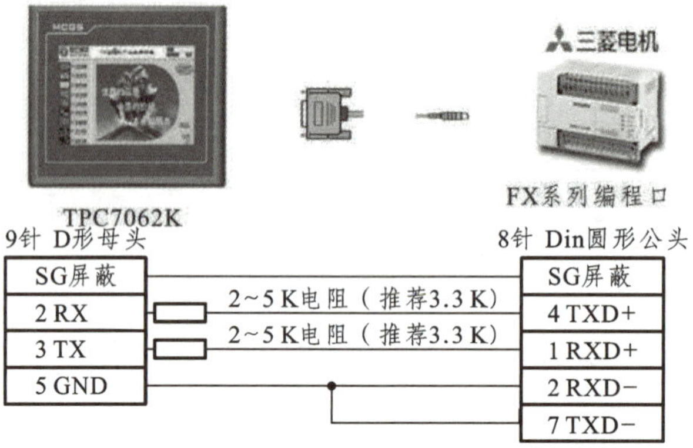

图 3-11　TPC7062K 与三菱 PLC 的接线

2. TPC7062K 与其他主流 PLC 的外部接线

TPC7062K 与西门子 PLC 和欧姆龙 PLC 的接线方式分别如图 3-12 和图 3-13 所示。

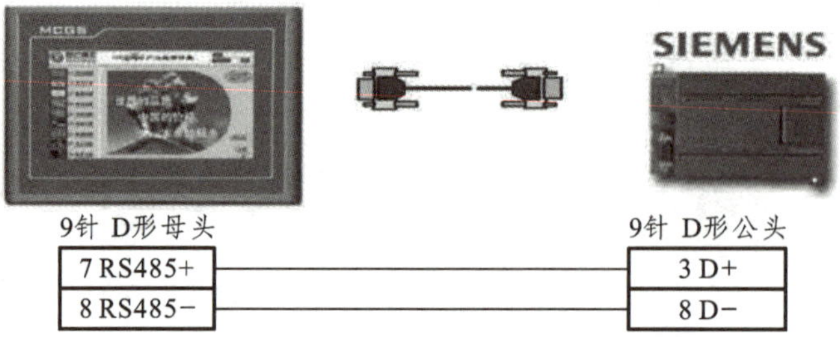

图 3-12　TPC7062K 与西门子 PLC 接线

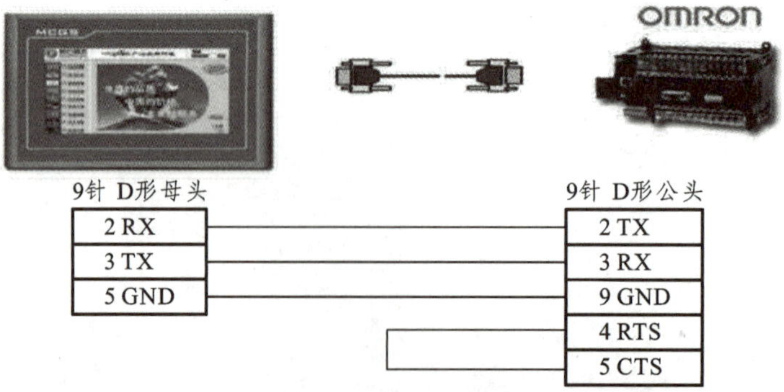

图 3-13　TPC7062K 与欧姆龙 PLC 接线

3.3.2 TPC7062K 与三菱系列 PLC 的硬件连接设置

TPC 与三菱 PLC 的硬件连接过程要先后完成三菱 FX PLC 通信参数设置、安装三菱 FX 驱动构件、添加三菱 FX 驱动构件、设置驱动通信参数、设备调试、TPC-PLC 接线等必要硬件连接及硬件参数设置。

1. 三菱 FX 系列 PLC 通信参数设置

三菱FX PLC的通信方式包括编程口和串口通信两种，两者驱动应用和设置如表3-1所示。

表 3-1　三菱 FX PLC 的编程口和串口通信驱动应用和设置区别

驱动构件	三菱 FX 系列编程口			三菱 FX 系列串口	
通信硬件	CPU 编程口	422-BD	232-BD	232-BD	422-BD、485-BD
通信方式	1 主 1 从			1 主 1 从	1 主多从
通信电缆	编程电缆		TPC_DL04	TPC_DL05	TPC_DL06
协议选择	—		无协议通信	专用协议通信	
协议格式	—		—	格式 1、格式 4	
通信参数	固定，不须设置		设为固定值	可参数设定	
通信波特率	9600、19200*、38400*		9600	19200、9600（默认值）、4800 等	
数据位位数	7 位			7 位、8 位	
停止位位数	1 位			1 位、2 位	
奇偶校验位	偶校验			无校验、奇校验、偶校验	

注：*三菱 FX 编程口通信参数默认为 9600，7，1，偶校验。当使用 CPU 编程口进行通信时，FX1N，FX2N，FX3U 可以支持 19200，38400 波特率，其他型号则只支持 9600 波特率。

由表 3-1 可见，除了与 CPU 编程口进行通信时通信参数固定、不须设置外，使用其他通信模块如 232BD、485BD 等进行通信时需要设置通信参数。一般使用编程电缆，通过 GX Developer 编程软件对 PLC 通信扩展模块的通信参数进行设置。与 PLC 进行通信的步骤主要包括：

（1）连接并读取 PLC。

① 通过编程电缆连接好 PLC 并上电，运行 GX Developer 编程软件。

② 在菜单栏中，单击“在线”→“PLC 读取”，弹出选择 PLC 系列对话框，如图 3-14 所示。

③ 选择“FXCPU”并单击“确定”按钮，如图 3-15 所示，弹出“传输设置”对话框，如图 3-16 所示。

④ 双击图 3-16 左上角的“串行”。

图 3-14　“PLC 读取”选项

图 3-15　“选择 PLC 系列”对话框

⑤ 在弹出的“PC I/F 串口”设置窗口中，选择与 PLC 相连的 PC 机的串口，并设置传送速度（即波特率，建议使用 9600 bps），然后确认完成设置。

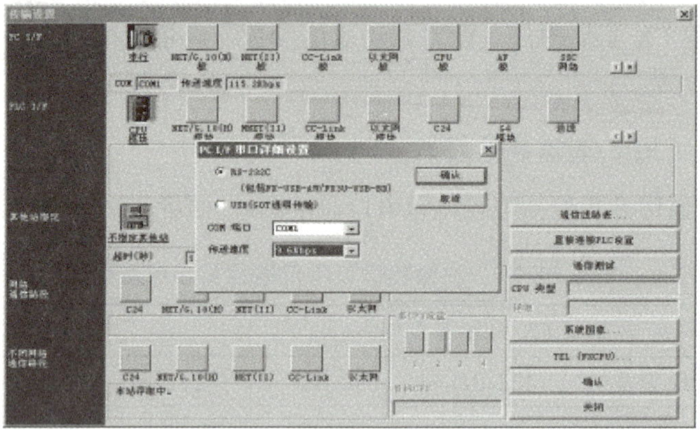

图 3-16 “传输设置”对话框

⑥ 单击“传输设置”对话框右侧“通信测试”按钮，如果弹出窗口提示如图 3-17 所示的与 FX2NCPU 连接成功的提示，说明 PLC 连接正常，否则会弹出如图 3-18 所示的无法与 PLC 通信的提示，此时请根据提示信息检查可能出现的问题并重新测试，测试成功后方能执行下一步。

图 3-17 与 FX2NCPU 连接成功的提示

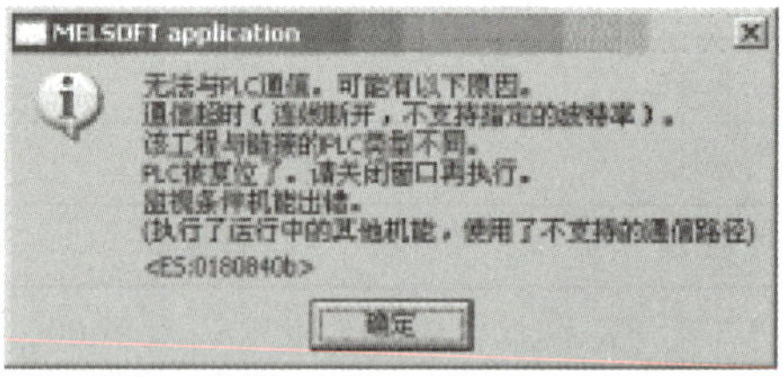

图 3-18 无法与 PLC 通信的提示

如果使用三菱 FX 系列编程口驱动并通过编程电缆连接 CPU 编程口，则通信参数固定且不须设置，只须将编程电缆连接 PLC、上电、运行 GX Developer 编程软件即可。

⑦ 通信测试成功后，单击“传输设置”对话框右下方的“确认”按钮，编程软件检测 PLC，并会弹出如图 3-19 所示的“PLC 读取”窗口。

⑧ 勾选“PLC 参数”项后单击“执行”，进行 PLC 参数的读取。

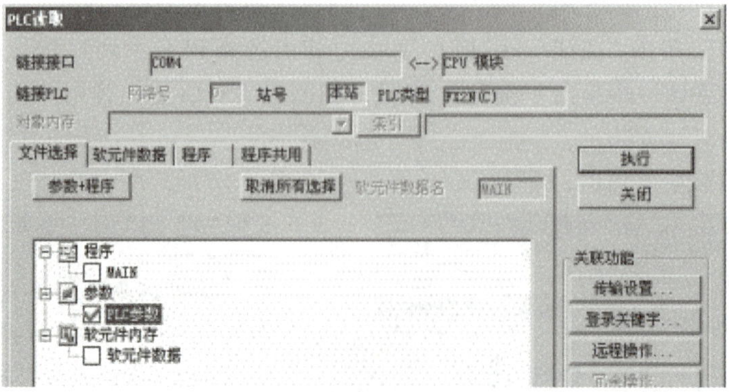

图 3-19 “PLC 参数”设置对话框

（2）设置 PLC 的通信参数。

PLC 参数读取成功后单击“关闭”按钮关闭如图 3-20 所示的“PLC 读取”对话框，双击左侧工程数据列表内的“参数”→“PLC 参数”，在弹出的“FX 参数设置”对话框中，单击图 3-20 所示的“PLC 系统（2）”选项，进行“通信设置操作”。

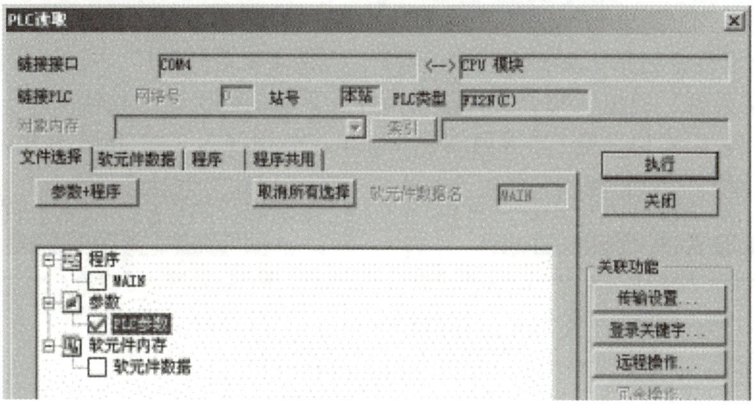

图 3-20 “PLC 系统（2）”选项卡设置

①“通信设置操作”：选择 232-BD、485-BD 模块后勾选“通信设置操作”复选按钮，对通信参数进行设置。圆 8 针的 422-BD 通信模块使用“三菱 FX 系列编程口”专有协议通信时，PLC 参数设置时不勾选“通信设置操作”复选按钮，并要将 D8120 置为 0 值，此时通信参数固定为 9600、7、1、偶校验。

②“协议”：使用三菱 FX 系列编程口通信方式时，232-BD 模块协议选择“无协议通信”方式；使用 FX 串口通信方式时，协议均选择“专用协议通信”方式。

③“起始符、结束符、控制线”：编程口和串口两种通信方式均不勾选。

④“H/W 类型”：设置 RS-232 或 RS-485 通信方式时，根据所用扩展通信模块进行相应选择。

⑤“和数检查”：设置是否校验时，勾选“校验”，此项仅对串口通信方式有效，与驱动属性中“是否校验”项对应。

⑥“传送控制顺序”：选择协议格式，仅对串口通信方式有效，与驱动属性中“协议类型”项对应。

⑦“站号设置”是设置 PLC 地址，与驱动属性中“设备地址”项对应。三菱 FX 编程口驱动，使用 232-BD 模块以 RS-232 方式通信时，此项设置无实际意义。

对于三菱 FX 串口通信方式，一般将通信参数设置为波特率 9600，数据长度 7 位，停止位 1 位，奇偶校验位采用偶数校验，和数检查，传送控制顺序为格式 1。

（3）将通信参数写入 PLC。

完成上述设置后，保存并选择菜单命令“在线”→“PLC 写入”，在弹出的“PLC 写入”对话框中单击“执行”按钮，以完成 PLC 参数修改写入。然后重新给 PLC 上电，使参数生效。

测试并确认通信参数。重复上述 PLC 读取操作，重新读取 PLC 参数，确认设置是否正确。

2. 安装三菱 FX 系列驱动构件

MCGSTPC 与三菱 FX 系列 PLC 的通信方式包括编程口、串口两种方式，对应的驱动构件为三菱 FX 系列编程口、三菱 FX 系列串口，使用前确保相应驱动构件正确安装。

3. 添加三菱 FX 系列驱动构件

三菱 FX 驱动构件包括三菱 FX 系列编程口、三菱 FX 系列串口，可根据不同通信方式添加“通用串口父设备”和相应的子设备驱动构件。驱动构件添加的具体操作步骤可参考本章巩固练习 5 的内容。添加三菱 FX 系列编程口和串口分别如图 3-21 和图 3-22 所示。

图 3-21　添加三菱 FX 系列编程口

图 3-22　添加三菱 FX 系列串口

4. 设置驱动通信参数

添加驱动后，根据实际情况进行父设备（通用串口父设备）和子设备（三菱 FX 系列编程口或三菱 FX 系列串口驱动构件）参数的设置，主要包括：

（1）设置父设备通信参数。

① 双击“设备组态：设备窗口”中添加好的“通用串口父设备 0”，弹出如图 3-23 所示“通用串口设备属性编辑”对话框，进行串口通信参数设置。

② 三菱 FX 编程口默认通信参数：波特率 9600、数据位 7 位、停止位 1 位、数据检验为偶校验，与 MCGSTPC 通过 COM1 接口以 RS232C 方式通信。

③ 三菱 FX 串口需要根据实际通信模块的通信参数设置值进行设置，一般建议设置通信参数为波特率 9600、数据位 7 位、停止位 1 位，数据检验为偶校验。

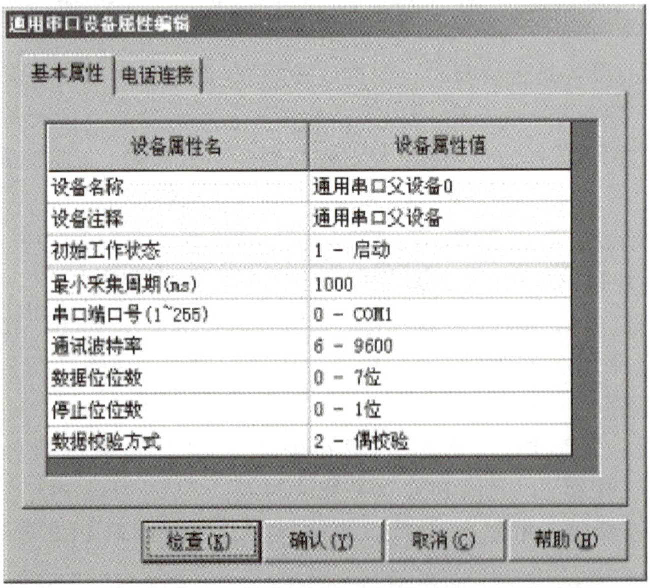

图 3-23　通用串口设备属性编辑

④ 在模拟运行环境或设备调试时，所设置的“串口端口号”要与上位机实际串口对应。先将“串口端口号”改为 PC 机实际串口的串口号，以方便以后的设备调试。

（2）设置子设备参数。

双击“设备组态：设备窗口”中添加好的“设备 0—[三菱 FX 系列编程口]”或“设备 0—[三菱 FX 系列串口]”，进入“设备编辑窗口”，根据实际所连接的设备设置“设备地址”“通信等待时间”等参数。三菱 FX 系列编程口和三菱 FX 系列串口设置项区别及推荐设置内容如表 3-2 所示。

表 3-2　三菱 FX 系列编程口和三菱 FX 系列串口设置区别

设置项	三菱 FX 系列编程口	三菱 FX 系列串口
最小采集周期	100 ms（默认值）	100 ms（默认值）
设备地址	0（默认值）	设置为与 PLC 设备地址相同
通信等待时间	200 ms（默认值）	200 ms（默认值）
快速采集次数	0（默认值）	0（默认值）
CPU（PLC）类型	根据不同 PLC 类型选择	根据不同 PLC 类型选择
协议格式	—	建议：0 – 协议 1（即：格式 1）
是否校验	—	建议：1 – 要求校验（即：和数检查）

注：设置“CPU（PLC）类型”时，要与实际 PLC 类型相同。否则会影响采集速度，甚至无法通信。

5. 设备调试

驱动通道添加并关联变量后就可以新建窗口，进行工程组态并实现对应变量与动画、报警构件相关联，以实现工程动画报警等效果。调试前，首先根据通信方式用对应的通信电缆将三菱 FX PLC 与调试用的上位 PC 机串口连接，在设备窗口修改的“通用串口父设备”的“串口端口号”为 PC 机实际使用的串口号，再进行设备调试和模拟运行测试，调试、TPC-PLC 接线和下载工程，建立通信的具体方法详见本章巩固练习 5 的内容。

巩固练习 5：MCGSTPC 与三菱 PLC 控制指示灯点亮

1. 学习目标

（1）掌握 TPC7062K 与组态计算机的连接；TPC7062K 与 PLC 的通信接线。

（2）熟悉工程建立、组态、下载、模拟运行、连机运行和连接 PLC 的过程与方法。

（3）掌握控制三菱 PLC 输出点及读写数据寄存器的方法。

（4）掌握工程模拟调试、联机调试的步骤。

2. 练习内容

建立一个“TPC 通信控制”工程，构建 Y0、Y1、Y2 三个按钮，分别控制三菱 PLC 输出端的 Y0、Y1、Y2 端口；构建三个指示灯，显示输出端状态；构建输入框，读写 PLC 的 D0 和 D1 数据。

3. 实施步骤

1）建立新工程

双击“MCGS 组态环境”快捷方式图标，打开 MCGS 嵌入版组态软件，然后按照下列步骤建立通信工程：

（1）单击“文件”菜单中“新建工程”选项，弹出图 3-24 所示的“新建工程设置”对话框，选择 TPC 类型为“TPC7062K”，单击“确定”。

（2）选择“文件”菜单中的“工程另存为”，弹出文件保存对话框。在文件名一栏输入“TPC 通信控制工程”，保存路径选择“桌面”，如图 3-25 所示。单击“保存”按钮，工程创建完毕。

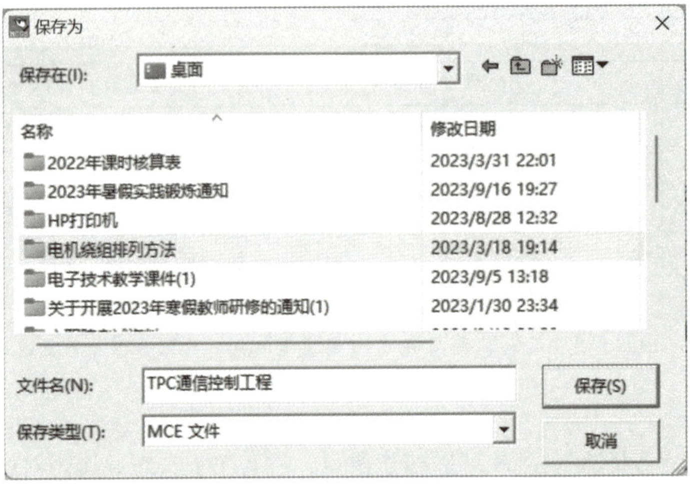

图 3-24 “新建工程设置”对话框

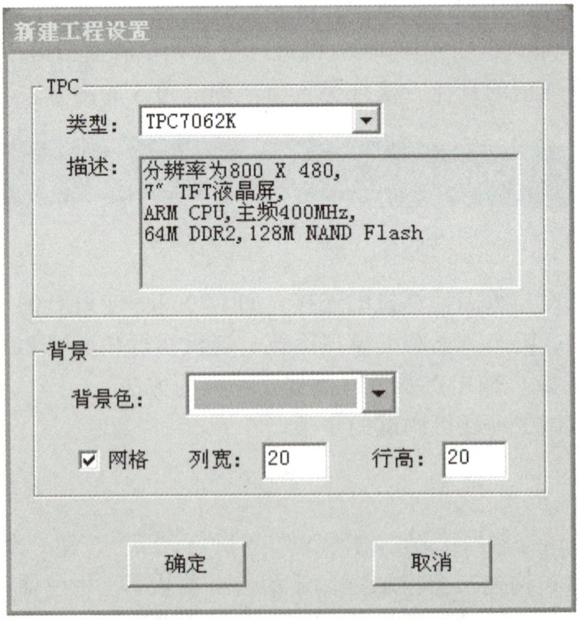

图 3-25 “工程另存为”对话框

2）组态设备窗口

（1）在“工作台”窗口中选择“设备窗口”，单击设备组态按钮（设备窗口），进入设备组态界面，单击工具条中的按钮，打开图 3-26 所示的“设备工具箱”对话框。如果工具条、状态条或者绘图工具箱、绘图编辑条在打开软件时没显示，可在工具栏“查看”菜单的对应的选项前打√选中后显示，如图 3-27 所示。

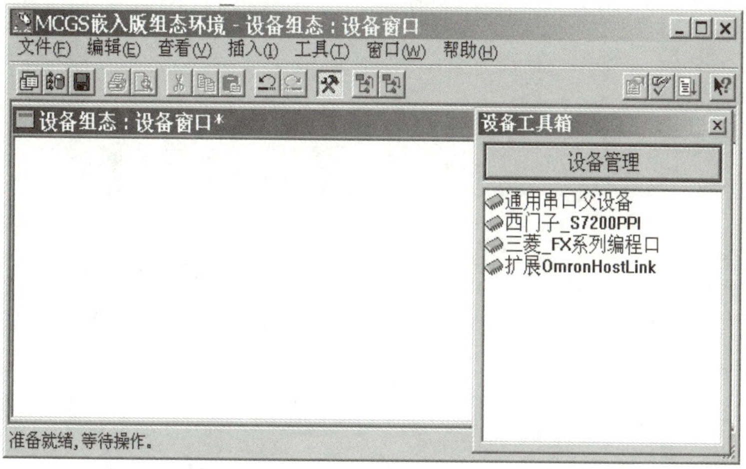

图 3-26 “设备工具箱”对话框

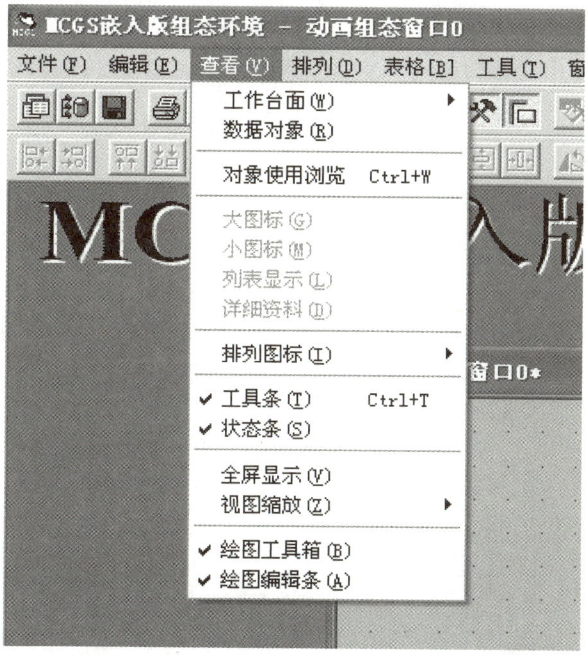

图 3-27 “查看”下拉菜单设置

（2）如果“设备工具箱”中没有要选择的设备选项，可先单击“设备管理”，在弹出的如图 3-28 所示的“设备管理”对话框中添加相应的可选设备。

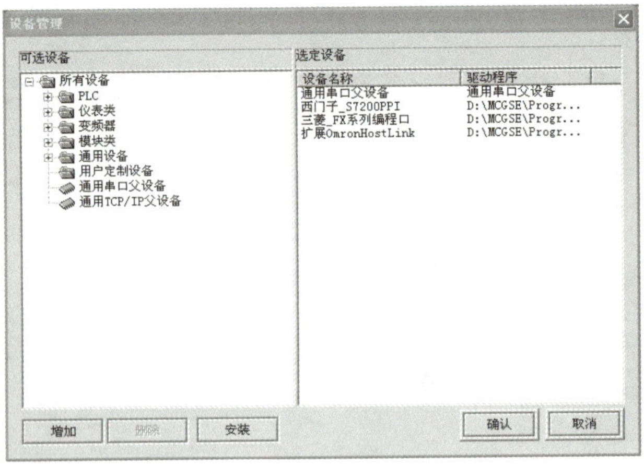

图 3-28 “设备管理”对话框

（3）在“设备工具箱”中，先双击“通用串口父设备”添加至组态画面，再双击“三菱FX 系列编程口”，提示是否使用三菱 FX 系列编程口默认通信参数设置父设备，如图 3-29 所示，选择“是”按钮。

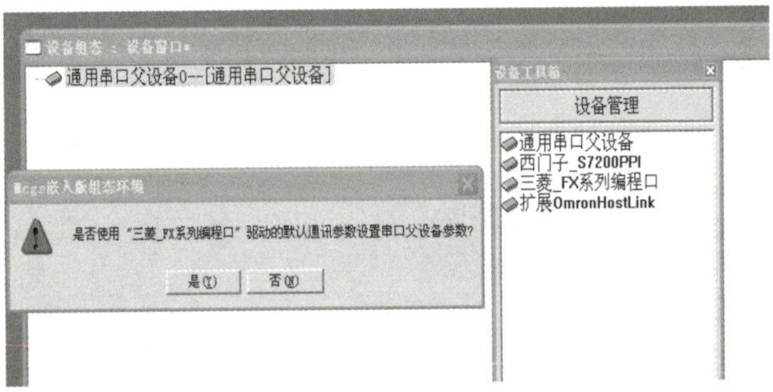

图 3-29 添加“通用串口父设备”和“三菱 FX 系列编程口”

（4）双击“通用串口父设备”，在弹出的“通用串口设备属性编辑”对话框中，按图 3-30 所示参数进行参数设置（注：这步参数设置决定了组态 TPC 和 PLC 的通信方式）。

（5）完成操作后关闭设备窗口，弹出如图 3-31 所示窗口，选择“是”，返回工作台。

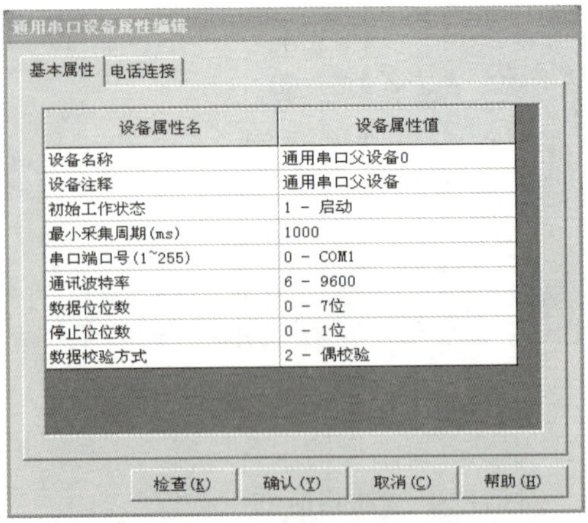

图 3-30 “通用串口设备属性编辑”对话框

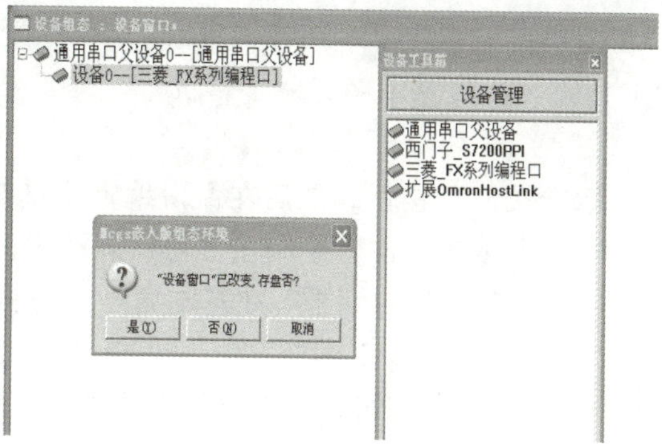

图 3-31　通用串口父设备参数确认

3）组态用户窗口

（1）新建用户窗口。在“工作台”窗口中选择“用户窗口”，单击“新建窗口”按钮，建立“窗口 0”，如图 3-32 所示。

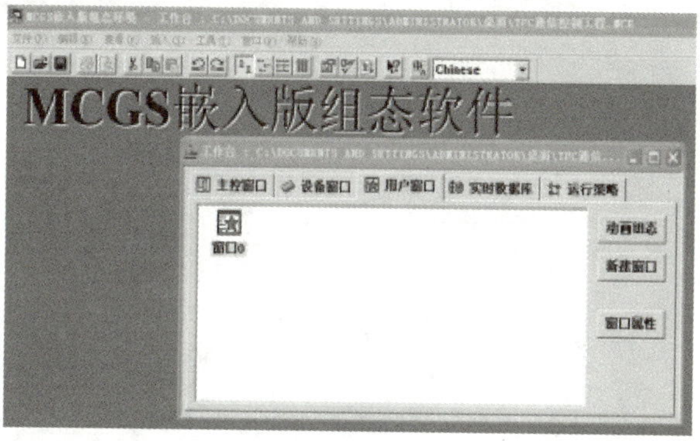

图 3-32　建立新画面“窗口 0”

（2）设置用户窗口基本属性。单击“窗口属性”按钮，弹出“用户窗口属性设置”对话框，在“基本属性”选项卡中将“窗口名称”修改为“三菱 FX 控制画面”，如图 3-33 所示，单击“确认”按钮进行保存。

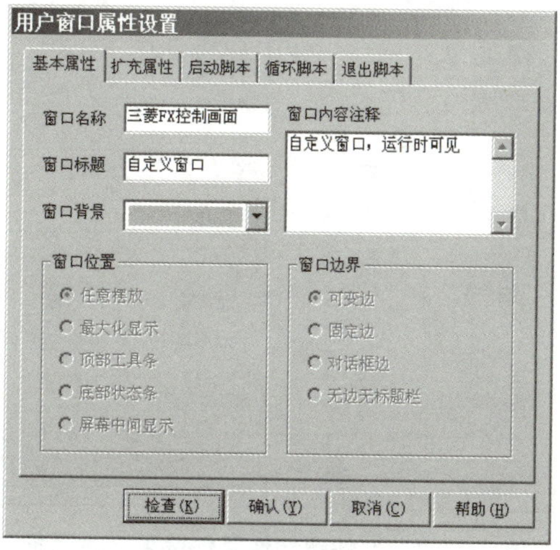

图 3-33　修改窗口名称

（3）制作工程画面。在用户窗口双击 图标，进入“动画组态三菱 FX 控制画面”窗口，单击 按钮打开“工具箱”添加基本图元。

①添加按钮。

在“工具箱”中单击“标准按钮”构件，然后在窗口编辑位置按住鼠标左键，拖放出一定大小后松开鼠标左键，这样一个按钮构件就绘制在了窗口画面中，如图 3-34 所示，然后双击该按钮打开“标准按钮构件属性设置”对话框，在基本属性页中将“文本”修改为 Y0，如图 3-35 所示，单击“确认”按钮保存。

按照同样的操作分别绘制另外两个按钮，文本分别修改为 Y1 和 Y2，完成后如图 3-36 所示。

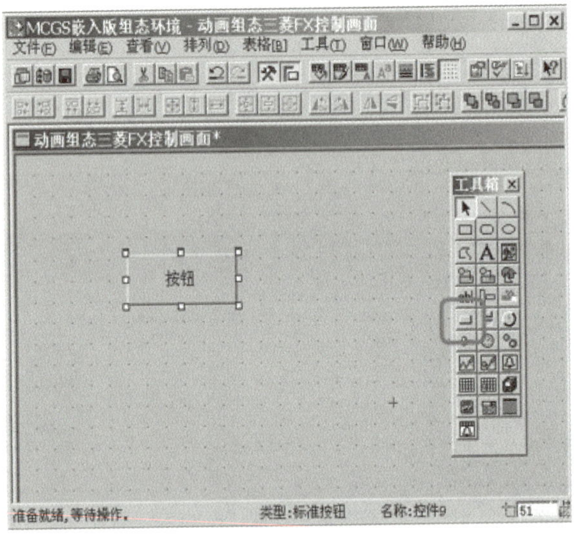

图 3-34　绘制按钮构件

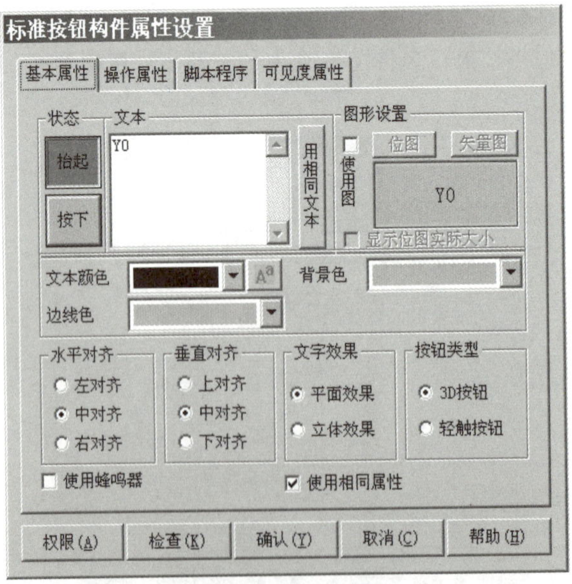

图 3-35 “标准按钮构件属性设置”对话框

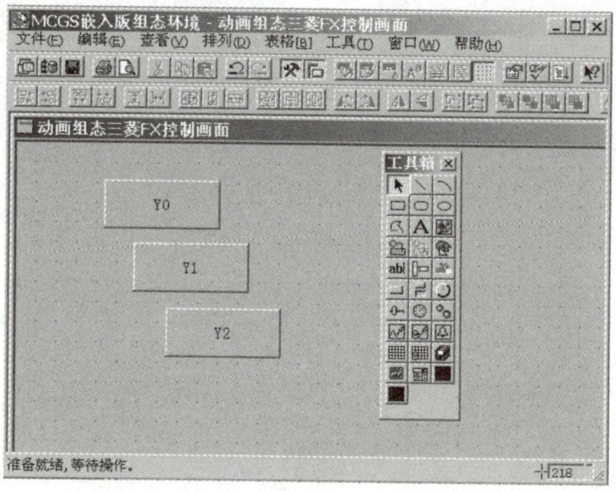

图 3-36 设置另外两个按钮

按住键盘的 ctrl 键，然后单击鼠标左键，同时选中三个按钮（也可以用鼠标拖选），使用工具栏中的等高宽、左（右）对齐和纵向等间距对三个按钮进行排列对齐，如图 3-37 所示。

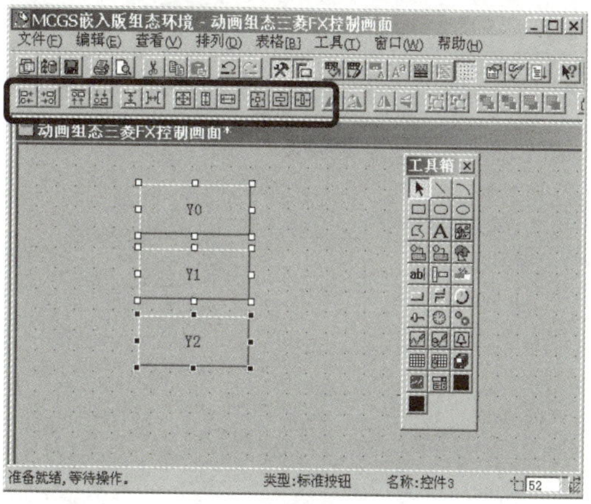

图 3-37 对三个按钮进行排列对齐

②添加指示灯。

鼠标单击工具箱中的“插入元件”按钮 ，打开“对象元件库管理”对话框，选中图形对象库指示灯中的一款，单击确认添加到窗口画面中。并调整到合适大小，同样的方法再添加两个指示灯，摆放在窗口中按钮旁边的位置，如图 3-38 所示。

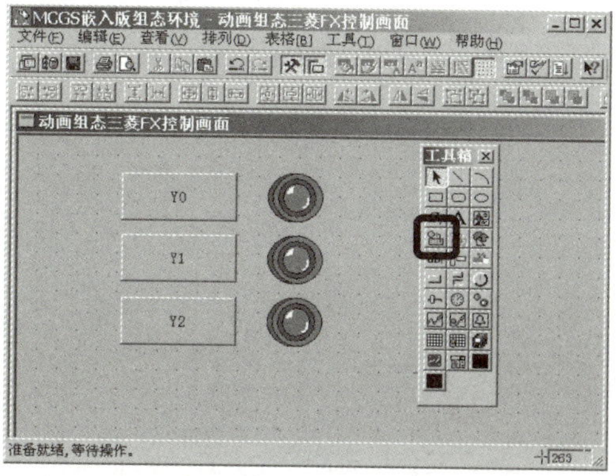

图 3-38 添加指示灯

③添加标签。

单击选中工具箱的“标签”构件 A，在窗口按住鼠标左键，拖放出一定大小的“标签”，如图 3-39 所示。双击该标签进入弹出的“标签动画组态属性设置”对话框，在扩展属性页“文本内容输入”中输入 D0，单击确认，如图 3-40 所示。

同样的方法，添加另一个标签，文本内容输入 D2，如图 3-41 所示。

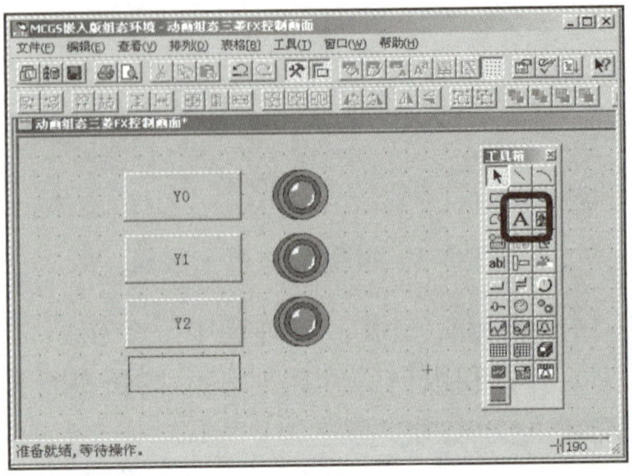

图 3-39　添加“标签构件”

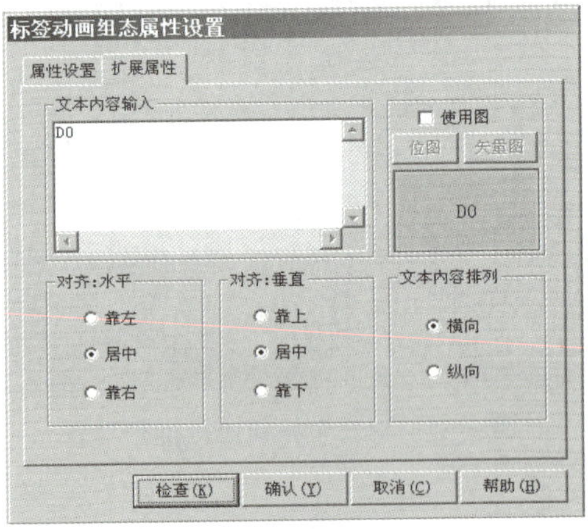

图 3-40　“标签动画组态属性设置”对话框

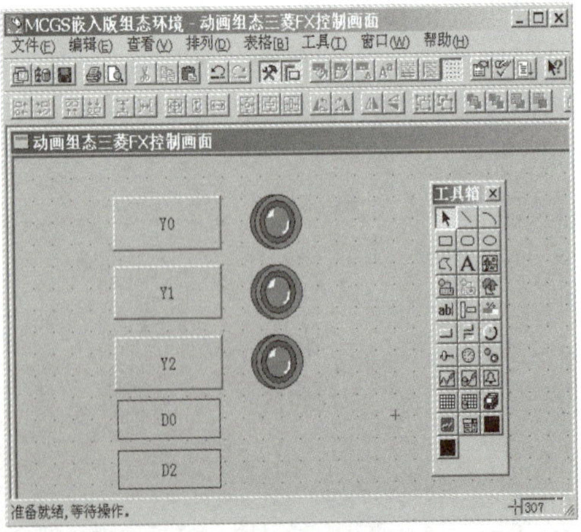

图 3-41　设置标签文本

④添加输入框。

单击工具箱中的“输入框”构件，在窗口按住鼠标左键，拖放出两个一定大小的“输入框”，分别摆放在 D0、D2 标签的旁边，如图 3-42 所示。

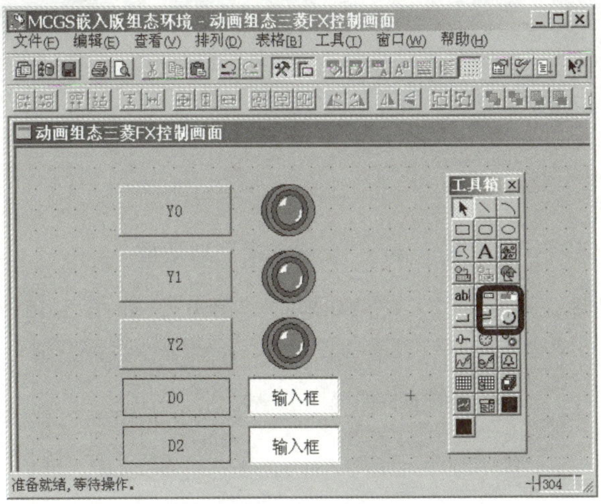

图 3-42　添加“输入框”构件

（4）建立动画连接。

①按钮的动画连接。

双击 Y0 按钮，弹出“标准按钮构件属性设置”对话框。在操作属性页，默认“抬起功能”按钮为按下状态，勾选“数据对象值操作”，选择“清 0”操作，如图 3-43 所示。

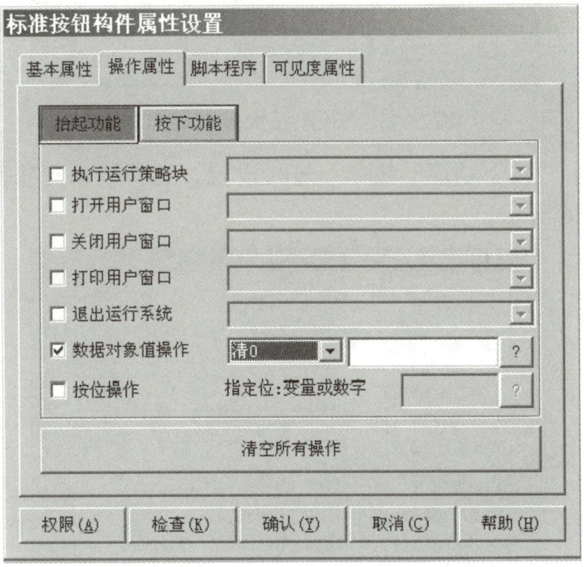

图 3-43　Y0 按钮按下功能设置

再单击浏览按钮 ? ，弹出“变量选择”对话框，选择“根据采集信息生成”，通道类型选择“Y 输出寄存器”，通道地址为“0”，读写类型选择“读写”，如图 3-44 所示。设置完成后单击“确认”按钮。

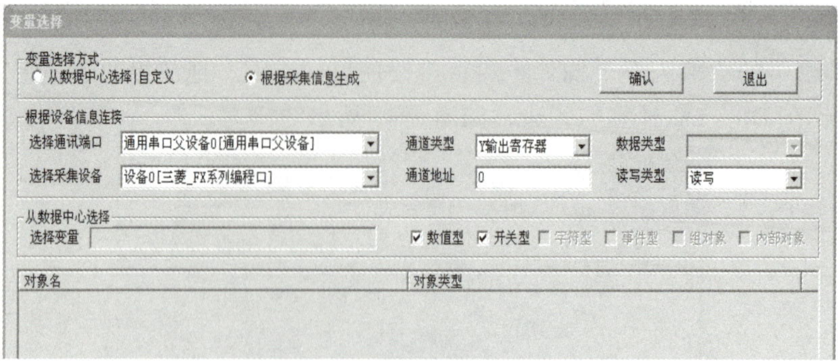

图 3-44 “变量选择”对话框

即在 Y0 按钮抬起时，对三菱 FX 的 Y0 地址“清 0”，如图 3-45 所示。

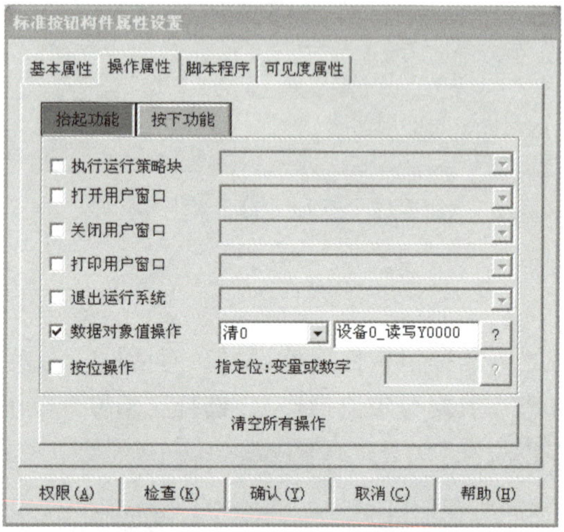

图 3-45 Y0 按钮抬起数据对象

同样的方法，单击“按下功能”按钮，进行设置，选择数据对象值操作→置 1→设备 0_读写 Y0000，如图 3-46 所示。

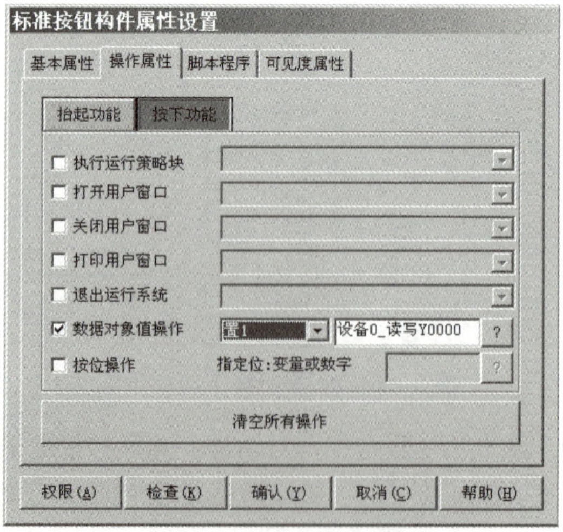

图 2-46 Y0 按钮按下数据对象

同样的方法，分别对 Y1 和 Y2 的按钮进行设置。

Y1 按钮→“抬起功能”时“清 0”；“按下功能”时“置 1”→变量选择→Y 输出寄存器，通道地址为 1。

Y2 按钮→“抬起功能”时“清 0”；“按下功能”时“置 1”→变量选择→Y 输出寄存器，通道地址为 2。

Y0 按钮、Y1 按钮和 Y2 按钮的属性设置过程，可以理解为建立组态与三菱 FX 系列 PLC 编程口通信的过程，三个按钮分别对应实际操作地址三菱 PLC 中的 Y0、Y1、Y2。

②指示灯的动画连接。

双击 Y0 按钮旁边的指示灯构件，弹出“单元属性设置”对话框，在“数据对象”选项卡中选择“可见度”，单击浏览按钮 ? ，选择对象名列表中的“设备 0_读写 Y0000”，由于“设备 0_读写 Y0000”在按钮数据连接时已经使用过，因此可在如图 3-47 所示对象名列表中直接选中“设备 0_读写 Y0000”。确认后在指示灯“单元属性设置”对话框中就完成了如图 3-48 所示的数据连接，设置完成后单击“确认”按钮。

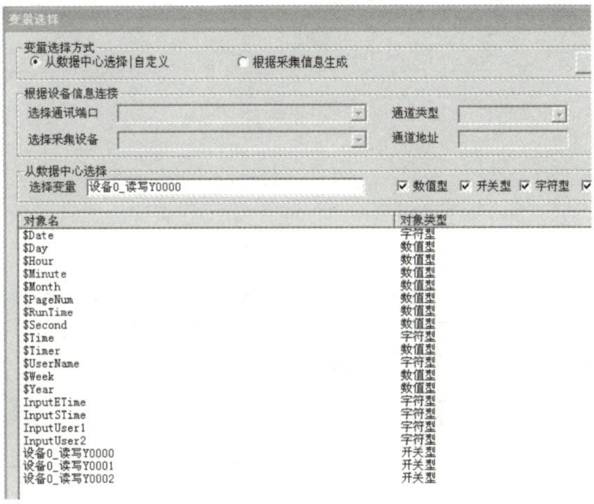

图 3-47　指示灯“变量选择”设置

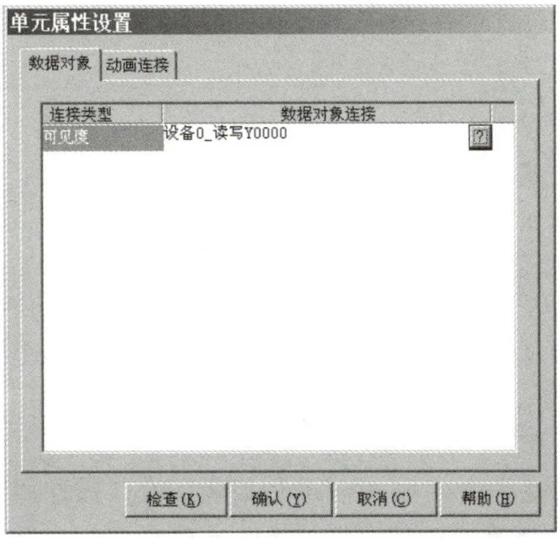

图 3-48　指示灯“单元属性设置”对话框

同样的方法，将 Y1 按钮和 Y2 按钮旁边的指示灯分别连接变量“设备 0_读写 Y0001”和“设备 0_读写 Y0002”。

③输入框的动画连接。

双击 D0 标签旁边的输入框构件，弹出“输入框构件属性设置”对话框，在“操作属性”选项卡中，单击 ? 进行变量选择，选择“根据采集信息生成”，通道类型选择“D 数据寄存器”，通道地址为“0”；数据类型选择“16 位无符号二进制”；读写类型选择“读写”，如图 3-49 所示。完成后单击“确认”，完成如图 3-50 所示“输入框构件属性设置”对话框中数据的连接。

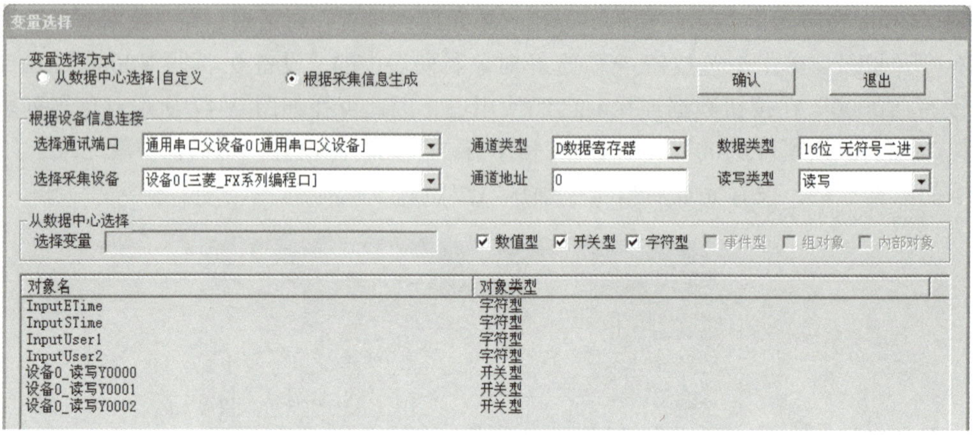

图 3-49　输入框“变量选择”设置

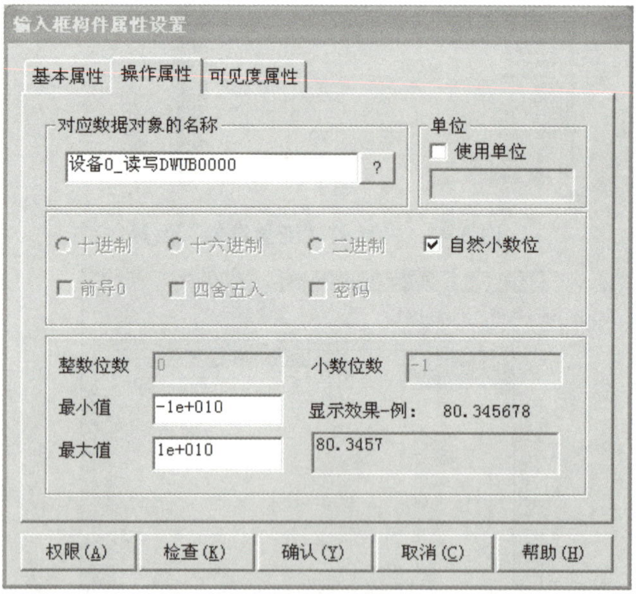

图 3-50　“输入框构件属性设置”对话框

同样的方法，对 D2 标签旁边的输入框进行设置，在“操作属性”选项卡中，选择对应的数据对象：通道类型选择“D 数据寄存器”；通道地址为“2”；数据类型选择“16 位 无符号二进制”；读写类型选择“读写”。

4）模拟运行

先不连接 TPC 和 PLC 设备，单击下载按钮，在弹出如图 3-51 所示的对话框中，选择“模拟运行”功能。然后单击“工程下载”，在信息框中显示下载的相关信息，如图 3-52 所示，如果有红色的信息或者错误提示，将无法运行，如果显示绿色的成功信息，表明组态过程中没有违反组态规则的信息。

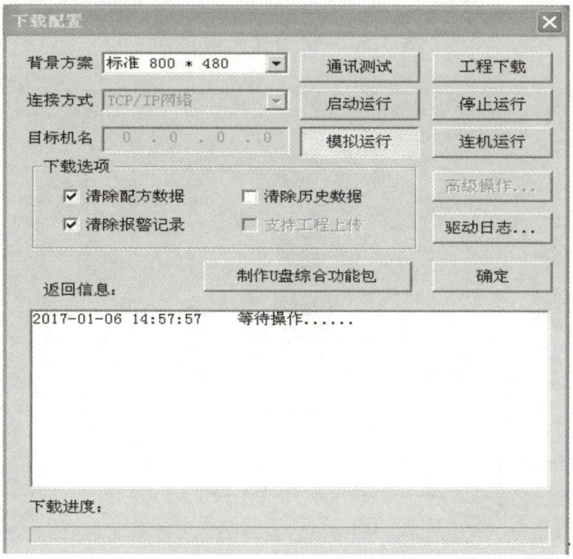

图 3-51 “模拟运行”功能

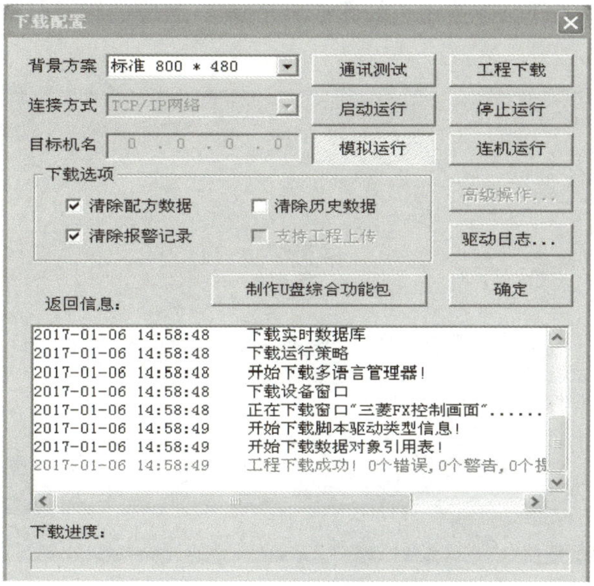

图 3-52 “工程下载”信息

本案例中，由于已经完成设备组态，如果只进行“模拟运行”，在按下“启动运行”时会弹出图 3-53 所示的提示信息，表明“通用串口父设备”没有与 PC 机连接。单击“确认”，进入 MCGS 模拟运行环境，如图 3-54 所示。

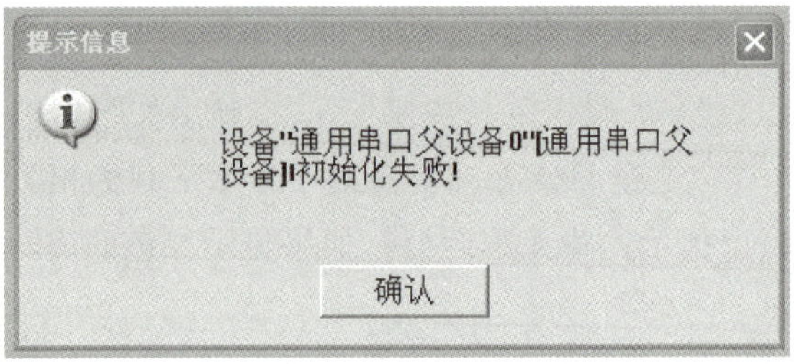

图 3-53　初始化失败提示

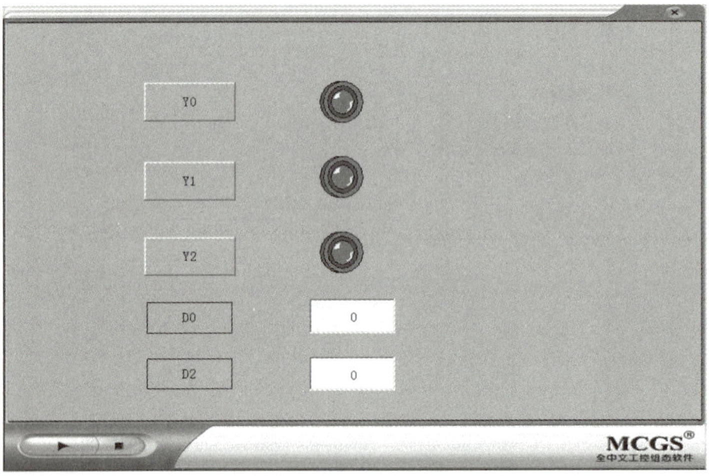

图 3-54　MCGS 模拟运行环境

模拟运行环境下，按下 Y1 按钮，如图 3-55 所示，对应的指示灯由红变绿，表明二者之间已经建立了数据连接。

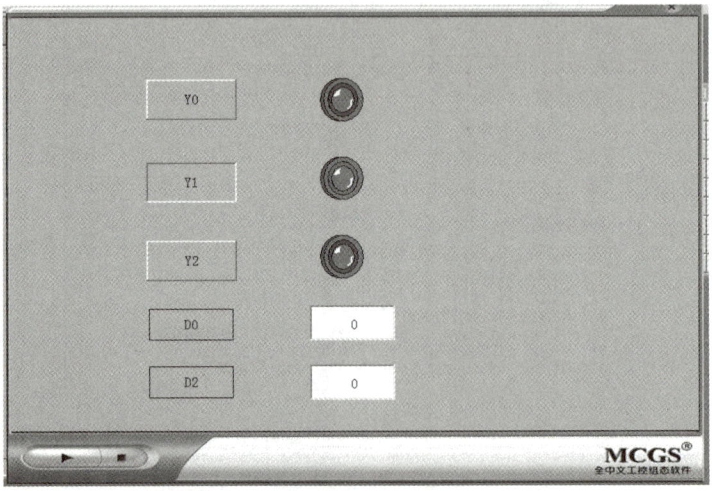

图 3-55　Y1 按钮和对应指示灯的仿真

在模拟运行环境下，单击 D0“输入框”，在弹出的如图 3-56 所示的对话框中通过弹出键盘输入数值 2，单击“确认”按钮。

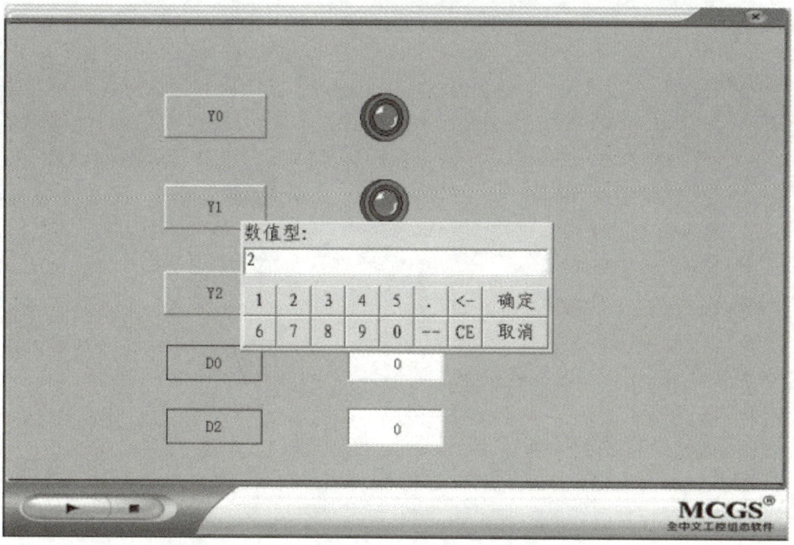

图 3-56　D0“输入框”数据输入设置

单击 D2 标签右边的“输入框”，在弹出的对话框中输入数值 3，单击“确认”，这时输入框中的数据显示如图 3-57 所示。

由于模拟仿真环境没有与 PLC 连接通信，所以这个案例的图元之间的数据无法与 PLC 中的数据进行链接。

图 3-57　“输入框”中的数据显示

5）连机运行

在进行连机运行前，必须将前面的组态过程进行相应的修改。

（1）修改组态窗口中的图元，将三个按钮的文本分别修改为 SB1、SB2、SB3，如图 3-58 所示。

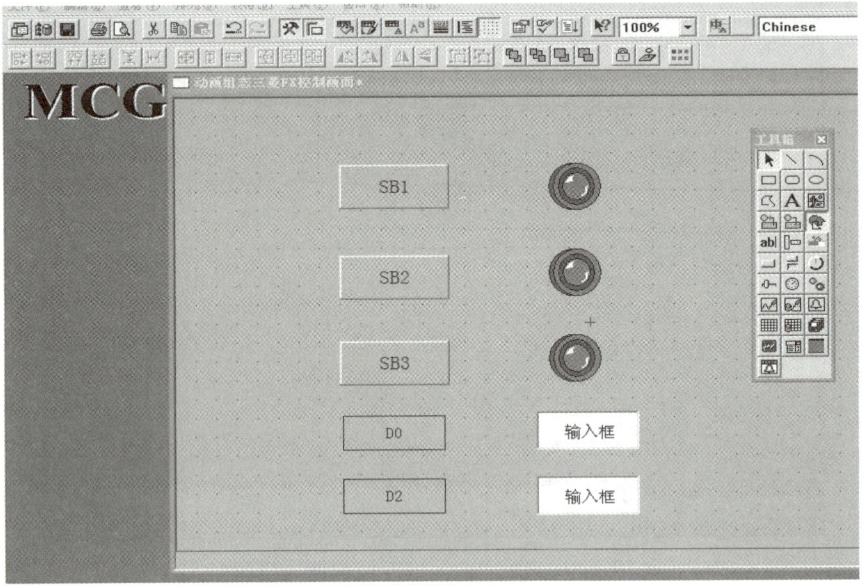

图 3-58　三个按钮的文本修改

（2）单击工具箱中的“标签”，在组态窗口分别为 3 个按钮和 2 个数据输入框添加标签名称“启动”“计数”“停止”“定时时间”“计数次数”。利用工具条中的 4 个按钮设置标签填充色、边框线色、字符色、字符字体，完成效果如图 3-59 所示。

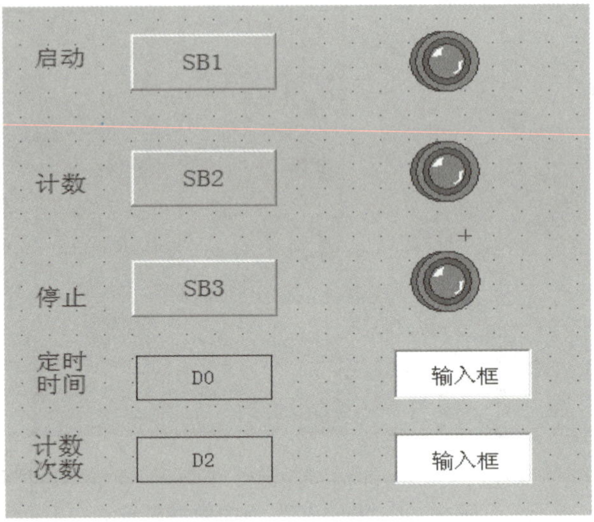

图 3-59　添加标签效果

（3）重新对按钮建立数据链接。双击 SB1 按钮，弹出“标准按钮构件属性设置”对话框。“操作属性”选项卡默认“抬起功能”按钮为按下状态，勾选“数据对象值操作”复选按钮，选择“清 0”操作，参考图 3-43 所示。单击浏览按钮 ? ，弹出“变量选择”对话框，选择“根据采集信息生成”，通道类型选择“M 辅助寄存器”，通道地址为“0”，读写类型选择“读写”，如图 3-60 所示。设置完成后单击“确认”。

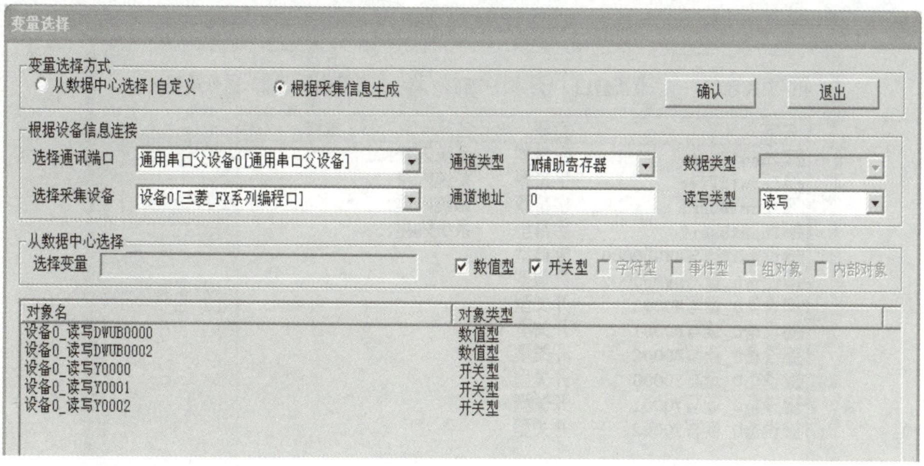

图 3-60　SB1 按钮“变量选择”对话框

在 SB1 按钮抬起时，对三菱 FX 的 M0 地址“清 0”。按照同样的方法，单击图 3-61 所示的“按下功能”并进行设置，选择“数据对象值操作”→置 1→设备 0_读写 M0000。

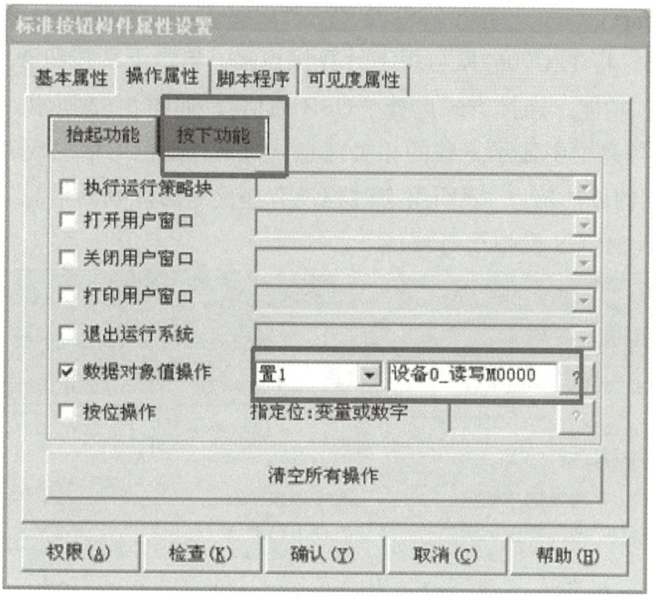

图 3-61　SB1 按钮“标准按钮构件属性设置”对话框

按照同样的方法，分别对 SB2 和 SB3 按钮进行设置：

SB2 按钮→“抬起功能”时“清 0”；“按下功能”时“置 1”→变量选择→M 辅助寄存器，通道地址为 1。

SB3 按钮→“抬起功能”时“清 0”；“按下功能”时“置 1”→变量选择→M 辅助寄存器，通道地址为 2。

其他图元的数据连接不变。

（4）单击工作台中的“实时数据库”，显示如图 3-62 所示。按钮、指示灯、输入框链接的数据均已经在数据库中自动生成。

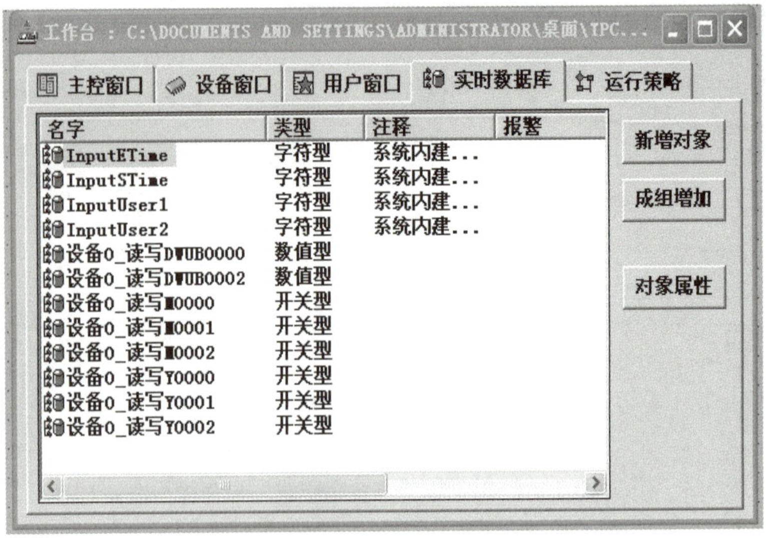

图 3-62　实时数据库

6）下载与调试

（1）参考图 3-6，将 TPC7062K 与组态计算机连接。单击下载按钮，在弹出的对话框中选择“连机运行”功能，连接方式选择“USB 通信”，如图 3-63 所示。通信测试正常后单击“工程下载”，在信息框中显示下载的相关信息，如果有红色的信息或者错误提示，将无法运行；如果显示绿色的成功信息，表明组态过程没有违反组态规则的信息。单击“启动运行”，TPC7062K 中将显示 MCGS 模拟运行环境。

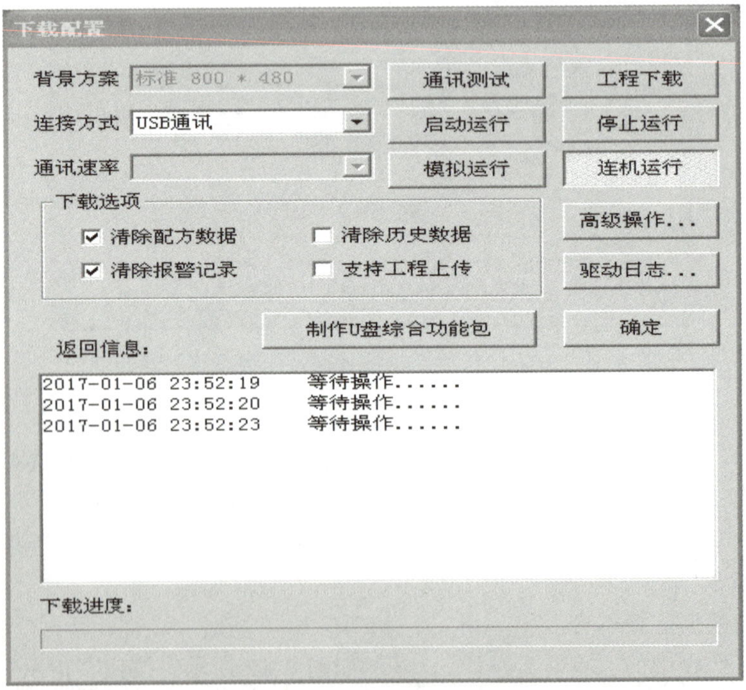

图 3-63　“连机运行”设置

（2）编写 PLC 程序。编写 PLC 程序时，首先要设计的工程情境包括：三个控制按钮 SB1、SB2、SB3，按下 SB1 指示灯 Y0 亮，延时 5 s 后 Y1 指示灯亮，Y1 指示灯亮后按 SB2 按钮 2 次则 Y2 指示灯亮。SB3 按钮为停止按钮，无论何时按下 SB3 按钮，全部灯熄灭。

根据控制要求建立的输入输出分配表如表 3-3 所示，根据控制要求编写的 PLC 参考程序如图 3-64 所示。

表 3-3　输入输出分配表

输入		输出	
元件名称	地址	元件名称	地址
按钮SB1	M0	指示灯1	Y0
按钮SB2	M1	指示灯2	Y1
按钮SB3	M2	指示灯3	Y2
		定时器	T0 D0
		计数器	C0 D2

（3）将图 3-64 所示的 PLC 程序下载到 PLC。

（4）参考图 3-11 所示 TPC7062K 与三菱 PLC 的接线，连接 TPC7062K 与三菱 PLC，进行连机运行。

（5）TPC 初始状态时，在 D0 输入框输入数据为 50（5 秒定时），D2 输入框输入数据为 2（2 次计数），按照设定的工程情境进行调试。

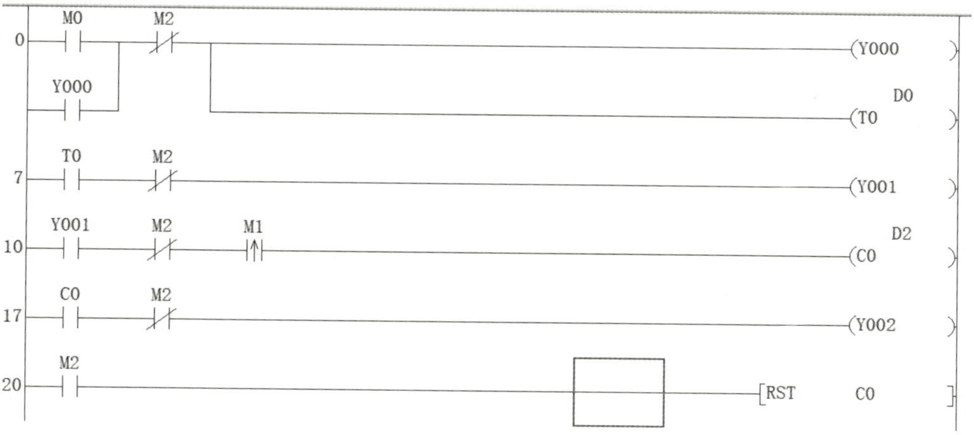

图 3-64　PLC 参考程序

巩固练习 6：MCGSTPC 与三菱 PLC 控制电动机正反转

1. 练习目标

（1）熟悉工程建立、组态、下载、模拟运行、连机运行和连接 PLC 的过程与方法。

（2）熟悉控制三菱 FX PLC 输出点及读写数据方法。

（3）熟悉工程连机调试的步骤。

2. 练习内容

建立“MCGSTPC+三菱 PLC 控制三相交流异步电动机正反转”工程。要求按下正转按钮 M2 时电机正转；按下反转按钮 M3 时电机反转；按下停止按钮 M4 时电机停止运转；电机不能直接转换正反转状态，必须停止运转后才能换向。

3. 实施步骤

1）建立新工程

新建的工程名称为“电动机正反转控制”，窗口名称为“电动机正反转控制”，窗口内容注释为“MCGSTPC 与三菱 PLC 控制电动机正反转”。

2）制作图形界面

在工作台窗口的“用户窗口”选项卡中双击“电动机正反转控制”图标，进入“动画组态电动机正反转控制”窗口。在窗口中，添加三个标准按钮，并在“基本属性”设置中将文本分别修改为“正转”“反转”“停止”，如图 3-65 所示。

图 3-65　三个按钮的组态画面

3）设备组态

在工作台中激活设备窗口，进入设备组态控制窗口，单击工具条中的“设备工具箱”，在设备工具箱中先后双击“通用串口父设备”和“三菱 FX 系列编程口”添加到组态画面窗口，如图 3-66 所示。双击三菱 FX 系列编程口，在弹出的“设备编辑窗口”中，选择三菱 FX 系列 PLC 的 CPU 类型，一定要与本任务使用的 PLC 类型相同。

图 3-66　添加“通用串口父设备”和“三菱 FX 系列编程口”

4）建立数据连接

（1）双击“正转”按钮构件，出现“标准按钮构件属性设置”对话框，在“操作属性”选项卡中选择“数据对象值操作”，在右侧下拉列表框中选择“按 1 松 0”，如图 3-67 所示。

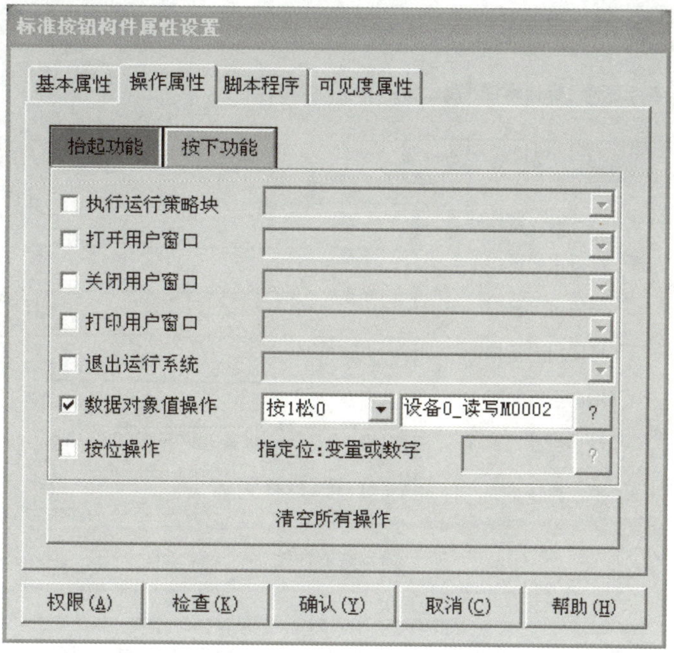

图 3-67　正转按钮操作属性设置

（2）双击“停止”按钮构件，其“操作属性”设置如图 3-68 所示。

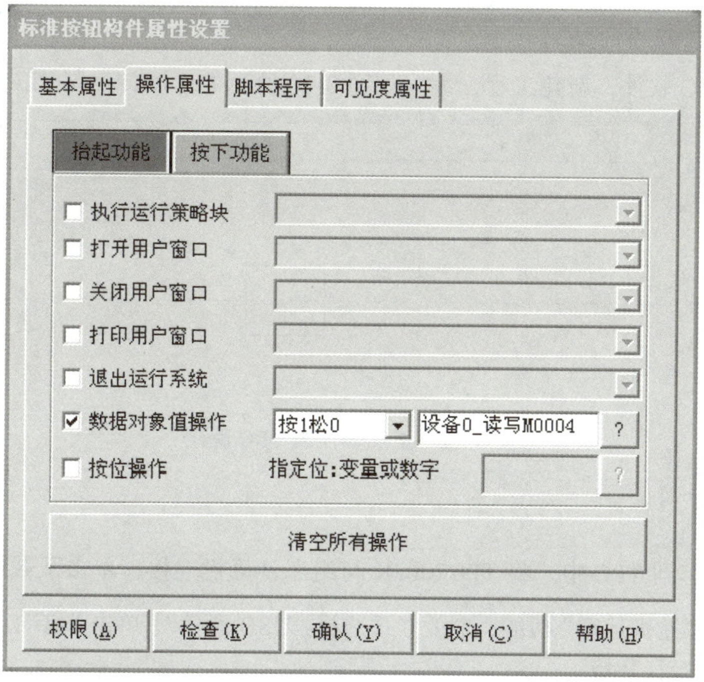

图 3-68　停止按钮操作属性设置

（3）双击“反转”按钮构件，其“操作属性”设置如图 3-69 所示。

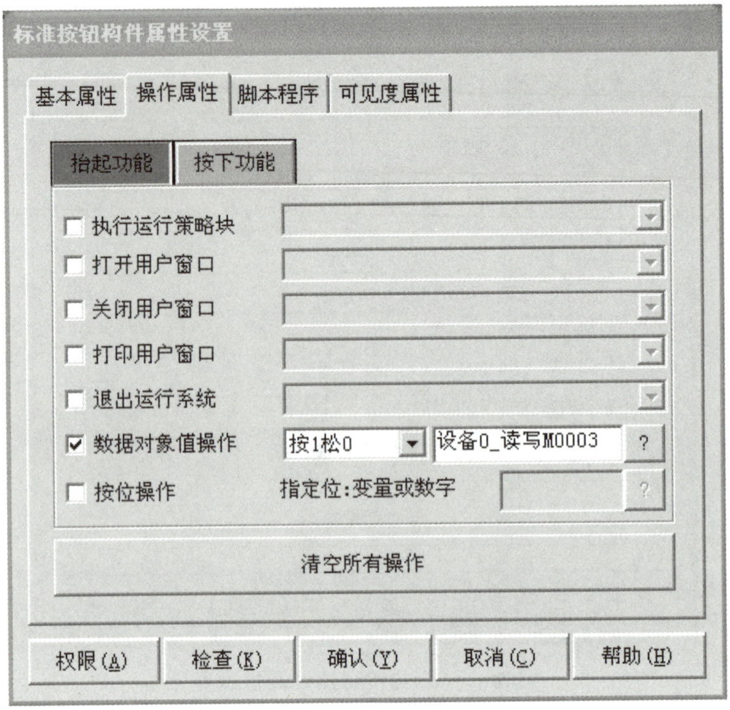

图 3-69　停止按钮操作属性设置

5）三菱 PLC 程序的编写

打开三菱 PLC 软件，新建工程，编写如图 3-70 所示的正反转控制 PLC 程序。

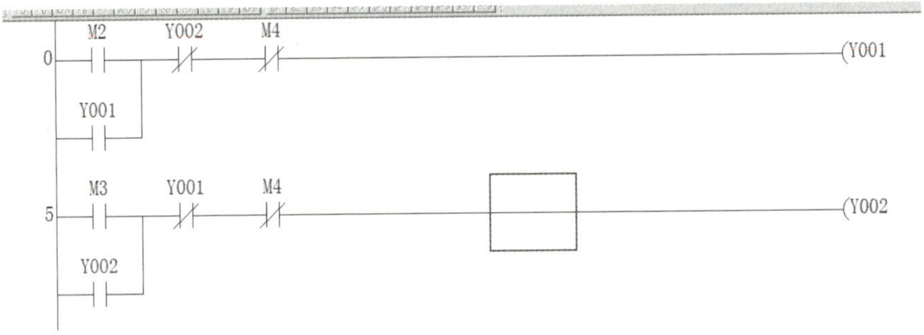

图 3-70　正反转控制 PLC 程序

6）连机运行调试

（1）下载组态到 TPC 中。将 TPC7062K 与组态计算机连接，单击下载按钮，在弹出的对话框中选择“连机运行”功能，连接方式选择“USB 通信”。单击“启动运行”，TPC7062K 中将显示 MCGS 运行环境。

（2）编辑 PLC 程序后，把 PLC 程序下载到 PLC。

（3）参考图 3-11 所示 TPC7062K 与三菱 PLC 的接线方式，连接 TPC7062K 与三菱 PLC 进行联机运行。

（4）MCGSTPC+三菱 PLC 控制三相交流异步电动机正反转系统硬接线如图 3-71 所示。

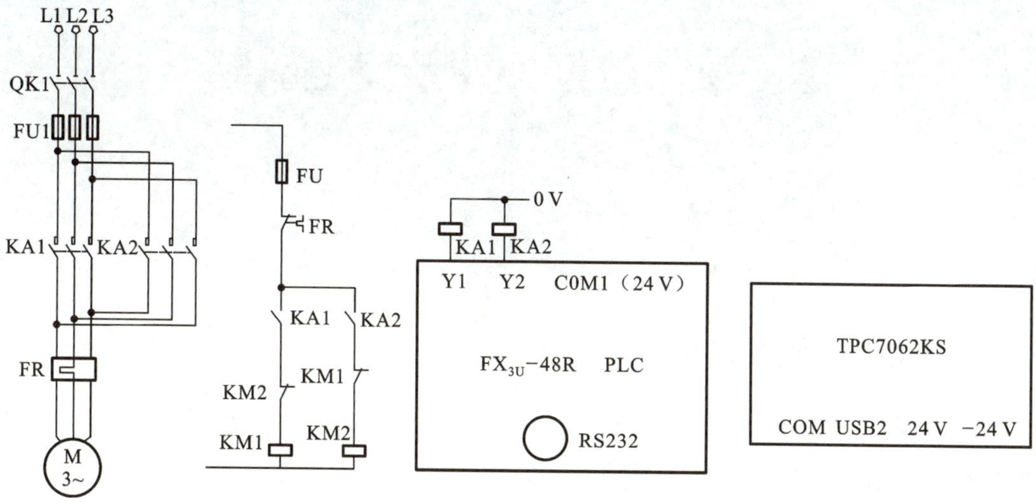

（a）主线路 （b）控制线路 （c）三菱 PLC 接口 （d）TPC7062KS 接口

图 3-71 MCGSTPC+三菱 PLC 控制电动机正反转硬件接线示意

MCGSTPC 与三菱 PLC 通过 COM1 接口以 RS232C 方式通信。PLC 输出端子 Y1 控制中间继电器 KA1 的线圈，中间继电器 KA1 的动合触点控制交流接触器 KM1 的线圈，通过交流接触器 KM1 的主触点去控制三相异步电机正转；PLC 输出端子 Y2 控制中间继电器 KA2 的线圈，中间继电器 KA2 的动合触点控制交流接触器 KM2 的线圈，通过交流接触器 KM2 的主触点去控制三相异步电机反转。从而达到通过 TPC 控制 PLC，实现 PLC 控制三相电机正反转工作的人机交互。

第 4 章　数据处理及安全机制

4.1　MCGS 的数据处理

工业生产现场大量使用各种类型的监控设备，会产生大量的生产数据。这就要求构成监控系统核心的组态软件具备强大的数据处理能力，从而有效、合理地将这些生产数据加以处理。一方面，为现场操作员提供实时、可靠的图像、曲线等，以反映现场运行的状况并方便其进行相应的控制操作；另一方面，也需要为企业的管理人员提供各种类型的数据报表，为企业管理提供切实可靠的第一手资料。

针对上述情况，MCGS 嵌入版组态软件提供了功能强大、使用方便的数据处理功能。按照数据处理的时间先后顺序，MCGS 嵌入版组态软件将数据处理过程分为三个阶段：数据前处理、实时数据处理以及数据后处理，以满足各种类型的需要，如图 4-1 所示。

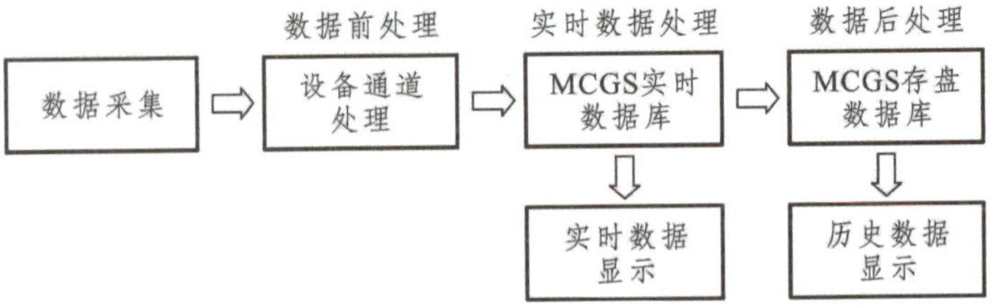

图 4-1　数据处理过程的三个阶段

4.1.1　数据前处理

数据前处理是指数据由硬件设备采集到计算机，但还没有被送入实时数据库之前的数据处理。在该阶段，数据处理集中体现为各种类型的设备采集通道处理。

在实际应用中，从硬件设备中输入或输出的数据一般是特定范围内的电压、电流等物理量，通常要对这些数据进行相应的转换才能得到真正具有实际意义的工程数据。从模数转换器 ADC 通道采集的数据一般都为毫伏级的电压，需要进行量程转换或查表、计算等处理才能得到所需的工程物理量。

MCGS 嵌入版的数据前处理与设备是紧密相关的。在 MCGS 嵌入版设备窗口打开设备构件，设置其数据处理属性页可进行 MCGS 嵌入版的数据前处理组态，如图 4-2 所示。

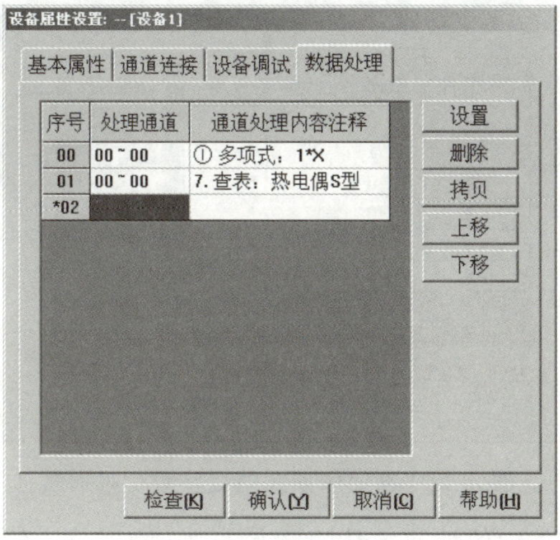

图 4-2 “数据处理”选项卡

单击“设置”按钮则可以打开图 4-3 所示的“通道处理设置”对话框。

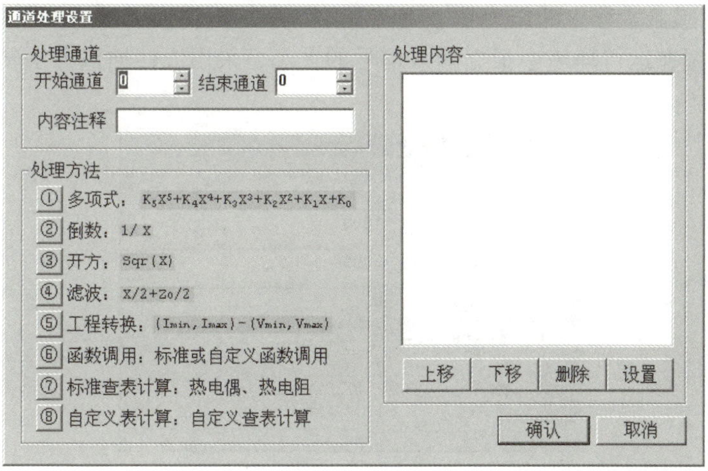

图 4-3 “通道处理设置”对话框

MCGS 嵌入版系统对设备采集通道的数据可以进行八种形式的数据处理，包括：多项式计算、倒数计算、开方计算、滤波处理、工程转换计算、函数调用、标准查表计算、自定义查表计算。各种处理可单独进行，也可以组合进行。

MCGS 按从上至下的顺序进行计算处理，每行计算结果作为下一行计算输入值，通道值等于最后计算结果值。

MCGS 嵌入版数据前处理的八种方式主要包括：

（1）多项式处理：对设备的通道信号进行多项式（系数）处理，可设置的处理参数包括 k0 ~ k5，可以将其设置为常数，也可以设置成指定通道的值（通道号前面加“!”），另外，还应选择参数和计算输入值 X 的乘除关系，如图 4-4 所示。

（2）倒数 1/X 计算：对设备输入信号求倒数运算。

（3）开方计算：对设备输入信号求开方运算。

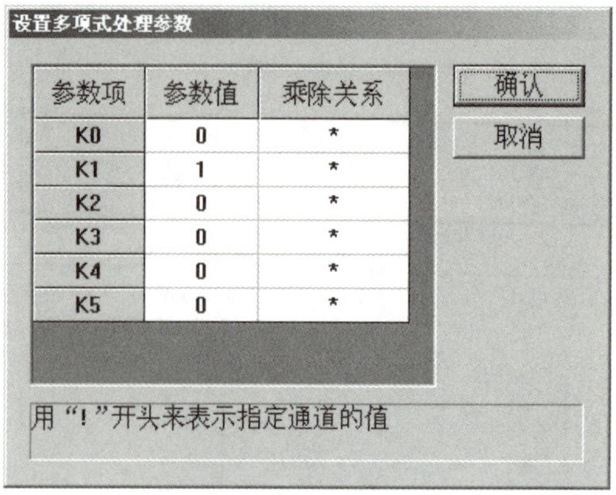

图 4-4 “设置多项式处理参数”对话框

（4）滤波处理：也称为中值滤波，其计算方法为（本次输入信号+上次输入信号）/2。

（5）工程转换：把设备输入信号转换成工程物理量。在 MCGS 嵌入版通道处理设置窗口进行数据前处理的组态设置，如将设备通道 0 的输入信号 1 000 ~ 5 000 mV（采集信号）转换成 0 ~ 2 MPa（传感器量程）的压力量，则选择第 5 项工程转换，设置如图 4-5 所示。

MCGS 嵌入版在运行环境中根据输入信号的大小，采用线性插值方法转换成工程物理量（0 ~ 2 MPa）。

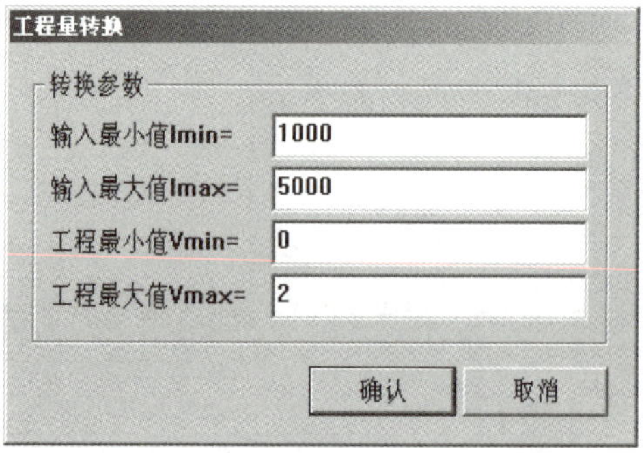

图 4-5 “工程量转换”对话框

（6）函数调用：对设定的多个通道值进行统计计算，包括求和、求平均值、求最大值、求最小值、求标准方差，如图 4-6 所示。

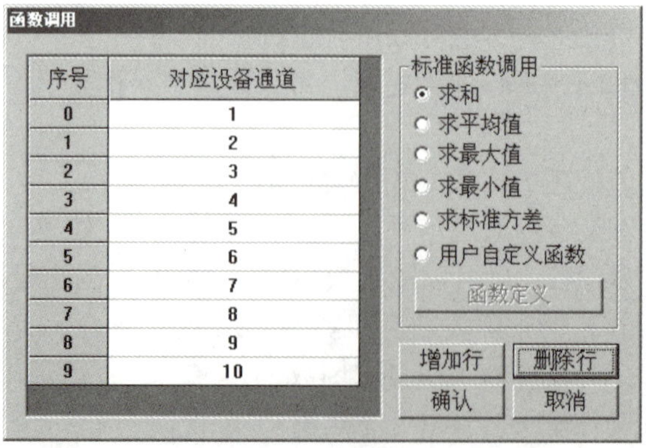

图 4-6 “函数调用”对话框

（7）标准查表计算：包括八种常用热电偶和 Pt100 热电阻查表计算，如图 4-7 所示。Pt100 热电阻在查表之前，应先使用其他方式把通过 AD 通道采集进来的电压值转换成为 Pt100 的电阻值，然后再用电阻值查表得出对应的温度值。对热电偶查表计算，需要指定作为温度补偿的通道（热电偶已作冰点补偿时，不需要温度补偿），在查表计算之前，先要把作为温度补偿的通道的采集值转换成实际温度值，把热电偶通道的采集值转换成实际的毫伏数。

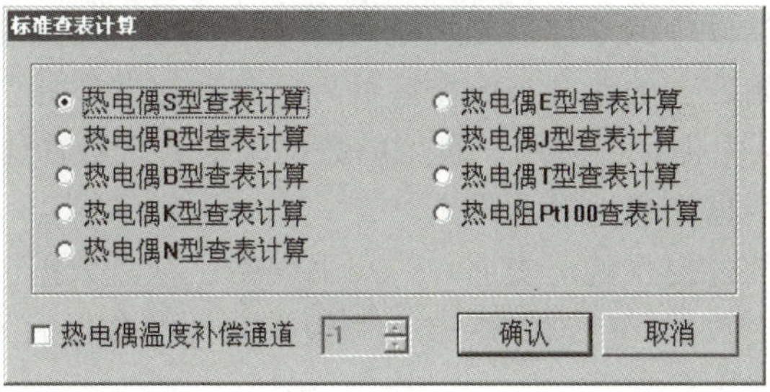

图 4-7 “标准查表计算”对话框

（8）自定义查表计算处理：首先要定义一个表，在每一行输入对应值；然后再指定查表基准。MCGS 规定用于查表计算的每列数据必须以单调上升或单调下降的方式排列，否则，无法进行查表计算。查表基准是第一列，MCGS 系统处理时首先将设备输入信号对应于基准（第一列）线性插值，给出对应于第二列相应的工程物理量，即基准对应输入信号，另一列对应工程物理量（传感器的量程）。

4.1.2 实时数据处理

MCGS 嵌入版系统对实时数据的处理主要在用户脚本程序和运行策略中完成。脚本程序是一种类似 Basic 语言的编程脚本语言（如 Script 语言），但与 Basic 相比，操作更为简单，可以用来编制某些复杂的多分支流程控制程序。利用脚本程序中的三个最基本的程序控制语句（如赋值语句、条件语句和循环语句）以及系统提供的各种系统函数和系统变量，可以完全满足用户的实际需要，设计出理想的控制系统。

用户脚本程序可以嵌入到 MCGS 嵌入版组态软件的许多部件中，主要包括：

（1）脚本程序策略块中的运行策略窗口。

（2）按钮控件的脚本程序中的用户窗口。

（3）窗口属性中的启动脚本、循环脚本以及退出脚本中的用户窗口。

（4）窗口及各个控件的事件组态中的用户窗口。

MCGS 嵌入版脚本程序不能自定义变量，但可以把实时数据库中的数据对象当作全局变量。与使用普通的变量一样，用数据对象的名字直接读写数据对象的值。

```
IF  ADdat0 > 100  THEN
    DODat1 = 0
ELSE
    DODat1 = 1
ENDIF
```

假定 ADdat0 是实时数据库的一个数值型数据对象，与模拟量输入（AD）接口板的 0 号通道建立了连接；DODat1 是实时数据库的一个开关型数据对象，与数字量输出板（DO）接口板的 1 号通道建立了连接。那么，上段程序的含义是：当 AD 板 0 号通道采集进来的数据（经工程转换后）大于 100 时，DO 板的 1 号通道关闭（输出低电平）；反之，DO 板的 1 号通道打开（输出高电平）。

4.1.3 数据后处理

MCGS 嵌入版组态软件中的数据后处理是对 MCGS 历史存盘数据库的处理。MCGS 组态软件的存盘数据库是原始数据的集合，数据后处理就是对这些原始数据进行修改、删除、添加、查询等操作，以便从中提炼出对用户有用的数据和信息，然后利用 MCGS 组态软件提供的曲线、报表等机制将数据形象地显示出来。

MCGS 嵌入版组态软件提供的历史曲线、历史表格、存盘数据浏览等构件，可用来提炼和形象地显示或打印历史数据。在 MCGS 嵌入版组态软件的数据后处理中，用于数据处理和数据显示的构件及其功能主要包括：

（1）历史曲线构件。

MCGS 嵌入版历史曲线构件（动画工具箱中图标为）用于实现历史数据的曲线浏览功能。运行时，历史曲线构件可以根据指定的历史数据源，将一段时间内的数据以曲线的形式显示或打印出来，还可以自由地向前、向后翻页或者对曲线进行缩放等操作。

（2）历史表格构件。

MCGS 嵌入版历史表格构件（动画工具箱中图标为）为用户提供强大的数据报表功能。利用 MCGS 历史表格可以显示静态数据、实时数据库中的动态数据、历史数据库中的历史纪录以及相应的统计结果，可以方便、快捷地完成各种报表的显示和打印功能。在历史表格构件中内建数据库查询功能和数据统计功能，可以轻松地完成各种数据查询和统计任务。历史表格还具有数据修改功能，可以使报表的制作更加完美。

（3）存盘数据浏览构件。

MCGS 嵌入版存盘数据浏览构件（动画工具箱中图标为）可以按照指定的时间和数值条件，将满足条件的数据显示在报表中，从而快速地实现简单报表的功能。

4.1.4 实时数据存储

1. 数据存储方式

在工程应用中，常常需要把采集的数据存储到历史数据库，以便日后查询和生成报表。MCGS 嵌入版把实时数据的存储作为数据对象的属性，封装在数据对象内部，由实时数据库完成存储操作。实时数据的存储包括定时存储和在脚本程序中按特定条件控制存储两种方式。

组对象采用定时存储方式，按照设定的时间周期，定时存储所有成员在同一时刻的值。在脚本程序中利用数据对象操作函数的存盘操作功能，可在运行过程中向实时数据库发出信息，通知实时数据库把指定组对象的值进行存储处理。用户可通过脚本程序的组态配置来实现各种自动、手动或有条件控制的存盘功能。当磁盘空间到达最小预留空间时，软件会自动删除存盘数据。

2. 存盘数据库类型

MCGS 嵌入版使用灵活的文件系统来存储和管理数据。组态配置数据和报警数据存储在 MCGSE.DAT 这一大小固定的文件中，运行过程中组态配置数据不会改变，只有当存盘数据达到限制并报警后，MCGS 嵌入版会自动覆盖前面的数据。组对象存盘数据由多个小的二进制文件组成，文件的大小可以在组态的系统存盘参数中定义，方便用户维护如复制、转移、查询等。

4.2 MCGS 的安全机制

MCGS 嵌入版组态软件提供了一套完善的安全机制，用户能够自由组态控制按钮和退出系统的操作权限，只允许有操作权限的操作员才能对某些功能进行操作。MCGS 嵌入版还提供了工程密码功能，用于保护 MCGS 嵌入版组态软件开发所得的成果，开发者可利用这些功能保护自己的合法权益。

MCGS 嵌入版系统的操作权限机制采用用户组和用户的概念来进行操作权限的控制。在 MCGS 嵌入版中可以定义多个用户组，每个用户组可以包含多个用户，同一用户可以隶属于多个用户组。操作权限的分配是以用户组为单位来进行的，即某种功能的操作只能赋予用户组权限，某个用户能否对这个功能进行操作取决于该用户所在的用户组是否具备对应的操作权限。

MCGS 嵌入版系统按照用户组来分配操作权限的机制，使用户能方便地建立各种多层次的安全机制，如实际应用中的安全机制一般要划分为操作员组、技术员组、负责人组。操作员组的成员一般只能进行简单的日常操作；技术员组负责工艺参数等功能的设置；负责人组能对重要的数据进行统计分析。各组的权限各自独立，如果某用户因工作需要进行所有操作，则只需把该用户同时设为隶属于三个用户组即可。

4.2.1 定义用户和用户组

在 MCGS 嵌入版组态环境中，选取“工具”菜单中的“用户权限管理”菜单项，弹出图 4-8 所示的用户管理窗口。

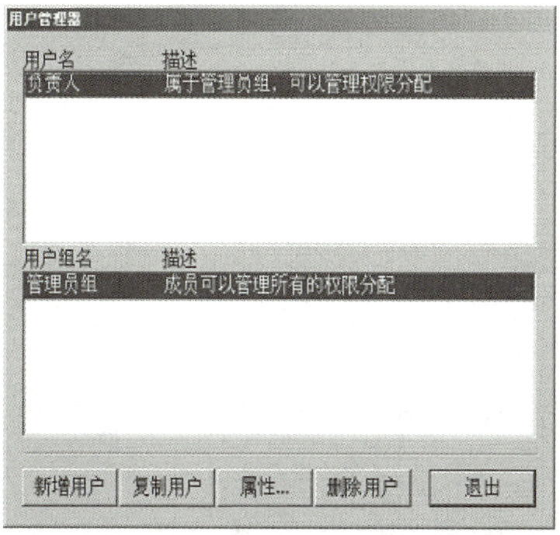

图 4-8 “用户管理器”对话框

在 MCGS 嵌入版中，有一个名为“管理员组”的用户组和一个名为“负责人”的用户，不能修改其名称。管理员组中的用户有权利在运行时管理所有的权限分配工作，管理员组的特性是由 MCGS 嵌入版系统决定的，其他所有用户组都没有这些权利。

在“用户管理器”窗口，上半部分为已建用户的用户名列表，下半部分为已建用户组的用户组名列表。当用鼠标激活用户名列表时，在窗口底部显示的按钮是“新增用户”“复制用户”“删除用户”等对用户操作的按钮；当用鼠标激活用户组名列表时，在窗口底部显示的按钮是“新增用户组”“删除用户组”等对用户组操作的按钮。

在“用户管理器”窗口，单击“新增用户”按钮，弹出“用户属性设置”对话框，在该对话框中可以添加新的用户名称，用户对应的密码要输入两遍，用户所隶属的用户组在下面的列表框中选择（注意：一个用户可以隶属于多个用户组）。选中一个用户时，单击属性或双击该用户，会出现“用户属性设置”对话框，在该对话框中可以选择该用户隶属于哪个用户组，如图 4-9 所示。

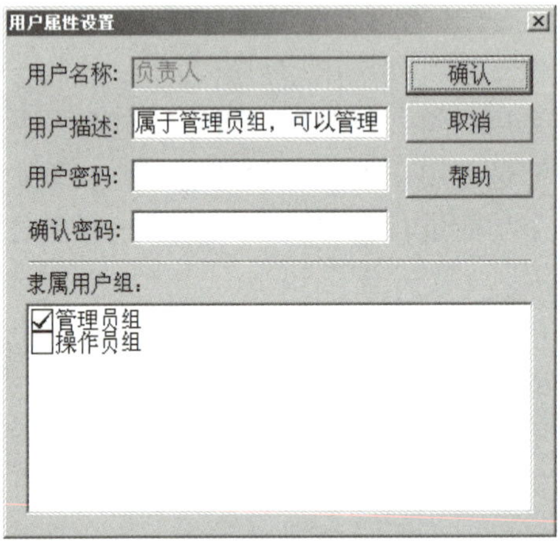

图 4-9 “用户属性设置”对话框

在“用户管理器”窗口，单击“新增用户组”按钮，可以添加新的用户组，选中一个用户组时，单击属性或双击该用户组，会出现“用户组属性设置”对话框，在该对话框中，可以选择该用户组包括哪些用户，如图 4-10 所示。

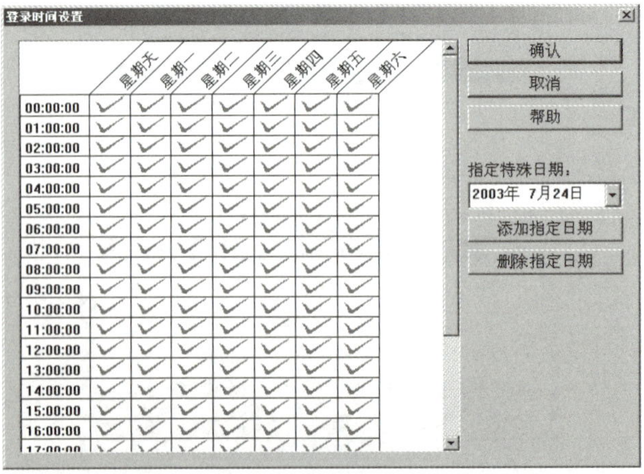

图 4-10 “用户组属性设置”对话框

在该对话框中，单击登录时间按钮，会出现打开时间设置窗口，如图 4-11 所示。

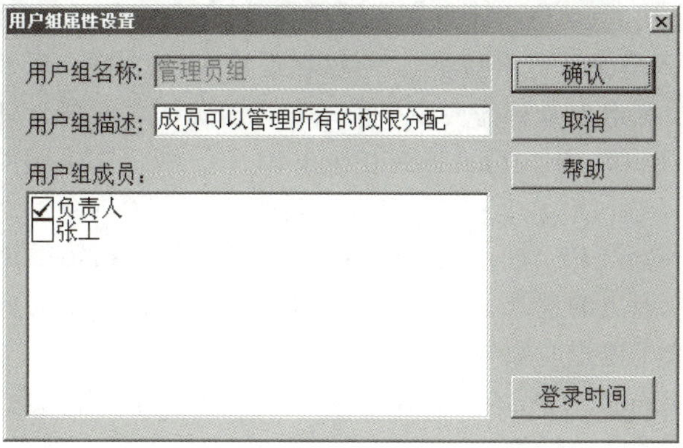

图 4-11 “登录时间设置”对话框

MCGS 嵌入版系统中设置登录时间的最小间隔为 1 h，组态时可以指定某个用户组的系统登录时间，如图 4-11 所示，从星期天到星期六、每天 24 小时，指定某用户组在某一小时内是否可以登录系统，在某一时间段打“√”表示该时间段可以登录系统，否则在该时间段内不允许登录系统。同时，MCGS 嵌入版系统可以将某个特殊日期的时间段设置为用户组的登录权限。在图 4-11 中，“指定特殊日期”选择某年某月某天，按“添加指定日期”按钮则把选择的日期添加到图中左边的列表中，然后设置该天的时间段的登录权限。

4.2.2 系统权限设置

为了更好的保证工程运行的安全、稳定、可靠，防止与工程系统无关人员进入或退出工程系统，MCGS 嵌入版系统提供了对工程运行时进入和退出工程的权限管理。

打开 MCGS 嵌入版组态环境，在 MCGS“主控窗口属性设置”对话框中设置，如图 4-12 所示。

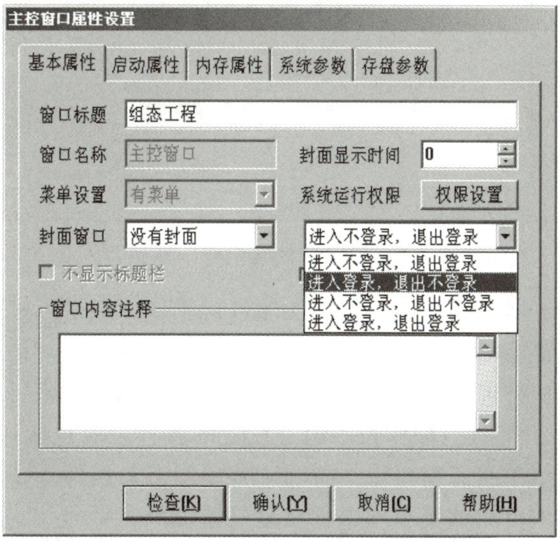

图 4-12 “主控窗口属性设置”对话框

单击“权限设置”，设置工程系统的运行权限，同时设置进入和退出系统时是否需要用户登录，可分为四种组合形式：“进入不登录，退出登录”“进入登录，退出不登录”“进入不登录，退出不登录”“进入登录，退出登录”。一般在退出 MCGS 嵌入版系统时，系统会弹出确认对话框。在运行时控制退出是否需要用户登录和弹出确认对话框，MCGS 嵌入版系统提供了“!EnableExitLogon（ ）”和“!EnableExitPrompt（ ）”两个脚本函数，这两个函数的使用说明主要包括：

（1）!EnableExitLogon（FLAG），FLAG =1，工程系统退出时需要用户登录成功后才能退出系统，否则拒绝用户退出的请求；FLAG =0，工程系统退出时不需要用户登录即可退出，此时不管系统是否设置了退出时需要用户登录，均不登录。

（2）!EnableExitPrompt（FLAG），FLAG=1，工程系统退出时弹出确认对话框；FLAG=0，工程系统退出时不弹出确认对话框。

为了使上面两个函数有效，必须在组态时在脚本程序中加上这两个函数，在工程运行时调用一次函数运行。

4.2.3 操作权限设置

程序运行窗口的动画功能可以设置操作权限，在“工作台”窗口选择“主控窗口”选项卡，单击“系统属性”按钮，弹出“主控窗口属性设置”对话框，单击“权限设置”按钮，弹出“用户权限设置”对话框，如图 4-13 所示。

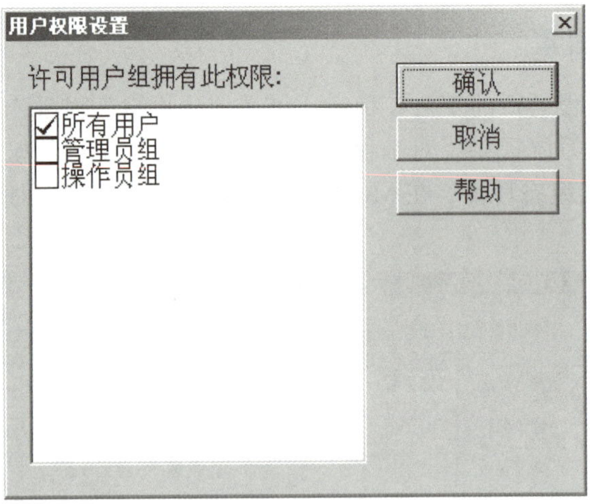

图 4-13 “用户权限设置”对话框

作为系统默认设置，所有用户能对某项功能进行操作。如果不进行权限组态，则权限机制不起作用，所有用户都能对其进行操作。在“用户权限设置”对话框中，勾选对应的用户组，则该组内的所有用户都能对该项工作进行操作。一个操作权限可以配置多个用户组。

在 MCGS 嵌入版中，能进行操作权限组态设置的内容主要包括：

（1）用户菜单：在菜单组态窗口中，打开“菜单组态”属性选项卡，单击属性选项卡左下角的“权限”按钮，即可对该菜单项进行权限设置。

（2）退出系统：在主控窗口的属性设置页中有权限设置按钮，通过该按钮可进行权限设置。

（3）动画组态：在对普通图形对象进行动画组态时，按钮输入和按钮动作两个动画功能可以进行权限设置。运行时，拥有操作权限的用户登录时鼠标在图形对象的上面才变成手状，响应鼠标的按键动作。

（4）标准按钮：在“标准按钮构件属性设置”窗口可以进行权限设置。

（5）动画按钮：在“动画按钮构件属性设置”窗口可以进行权限设置。

（6）旋钮输入器：在“旋钮输入器构件属性设置”窗口可以进行权限设置。

（7）滑动输入器：在“滑动输入器构件属性设置”窗口可以进行权限设置。

4.2.4 运行时改变操作权限

MCGS 嵌入版的用户操作权限在运行时才体现出来。某个用户在进行操作之前首先要登录系统，登录成功后该用户才能进行所需的操作，完成操作后退出登录，使操作权限失效。用户登录、退出登录、运行时修改用户密码和用户管理等功能都需要在组态环境中进行，在 MCGS 嵌入版的脚本程序中提供的四个内部函数可以完成上述工作。

1.!LogOn()函数

在脚本程序中执行该函数，会弹出 MCGS 嵌入版“用户登录”对话框，如图 4-14 所示。从用户名下拉框中选取要登录的用户名，在密码输入框中输入该用户名的密码，按回车键或单击“确认”按钮，如输入正确则登录成功，否则会出现对应的提示信息。单击“取消”按钮停止登录。

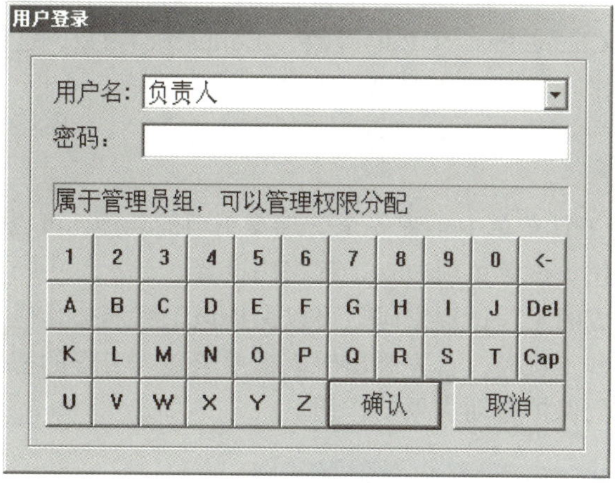

图 4-14 “用户登录”对话框

2. !LogOff()函数

在脚本程序中执行该函数，会弹出提示框，提示是否要退出登录。选择“是”退出登录，选择“否”不退出登录。

3. !ChangePasswORd()函数

在脚本程序中执行该函数，会弹出“改变用户密码”对话框，如图 4-15 所示。先输入旧的密码，再输入两遍新密码，单击“确认”键即可完成当前登录用户的密码修改工作。

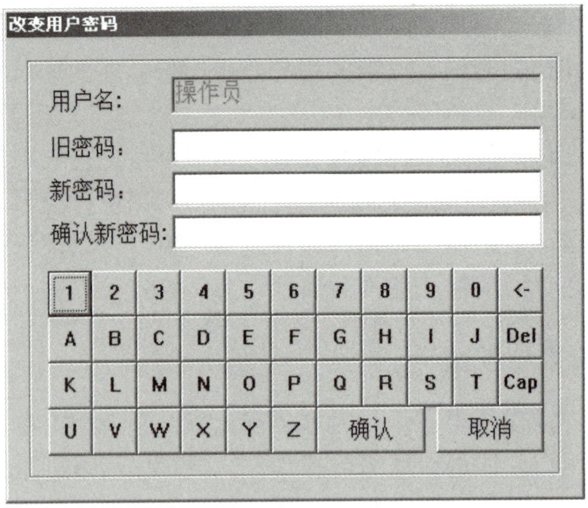

图 4-15 “改变用户密码”对话框

4. !Editusers( )函数

在脚本程序中执行该函数，会弹出“用户管理器”对话框，在程序运行时允许增加、删除用户或修改用户的密码和所隶属的用户组。只有在当前登录的用户属于管理员组时，本功能才有效。运行时不能增加、删除或修改用户组的属性。

在实际应用中，当需要进行操作权限控制时，一般在用户窗口中增加四个按钮：登录用户、退出登录、修改密码、用户管理，在每个按钮属性窗口的脚本程序属性页分别输入!LogOn()函数、!LogOff()函数、!ChangePasswORd()函数、!Editusers()函数，这样运行时就可以通过这些按钮来进行登录等工作。

4.2.5 工程安全管理

使用 MCGS 嵌入版工具菜单中工程安全管理菜单项的功能，可以实现对工程（组态所得的结果）的各种保护工作。该菜单项包括工程密码设置。

为正在组态或已完成的工程设置密码，可以保护该工程不被其他人使用或修改。当使用 MCGS 嵌入版来打开这些工程时，首先弹出输入框要求输入工程的密码，如密码不正确则不能打开该工程，从而起到保护劳动成果的作用。

巩固练习 7：彩球沿三角形轨迹运动

1. 学习目标

（1）掌握构件水平移动、垂直移动的方法。

（2）掌握构件可见度的应用。

（3）掌握 MCGS 组态软件安全机制的基本操作方法。

（4）熟悉运行策略中启动脚本和循环脚本程序的应用。

2. 练习内容

彩球运动轨迹设计具体要求：在工具箱中选“等腰三角形”拖放到用户窗口，其大小调整为“400* 200”；三个不同颜色的小球直径均为“60”，放置在等腰三角形的三个角上。三个不同颜色的小球绕着等腰三角形边框按逆时针周而复始地连续运动。

3. 实施步骤

1）建立新工程

（1）选择“文件”菜单中的“新建工程”选项，则会自动生成新工程。

（2）选择“文件”菜单中的“工程另存为”选项，弹出文件保存对话框。

（3）选择保存路径后，在“文件名”中输入“彩球沿三角形轨迹运动”，单击“保存”按钮，工程创建完毕。

（4）在工作台的“用户窗口”选项卡中新建一个工程名称为“彩球沿三角形轨迹运动”的窗口。

（5）单击工具条上“存盘”按钮进行保存。

2）建立实时数据库

（1）单击工作台中的“实时数据库”标签，进入“实时数据库”选项卡。

（2）单击“新增对象”按钮，在数据对象列表中增加新的数据对象，系统缺省定义的名称为“Datal”“Data2”“Data3”等（多次单击该按钮，则可增加多个数据对象）。

（3）选中对象，按“对象属性”按钮或双击选中对象，打开“数据对象属性设置”对话框。将“对象名称”设为“a”，将“对象初值”设为“0”，将“对象类型”设为“数值”，单击“确认”按钮，如图 4-16 所示。

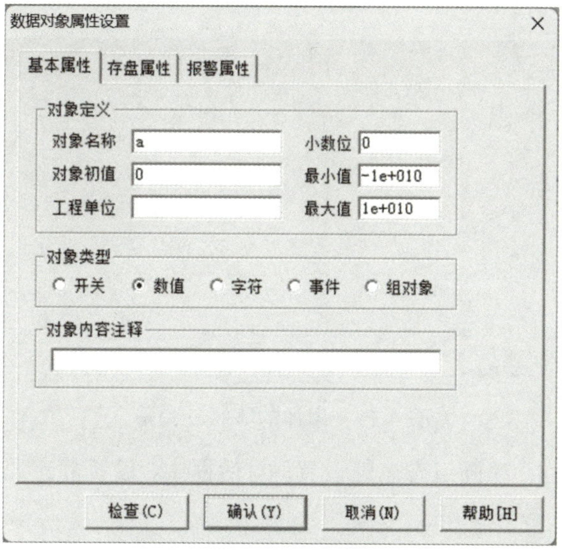

图 4-16　数据对象属性设置

按照上述方法与步骤，在“实时数据库”中再添加“b”“c”两个数值型数据对象及“a移”“b 移动”“c 移动”三个开关型数据。本任务建立的实时数据库如图 4-17 所示。

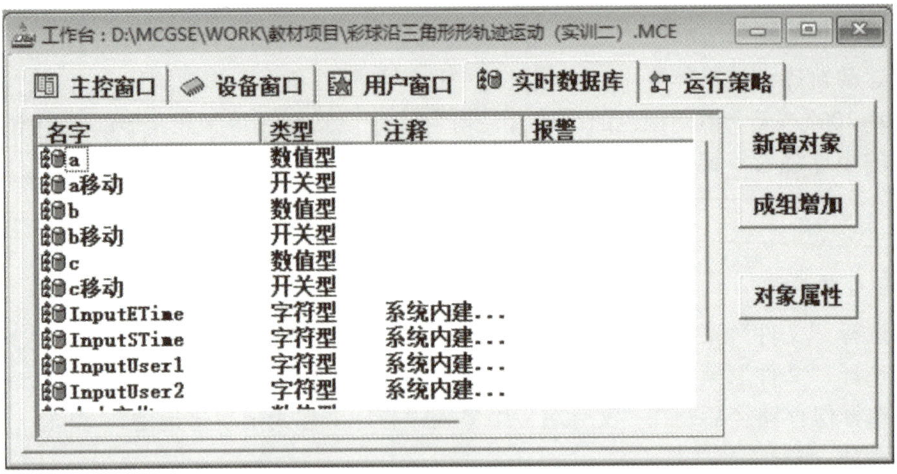

图 4-17　主动建立“实时数据库”

3）制作工程画面

（1）添加三角形。

单击工具箱中的常用符号，从常用符号中选择等腰三角形，在用户窗口中绘制一个“400*300”的等腰三角形，如图 4-18 所示。

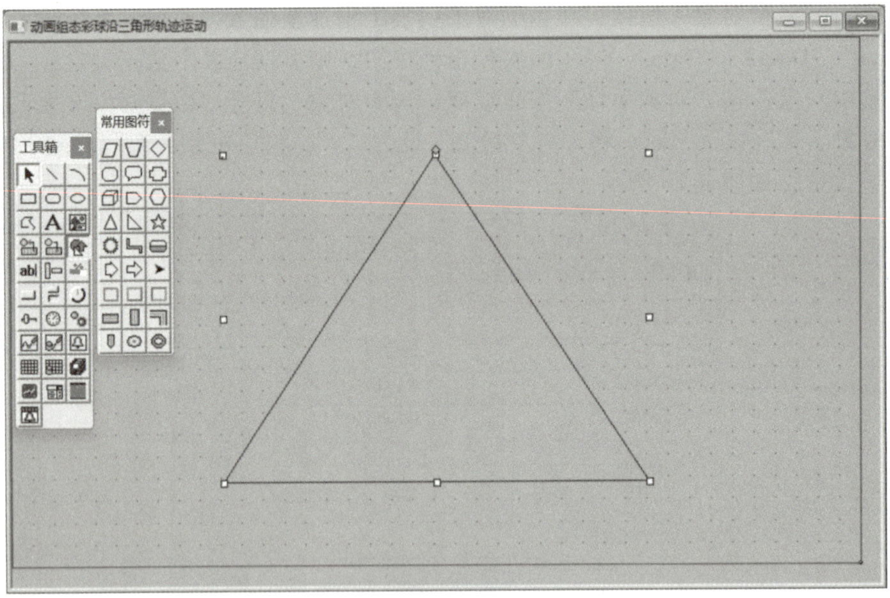

图 4-18　添加的等腰三角形

双击等腰三角形，在“动画组态属性设置”对话框中，设置静态属性中的填充颜色为“没有填充”，单击“确认”按钮完成。

（2）添加三个彩色圆球。

单击工具箱中的“椭圆”构件图标，鼠标呈十字形状后在窗口合适位置拖动鼠标，根据需要画出一个大小为“60*60”的圆，依次放在直角三角形的三个角上，如图 4-19 所示。

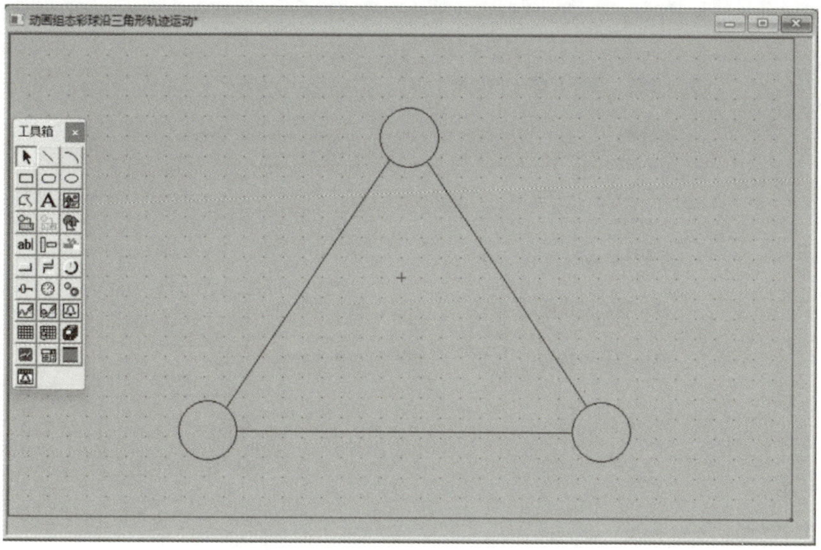

图 4-19　在窗口中添加三个圆球

4. 建立动画连接

1）蓝色小球的动画组态属性设置

双击三角形下方左侧角上的小球，在弹出的“动画组态属性设置”对话框中设置填充颜色为“蓝色”，边线颜色设置为“没有边线”，勾选“水平移动”和“可见度”复选按钮，如图 4-20 所示。

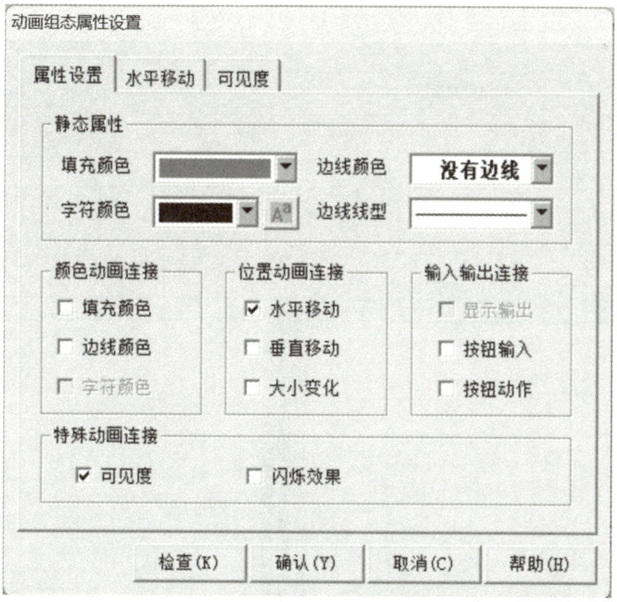

图 4-20　蓝球的动画组态属性设置

单击“水平移动”选项卡，设置蓝球的水平移动连接为“最小移动偏移量”“最大移动偏移量”“表达式的值”，如图 4-21 所示。

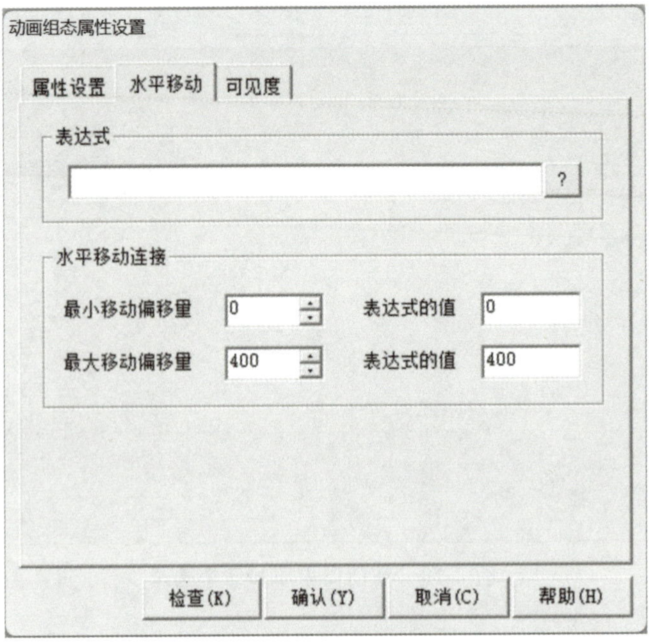

图 4-21　篮球的“水平移动连接”设置

单击“表达式”输入框旁边的浏览按钮 ? ，在弹出的“变量选择”对话框中选择“从数据中心选择|自定义”，如图 4-22 所示。选择事先已经建立的数据“a”，单击“确认”，完成蓝色小球的数据连接，如图 4-23 所示。

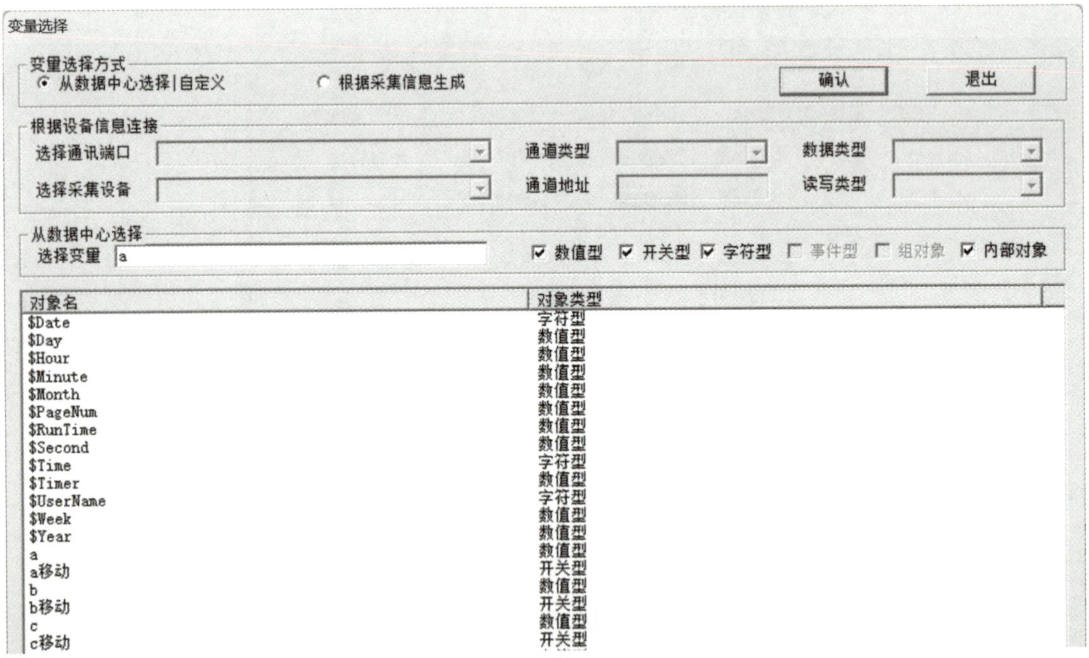

图 4-22　通过“从数据中心选择|自定义”连接数据

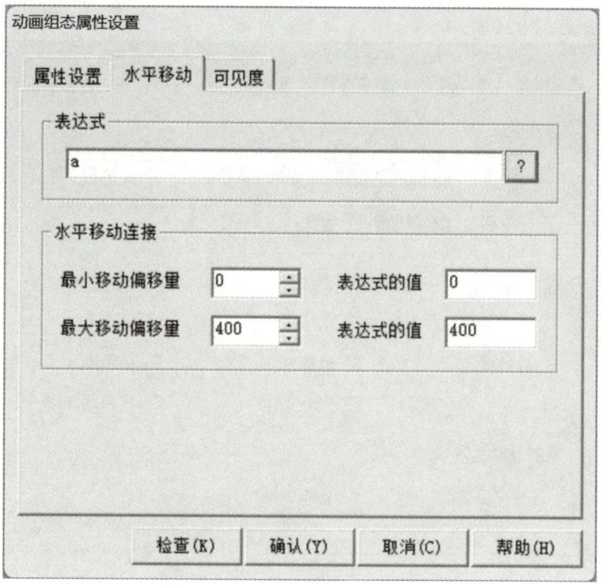

图 4-23　篮球的水平移动设置

单击“可见度”选项卡，设置篮球的可见度。单击“表达式”输入框旁边的浏览按钮 ? ，在弹出的“变量选择”对话框中选择“从数据中心选择|自定义”。选择事先已经建立的数据“a 移动”，单击“确认”，完成蓝色小球的可见度表达式数据连接，如图 4-24 所示。

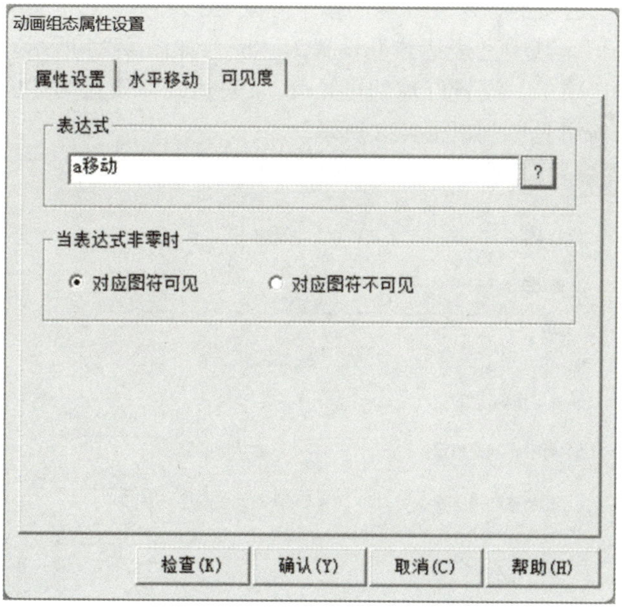

图 4-24　篮球的可见度设置

2）红色小球的动画组态属性设置

双击三角形下方右侧角上的小球，在弹出的“动画组态属性设置”对话框中设置填充颜色为“红色”，边线颜色设置为“没有边线”并勾选“水平移动”“垂直移动”“可见度”复选按钮，如图 4-25 所示。

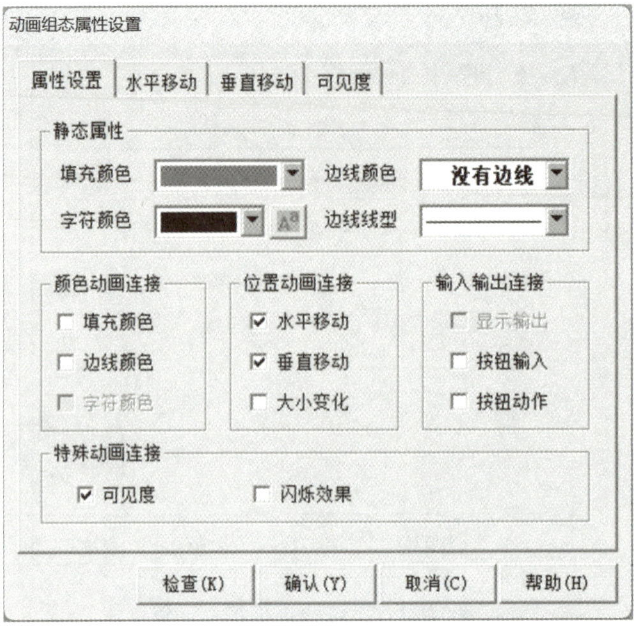

图 4-25　红球的动画组态属性设置

单击“水平移动”选项卡，设置红球的水平移动连接参数“最小移动偏移量”“最大移动偏移量”“表达式的值”，其中“表达式”设置为“b”，如图 4-26 所示。

单击“垂直移动”选项卡，设置红球的水平移动连接参数“最小移动偏移量”“最大移动偏移量”“表达式的值”，其中“表达式”设置为“b”，如图 4-27 所示。

单击“可见度”选项卡，设置红球的可见度。“表达式”设置为“b 移动”；“当表达式非零时”选择“对应图符可见”，如图 4-28 所示。

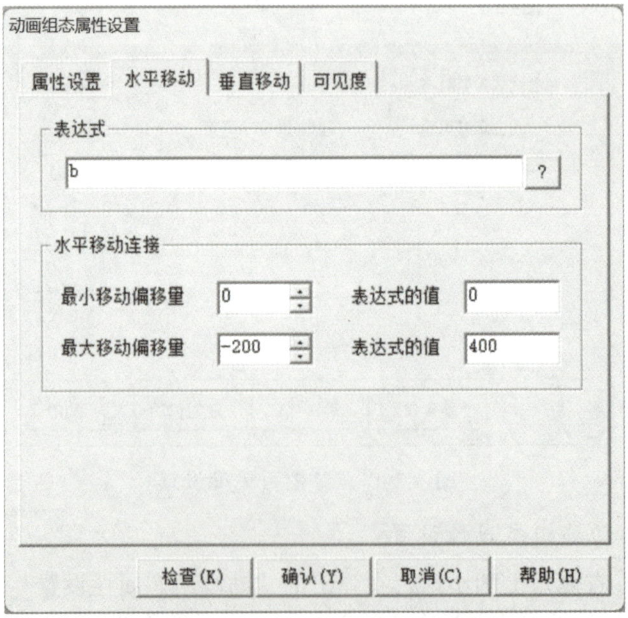

图 4-26　红球的水平移动设置

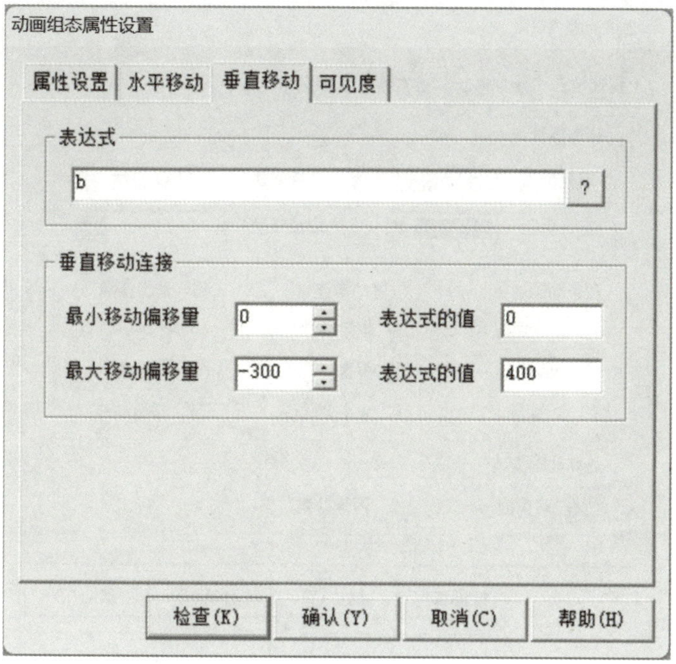

图 4-27　红球的垂直移动设置

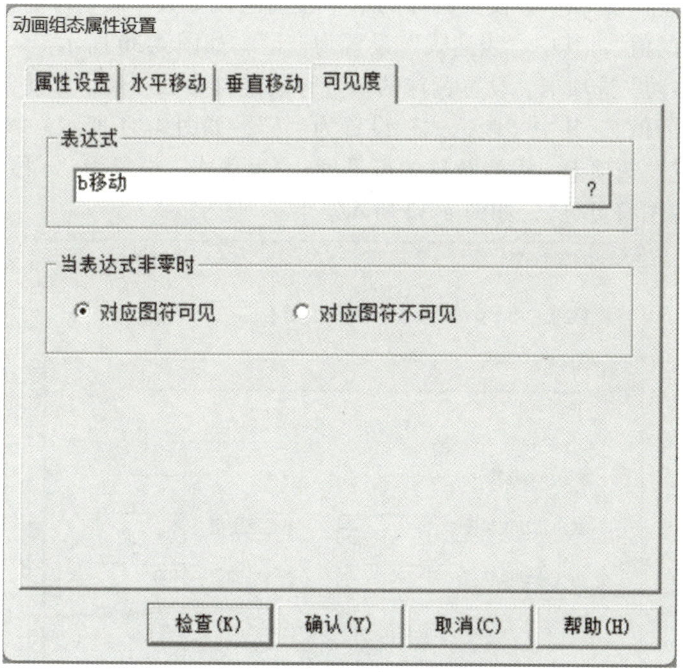

图 4-28　红球的可见度设置

3）黄色小球的动画组态属性设置

双击三角形上方顶部角上的小球，在弹出的“动画组态属性设置”对话框中设置填充颜色为“黄色”，边线颜色设置为“没有边线”并勾选“水平移动”“垂直移动”和“可见度”复选按钮，如图 4-29 所示。

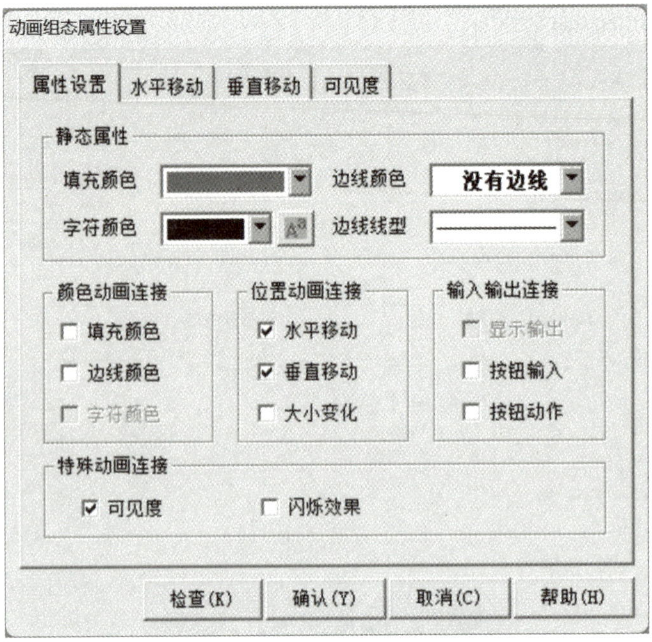

图 4-29　黄球的动画组态属性设置

单击“水平移动”选项卡，设置黄球的水平移动连接参数“最小移动偏移量”“最大移动偏移量”“表达式的值”，其中“表达式”设置为“c”，如图 4-30 所示。

单击“垂直移动”选项卡，设置黄球的垂直移动连接参数“最小移动偏移量”“最大移动偏移量”“表达式的值”，其中“表达式”设置为“c”，如图 4-31 所示。

单击“可见度”选项卡，设置黄球的可见度。“表达式”设置为“c 移动”；“当表达式非零时”选择“对应图符可见”，如图 4-32 所示。

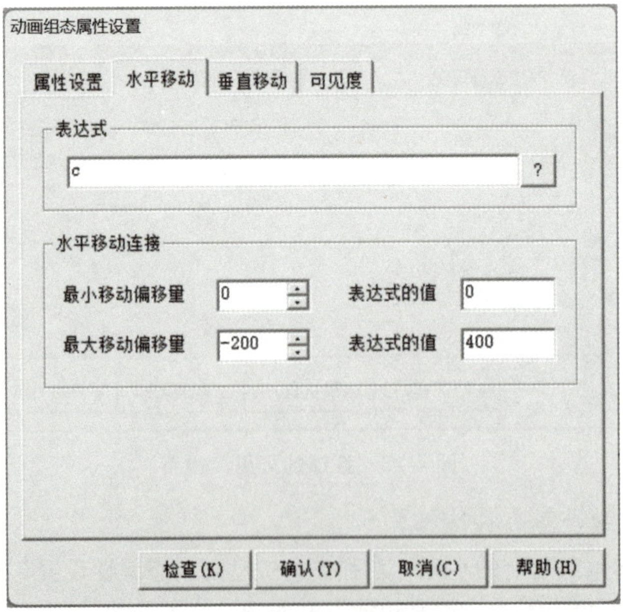

图 4-30　黄球的水平移动设置

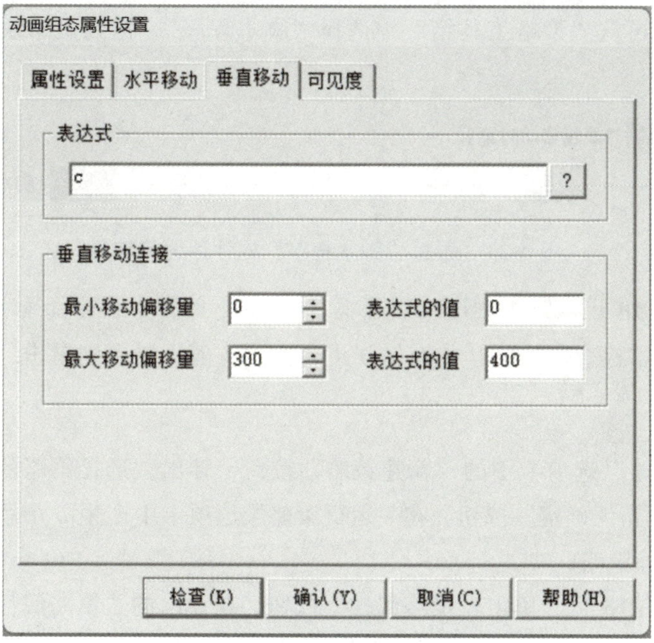

图 4-31　黄球的垂直移动设置

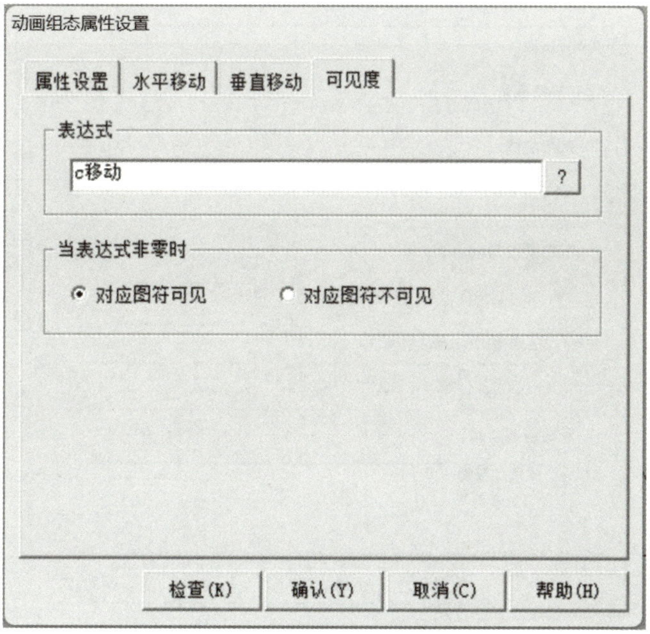

图 4-32　黄球的可见度设置

5. 编写脚本程序

1）启动脚本

在 MCGS 组态软件的工作台进入“运行策略”窗口，再双击“启动策略”，或选中“启动策略”后单击“策略组态”按钮，进入策略组态。在工具条中单击“新增策略行”按钮，增加一个策略行，再从“策略工具箱”中选择“脚本程序”，拖到策略块右端的图标上，如图 4-33 所示。

图 4-33　添加“脚本程序”构件后的策略行

双击脚本程序进入脚本程序编辑环境，输入如下的脚本程序：a 移动=1。输入完成后，单击输入框下方的“检查”按钮，如有错误进行修改，若无错误则单击“确认”按钮完成。

2）循环脚本

单击“运行策略”选项卡中的“新建策略”按钮，弹出“选择策略的类型”对话框，选择“循环策略”，单击“确定”按钮，在“运行策略”选项卡中产生一个系统缺省定义的名称为“策略 1”的循环策略。

选中新建的“策略 1”，单击“策略属性”按钮，在弹出的“策略属性设置”对话框中将“策略名称”设为“彩球运动”，将定时循环周期设为“100” ms，在“策略内容注释”中输入“彩球运动策略”，如图 4-34 所示，单击“确认”按钮。

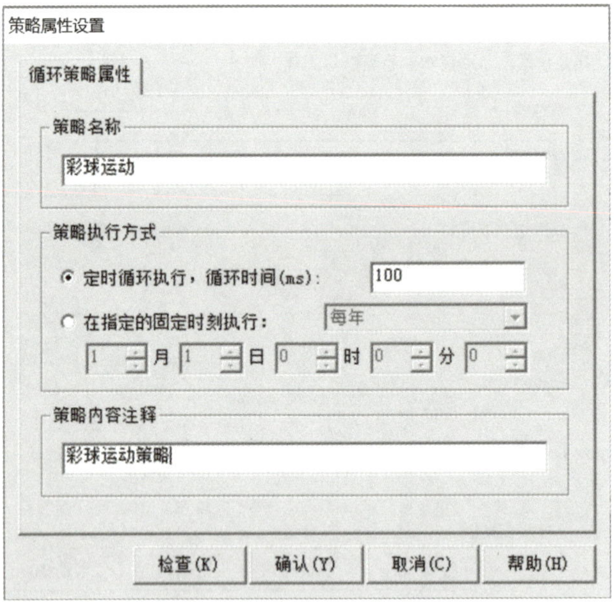

图 4-34　彩球运动策略属性设置

双击“彩球运动”循环策略（或选中“彩球运动”策略，然后单击“策略组态”按钮），进入策略组态环境。此时策略组态环境是空白的。

在策略组态环境中的空白处单击鼠标右键，在弹出的快捷菜单中选择“新增策略行”选项，增加一个策略行。如果策略组态环境中没有策略工具箱，请单击窗口工具条中的“工具箱”按钮则弹出策略工具箱。

单击策略工具箱中的“脚本程序”，将鼠标移到策略块右端的图标上，添加“脚本程序”构件。双击 脚本程序 进入脚本程序编辑环境，输入的脚本程序主要包括：

```
IF a 移动=1 THEN
    a=a+5
ELSE
    a=0
ENDIF
IF a=400 THEN
    a 移动=0
    b 移动=1
    c 移动=0
ENDIF
IF b 移动=1 THEN
    b=b+5
ELSE
    b=0
ENDIF
IF b=400 THEN
    a 移动=0
    b 移动=0
    c 移动=1
ENDIF
IF c 移动=1 THEN
    c=c+5
ELSE
    c=0
ENDIF
IF c=400 THEN
    a 移动=1
    b 移动=0
    c 移动=0
ENDIF
```

输入完成后，单击输入框下方的“检查”按钮，如有错误则要进行修改，直到无错误为止，然后单击“确认”按钮完成。

6. 创建标题文字

单击绘图工具箱中的“标签”按钮 A，输入“彩球沿三角形轨迹运动”的标题文字，设置内容包括：“填充颜色”设为“没有填充”；“边线颜色”设为“没有边线”；单击“字符字体”按钮，设置文字“字体”为“宋体”，设置“字形”为“常规”，设置“大小”为“小一”，“字符颜色”设为黑色。设置完成后，单击“确认”按钮。

7. 下载调试

将工程模拟运行下载后，运行过程中小球会绕着三角形边框按逆时针方向周而复始地运动。系统模拟运行效果如图 4-35 所示。

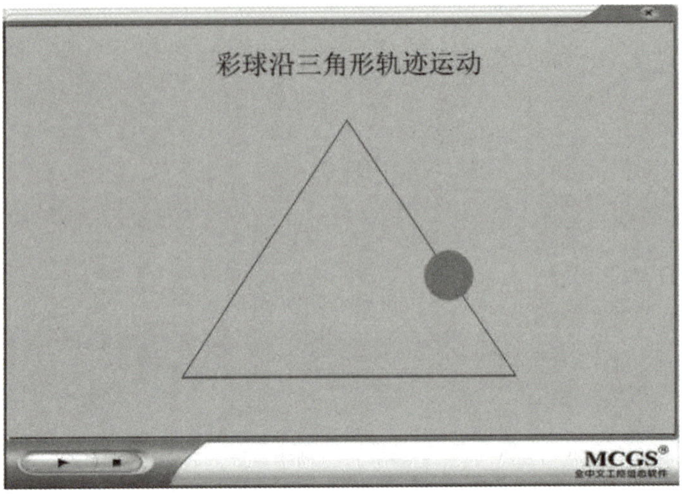

图 4-35 模拟运行效果

8. 增加“大小变化”动画

在蓝球的“动画组态属性设置”对话框，勾选位置动画的“大小变化”复选按钮，在“大小变化”选项卡中做如图 4-36 所示的设置。单击“确认”按钮，会弹出错误提示框，单击“是（Y）”按钮，弹出“数据对象属性设置”对话框，选择“大小变化”的对象类型为“数值”。

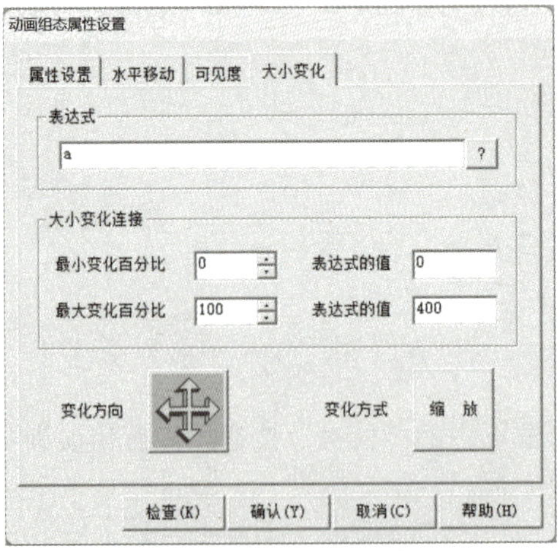

图 4-36 大小变化选项设置

再次进入运行策略中的“脚本程序”，在原来程序的基础上，补充输入如下所示的程序：

IF a 移动=1 THEN

```
    大小变化=大小变化+5
ELSE
    大小变化=0
ENDIF
```

将修改后的组态工程重新下载仿真运行，蓝色小球就会一边运动一边进行“由小到大”的变化，其他两个小球可参考蓝球的设置，完成大小变化动画。

9. 定义用户和用户组

在 MCGS 组态环境中，选取“工具”→“用户权限管理”命令，系统弹出“用户管理器”对话框，如图 4-37 所示。

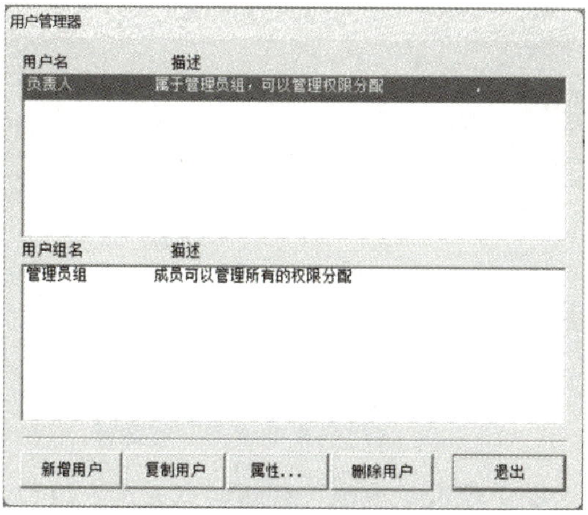

图 4-37 “用户管理器”对话框 1

在“用户管理器”对话框中，单击“用户组名”列表框空白处，激活“用户组名”列表框。单击“新增用户组”按钮，系统弹出“用户组属性设置”对话框，如图 4-38 所示。在对话框中输入用户组名称，如“电气学院”，单击“确认”按钮，在“用户管理器”对话框的“用户组名”列表框中就会出现新增的用户组“电气学院”。

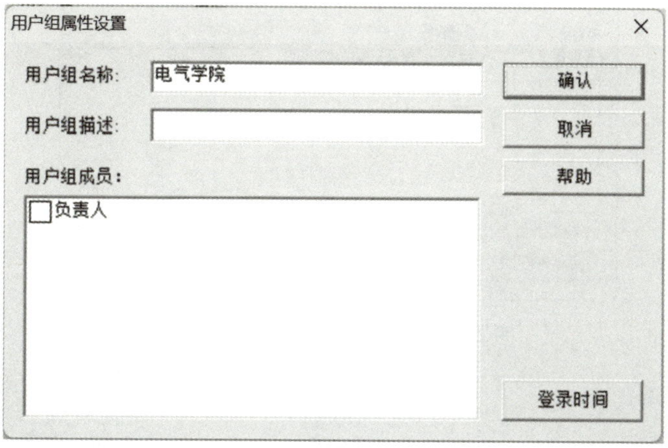

图 4-38 “用户组属性设置”对话框

在“用户管理器”对话框中，单击“用户名”列表框空白处，激活“用户名”列表框。单击“新增用户”按钮，系统弹出“用户属性设置”对话框，如图 4-39 所示。在对话框中输入用户名称，如“刘工”，输入密码，如“123”，然后再次输入密码“123”，以确认密码。在隶属用户组列表框中选择“电气学院”，单击“确认”按钮，在“用户管理器”对话框的“用户名”列表框中就会出现新增的用户名“刘工”，如图 4-40 所示。

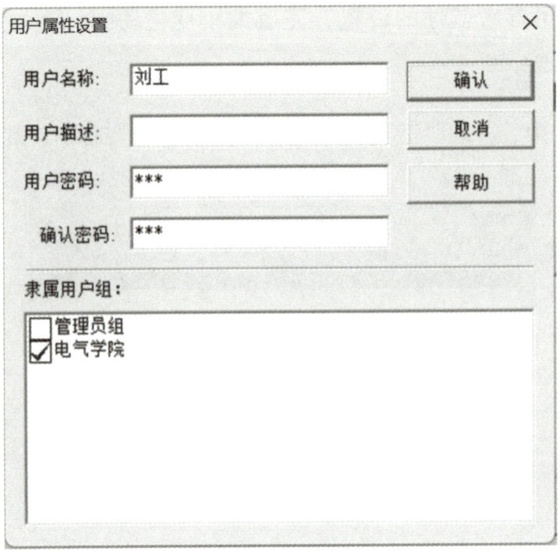

图 4-39 “用户属性设置”对话框

在“用户管理器”对话框中单击“退出”按钮，完成用户组和用户的定义。

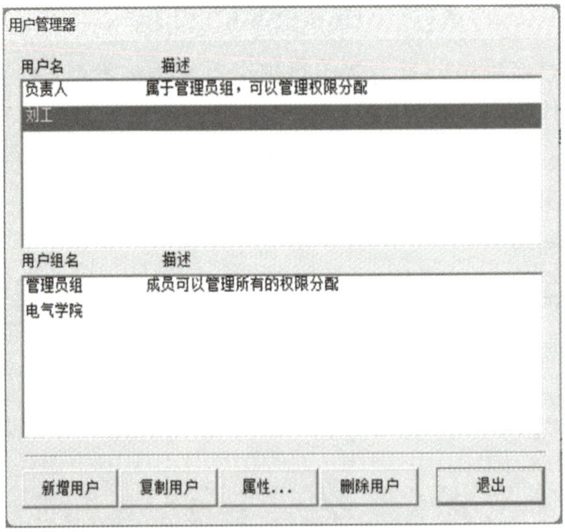

图 4-40 “用户管理器”对话框 2

10. 系统权限设置

在“工作台”窗口中选择“主控窗口”选项卡，单击“系统属性”按钮，会弹出“主控窗口属性设置”对话框，如图 4-41 所示。在“基本属性”选项卡的封面窗口下拉列表框中选择“彩球沿三角形轨迹运动”，然后再其右侧设置系统进入和退出时是否需要用户登录的下拉列表框中选择“进入登录，退出不登录”；把“封面显示时间”设为 30 s；单击“权限设置”按钮，设置工程系统的用户组权限，选择“电气学院”，如图 4-42 所示。

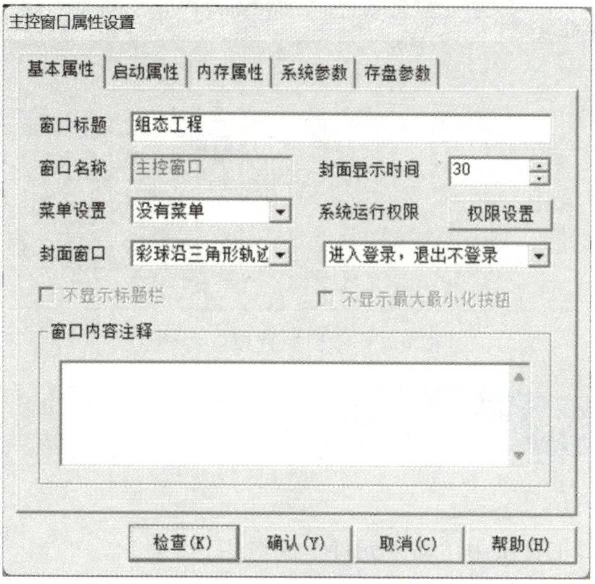

图 4-41 “主控窗口属性设置”对话框

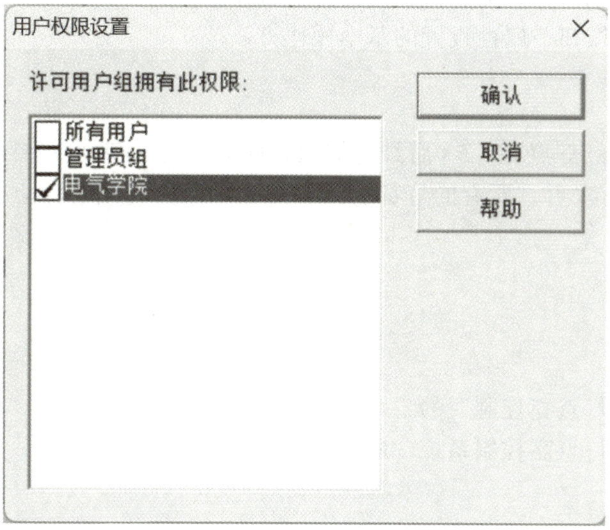

图 4-42 “用户权限设置”对话框

在图 4-41 中的“启动属性”选项卡中，将用户窗口列表中的“彩球沿三角形轨迹运动”增加到“自动运行窗口”。

再次保存工程，下载运行，系统首先弹出“用户登录”对话框，如图 4-43 所示。选择用户名“刘工”，输入设置的密码“123”，单击“确认”按钮，就可以在动画演示界面中看到小球沿三角形轨迹运行，如图 4-43 所示。

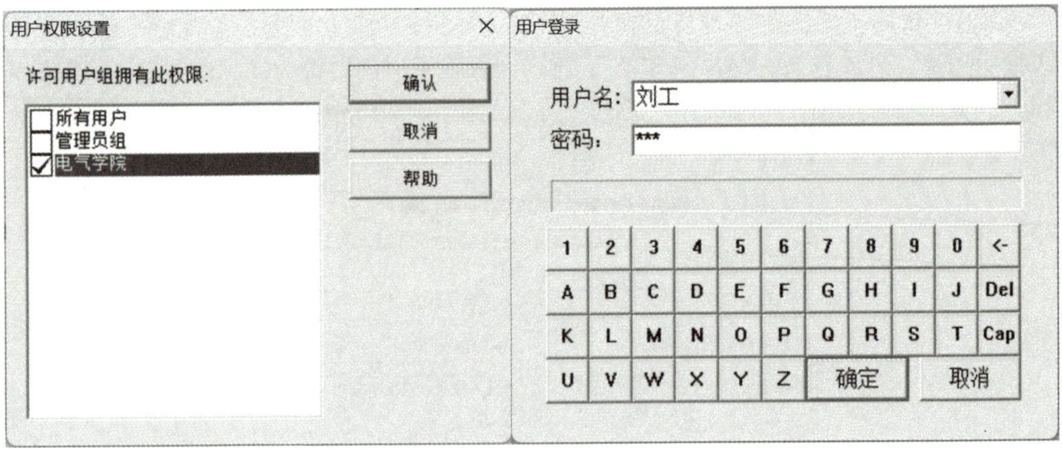

图 4-43 “用户登录”界面

巩固练习 8：指示灯定时控制

1. 学习目标

（1）熟悉用户窗口工具箱中“插入元件”的应用。

（2）熟悉工具箱中“标签”构件的使用方法。

（3）掌握运行策略中定时器和计数器构件的应用。

（4）掌握“标准按钮”属性设置的基本操作方法。

2. 练习内容

按下启动按钮，红灯点亮，5 s 后红灯熄灭，绿灯点亮；6 s 后绿灯熄灭，红灯点亮，并且开始循环，循环 3 次后，所有的灯都熄灭；灯亮期间，若按下停止按钮，则所有的灯都熄灭。

3. 实施步骤

1）建立新工程

（1）建立“指示灯点亮控制”的工程文件。

（2）建立“指示灯点亮控制系统”的用户窗口。

2）创建实时数据库

（1）单击工作台中的“实时数据库”标签，进入“实时数据库”选项卡。

（2）单击“新增对象”按钮，在数据对象列表中增加新的数据对象，系统缺省定义的名称为“Data1”“Data2”“Data3”等（多次单击该按钮，则可增加多个数据对象）。

（3）选中对象，按“对象属性”按钮，或双击选中对象，则打开“数据对象属性设置”对话框。将“对象名称”设为“红灯”，“对象初值”设为“0”，“对象类型”设为“开关”，单击“确认”按钮，如图 4-44 所示。

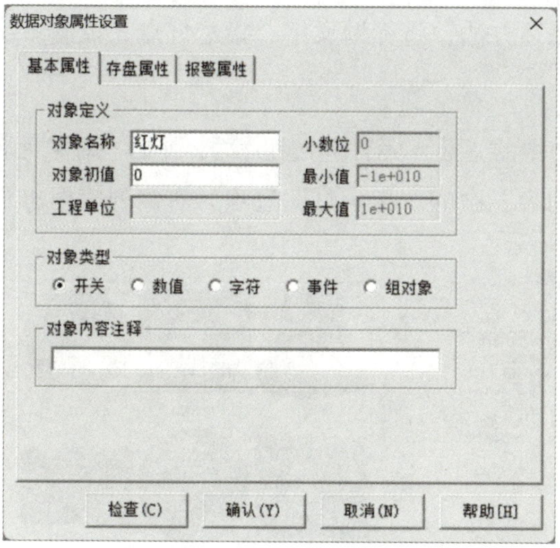

图 4-44　“红灯”开关型数据对象的设置

按照上述方法与步骤，在“实时数据库”中添加“定时 1”“定时 2”“次数”3 个数值型数据，再添加“绿灯”“启动”“停止”“定时 1 启动”“定时 2 启动”5 个开关型数据。本任务建立的实时数据库如图 4-45 所示。

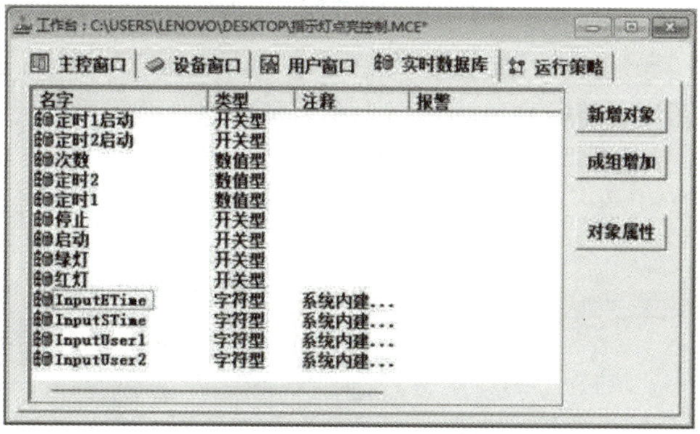

图 4-45　本项目建立的“实时数据库”

4. 控制系统画面设计

1）输入标题文字

单击绘图工具箱中的“标签”按钮 A，鼠标呈十字形后，在窗口顶端中心位置拖拽鼠标，根据需要拉出一个一定大小的矩形。

在光标闪烁位置输入文字“指示灯点亮控制系统”，按回车键或在窗口任意位置用鼠标单击一下，文字输入完毕。双击文字框（或右键单击文字框，在弹出的快捷菜单中选择“属性”选项），在弹出的“标签动画组态属性设置”对话框中，作如下设置：“填充颜色”设为“没有填充”；“边线颜色”设为“没有边线”；单击“字符字体”按钮 Aa，文字“字体”设为“楷体”，“字形”设为“粗体”，“大小”设为“小一”，“字符颜色”设为蓝色。设置完成后，单击“确认”按钮。

按照巩固练习 3 所描述方法，将标题文字“指示灯点亮控制系统”设计为闪烁效果。

2）添加指示灯

（1）单击绘图工具箱中的“插入元件”按钮，弹出“对象元件库管理”对话框。单击对话框左侧“对象元件列表”中的“指示灯”选项，右侧列表框出现如图 4-46 所示的图形。

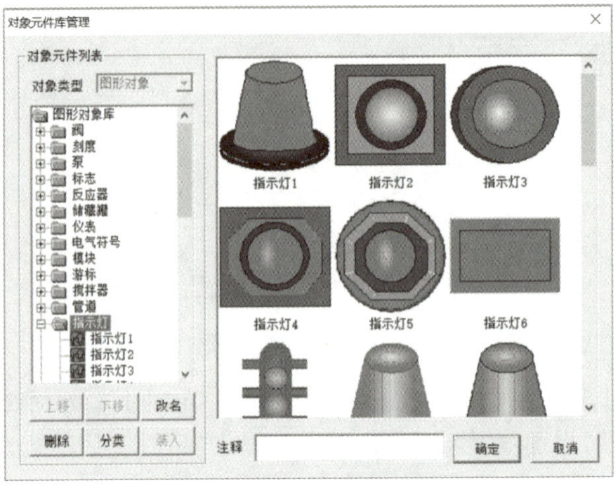

图 4-46　指示灯元件库

（2）从“指示灯”类中选取“指示灯 1”图形，单击“确定”按钮，此时画面左上角会出现刚刚选择的指示灯图形。将其调整为适当大小，移动到画面适当位置，此图形便表示的是红灯。

（3）采用同样的方法，从“指示灯”类中选取“指示灯 3”图形，作为表示绿灯的图形，如图 4-47 所示。

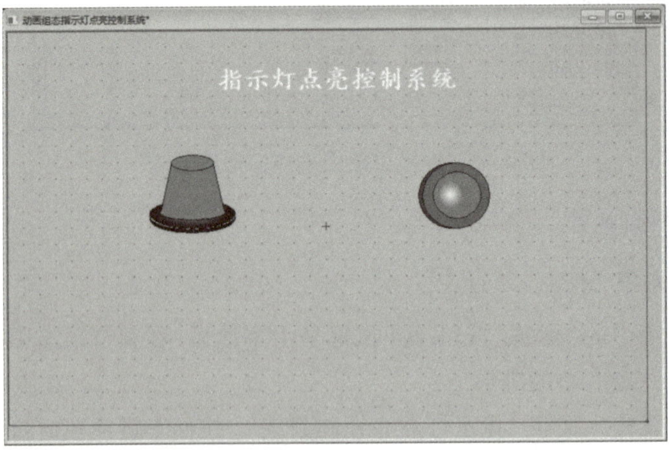

图 4-47　添加指示灯图形构件

3）指示灯的动画连接

红灯的动画效果是颜色变化，是通过设置数据对象“填充颜色”连接类型实现的。具体操作主要包括：

（1）双击红灯图形，弹出“单元属性设置”对话框。

（2）在“数据对象”选项卡中选择“填充颜色”，单击在右端出现的小按钮 ? ，从数据库中选择“红灯”，退出数据库后返回至“单元属性设置”对话框，显示如图 4-48 所示对话框。

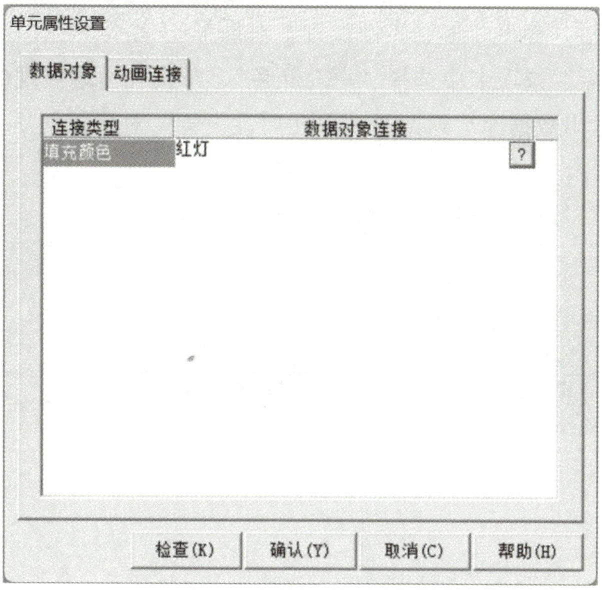

图 4-48　红灯构件数据对象连接

（3）切换至“动画连接”选项卡，选择“填充颜色”，在右端出现 ? > 两个小按钮，单击 > 按钮可进入“动画组态属性设置”对话框，可以看到指示灯熄灭时对应的颜色为红色，点亮时对应的颜色为绿色。双击分段“0”所对应的红色，在弹出的对话框中选择“灰色”；双击分段“1”所对应的绿色，在弹出的对话框中选择“红色”。修改后的颜色如图 4-49 所示。

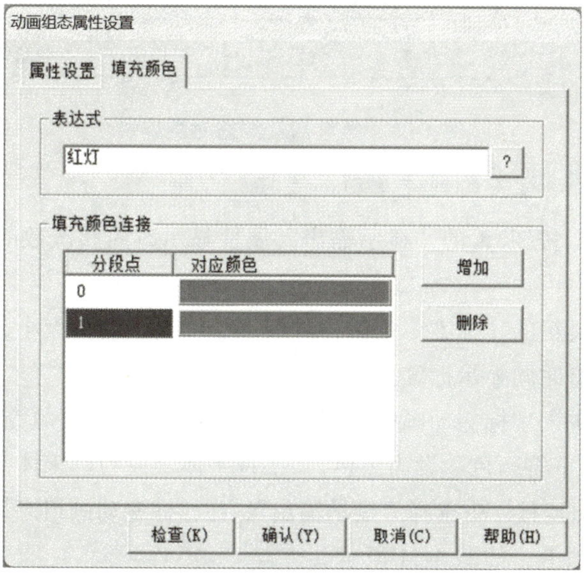

图 4-49　指示灯填充颜色连接的修改

（4）单击“确认”按钮，红灯的动画连接设置完毕。

绿灯的动画效果是颜色可见度，通过设置数据对象“可见度”连接类型实现的，具体操作主要包括：

（1）双击绿灯图形，弹出“单元属性设置”对话框。

（2）在“数据对象”选项卡中选择“填充颜色”，单击在右端出现的小按钮 ?，从数据库中选择“绿灯”，退出数据库后返回至“单元属性设置”对话框，显示如图 4-50 所示对话框。

（3）单击“确认”按钮，绿灯的动画连接设置完毕。

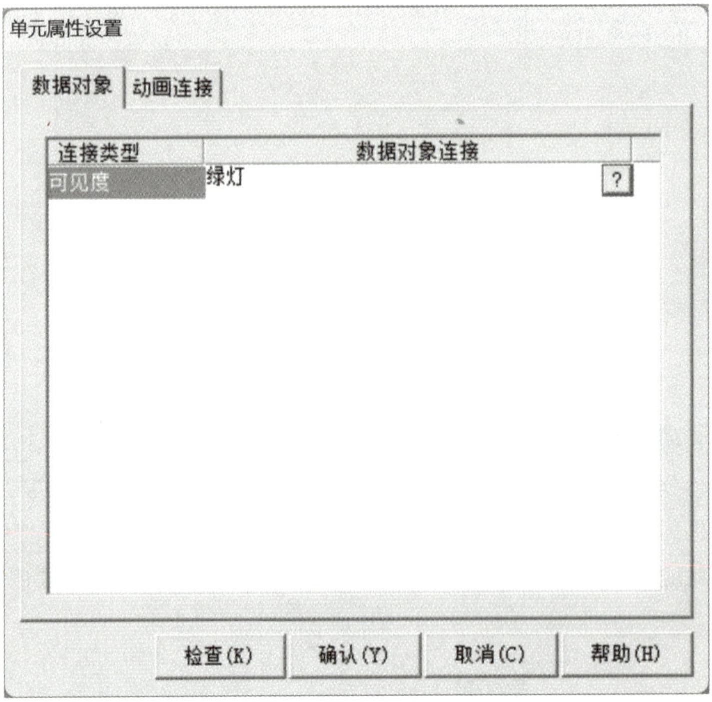

图 4-50　绿灯构件数据对象连接

4）时间与次数显示标签的制作及动画连接

通过设置“标签”按钮 A 的“显示输出”属性显示时间和次数的数值，具体操作主要包括：

（1）单击绘图工具箱的“标签”按钮，绘制一个标签，调整大小，将其放在红灯图形下部适当位置，作为红灯时间显示标签。

（2）双击标签，进入“标签动画组态属性设置对话框”，将“填充颜色”设为白色，“边线颜色”设为灰色，“字符颜色”设为黑色，“字符字体”设为“宋体”“小四”。

（3）在“输入输出连接”中选择“显示输出”，在“标签动画组态属性置”对话框中即会出现“显示输出”选项卡，如图 4-51 所示。

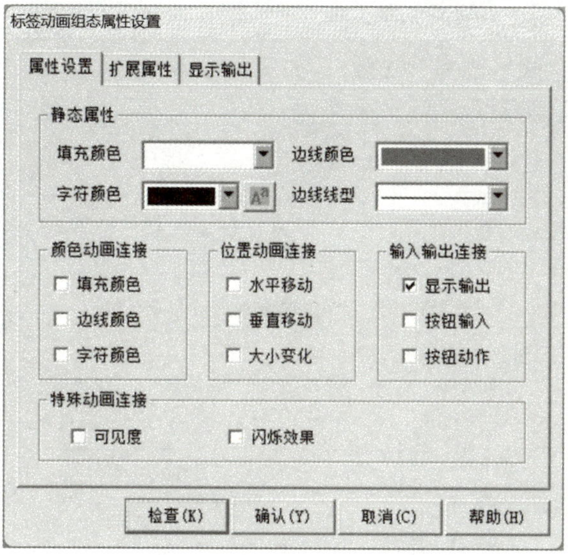

图 4-51　红灯点亮时间显示标签属性设置

（4）在图 4-52 所示的“显示输出”选项卡中将“表达式”设为“定时 1”，“输出值类型”设为“数值量输出”，“输出格式”设为“十进制”“自然小数位”。

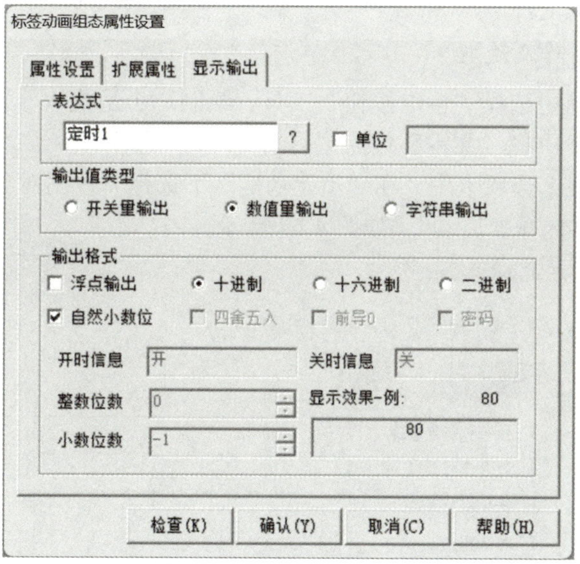

图 4-52　红灯点亮时间显示标签“显示输出”设置

（5）单击“确认”按钮，红灯时间显示标签制作完毕。

（6）通过复制、修改的方法可以较为简便地完成绿灯时间显示标签的制作，制作方法主要包括：按住键盘中的“Ctrl”键，选择刚刚制作的红灯时间显示标签，同时按住鼠标左键拖动它，移动后放开左键，则复制一个新的标签，将它移动到绿灯图形下方合适位置。然后将“显示输出”中的“表达式”改为“定时 2”。

（7）次数显示标签的制作：单击绘图工具箱中的“标签”按钮绘制一个标签，调整大小，将其放在窗口适当位置。双击标签，进入“标签动画组态属性设置对话框”，将“填充颜色”

设为灰色，“边线颜色”设为黑色，“字符颜色”设为黄色，“字符字体”设为“宋体”“小四”。“显示输出”中的“表达式”改为“次数”，如图 4-53 所示。

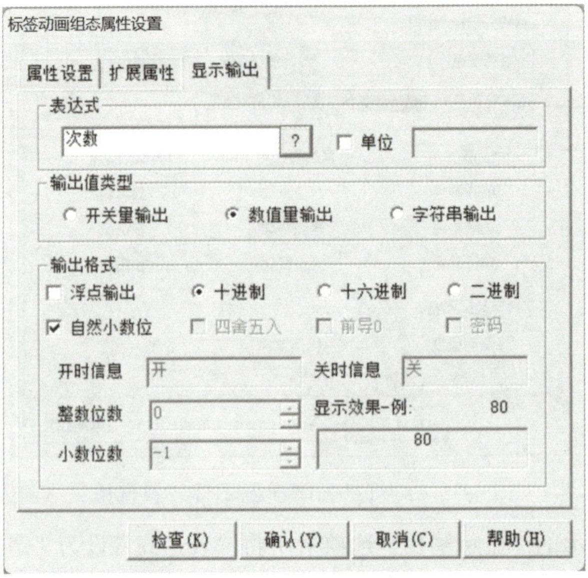

图 4-53　次数显示标签“显示输出”属性设置

5）控制按钮的制作及连接

（1）在绘图工具箱中选择“标准按钮”工具，绘制一个适当大小的按钮图形，双击后在其“基本属性”选项卡中将“文本”设为“启动”。

（2）在“操作属性”选项卡中，在“抬起功能”下选择“数据对象值操作”，选择“按 1 松 0”操作，操作对象选择“启动”，如图 4-54 所示。

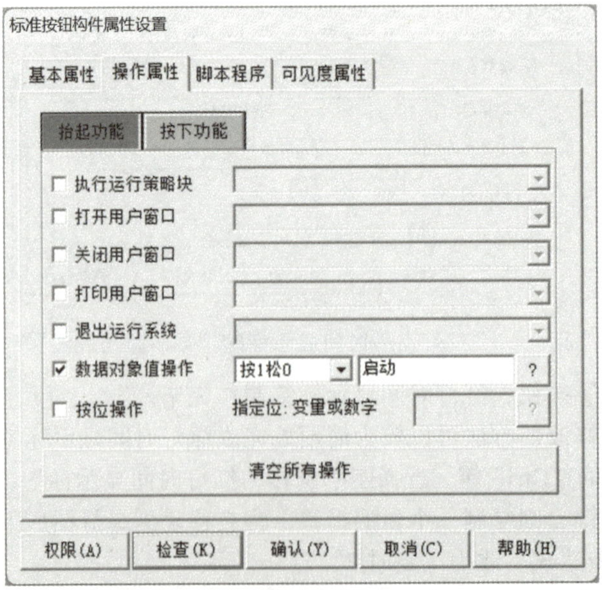

图 4-54　“启动”按钮操作属性设置

（3）“停止”按钮的操作属性设置如图 4-55 所示。

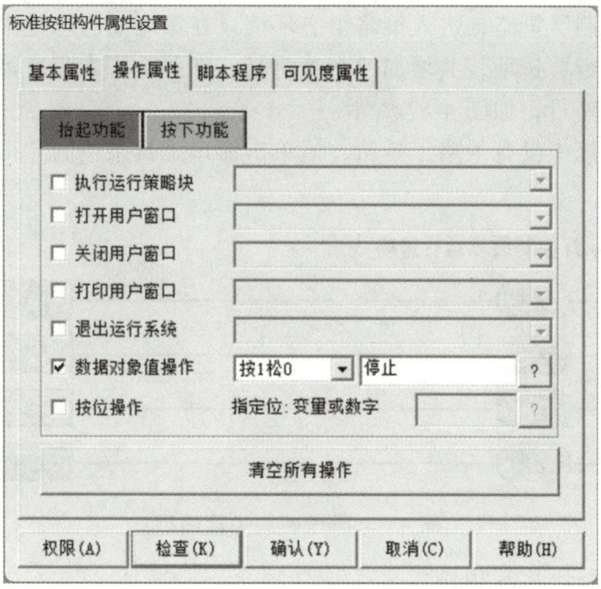

图 4-55 “停止”按钮操作属性设置

5. 设计运行策略

1）新建循环策略

（1）在“运行策略”选项卡中新建一个“循环策略”。

（2）设置新建循环策略的属性。将“策略名称”设为“指示灯控制”，将定时循环周期设为“200” ms，在“策略内容注释”中输入“指示灯控制”，如图 4-56 所示，单击“确认”按钮。

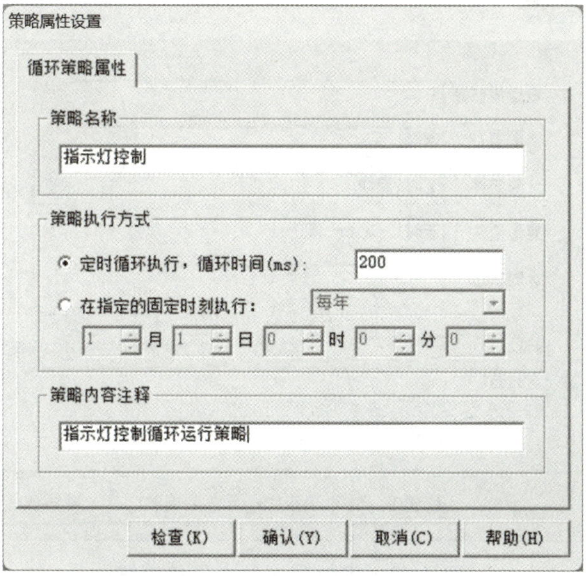

图 4-56 指示灯控制策略属性设置

2）增加四个策略行

双击“指示灯控制”策略，进入策略组态环境。在策略组态环境中的空白处单击鼠标右键，选择“新增策略行”选项，共增加四个策略行，即一个脚本程序策略行、一个计数器策略行、两个定时器策略行，如图 4-57 所示。

如果策略组态环境中没有策略工具箱，请单击窗口工具条中的“工具箱”按钮则弹出策略工具箱。

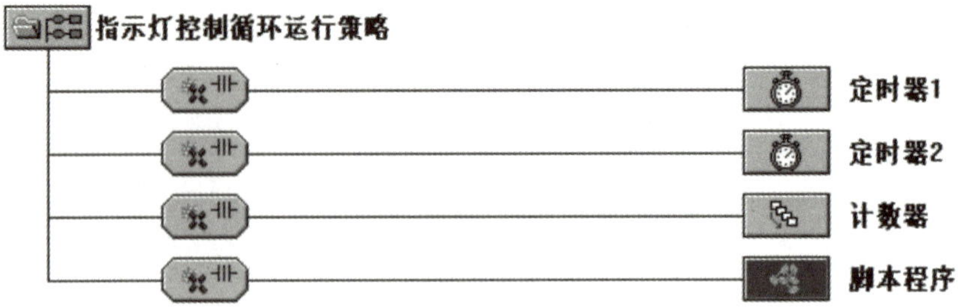

图 4-57 新增的四个策略行

3）添加定时器和计数器构件

在策略工具箱中分别选择“定时器”“计数器”构件，将鼠标移到策略块右端的图标上，添加一个“计数器”构件和两个“定时器”构件，如图 4-57 所示。

（1）设置定时器构件。

双击图标，进入计数器基本属性设置对话框，对两个定时器分别按照图 4-58、图 4-59 所示进行设置。

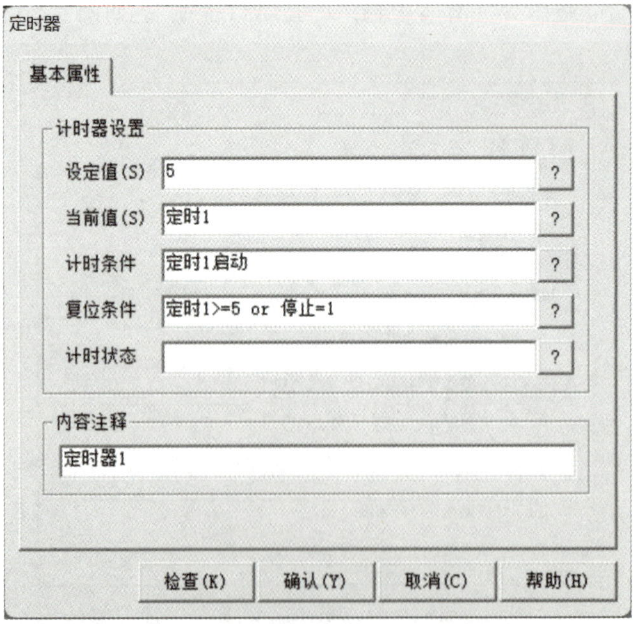

图 4-58 定时器 1 基本属性设置

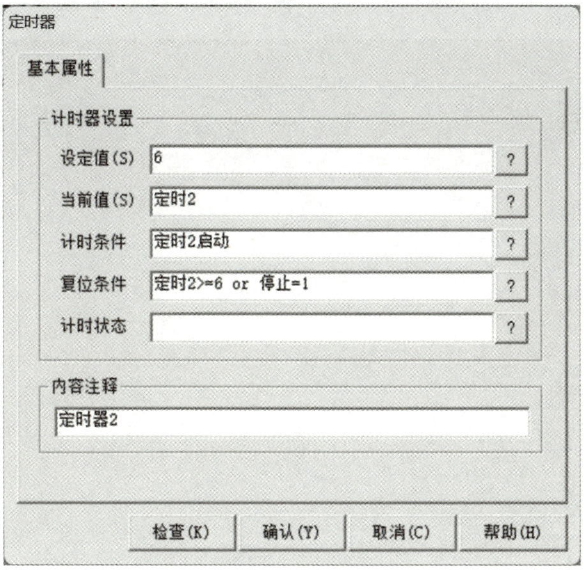

图 4-59 定时器 2 基本属性设置

（2）设置计数器构件。

双击 图标，进入计数器基本属性设置对话框，按照如图 4-60 所示进行设置。

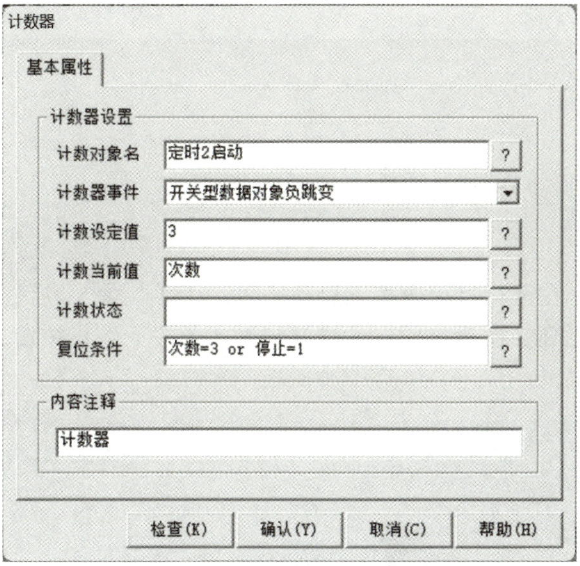

图 4-60 计数器基本属性设置

4）添加脚本程序构件

单击策略工具箱中的“脚本程序”，将鼠标移到策略块右端的图标上，添加“脚本程序”构件，如图 4-57 所示。双击 **脚本程序** 进入脚本程序编辑环境，输入的脚本程序主要包括：

```
IF 启动=1 THEN
    红灯=1
```

```
        定时 1 启动=1
ENDIF
IF 定时 1>=5 THEN
        红灯=0
        定时 1 启动=0
        绿灯=1
        定时 2 启动=1
ENDIF
IF 定时 2>=6 THEN
        绿灯=0
        定时 2 启动=0
        红灯=1
        定时 1 启动=1
ENDIF
IF 次数=3 OR 停止=1 THEN
        绿灯=0
        红灯=0
        定时 1 启动=0
        定时 2 启动=0
ENDIF
```

检查无误后，单击“确认”按钮完成。

6.下载调试

下载组态工程后，在运行过程中按下启动按钮，红灯点亮 5 s 后熄灭，绿灯点亮 6 s 后熄灭，然后开始循环，循环 3 次后，所有的灯都熄灭；若按下停止按钮，则所有的灯都熄灭。组态效果如图 4-61 所示。

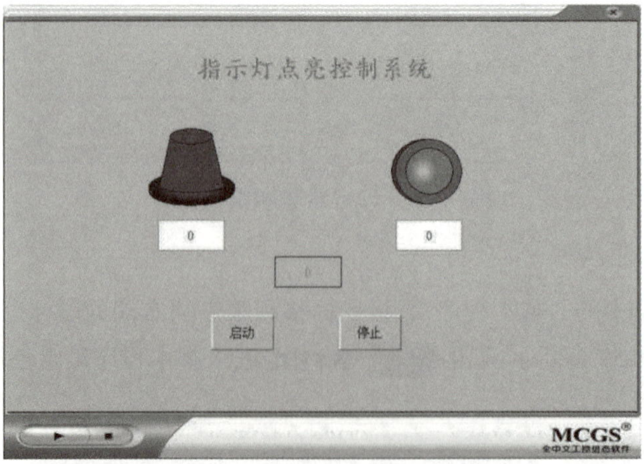

图 4-61　指示灯点亮系统效果图

7. 工程安全管理

为了管理工程安全，需要设置的内容主要包括：

（1）在 MCGS 工作台中，选取菜单栏下的“工具”→“工程安全管理”→“工程密码设置”命令，如图 4-62 所示。系统弹出“修改工程密码”对话框，如图 4-63 所示。

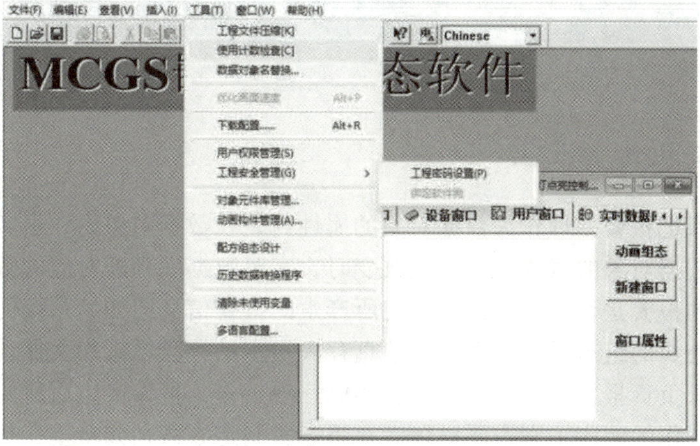

图 4-62　选择“工程密码设置”菜单命令

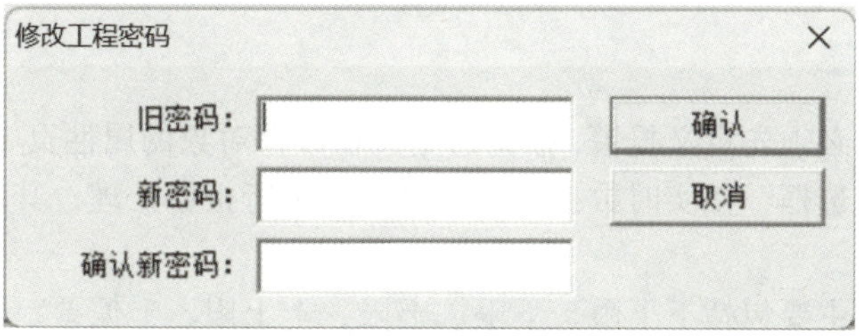

图 4-63　“修改工程密码”对话框

（2）在“新密码”和“确认新密码”框内输入 456。单击“确认”按钮，工程密码设置完毕。

（3）退出 MCGS 组态环境，再次进入工程则会弹出“输入工程密码”对话框，如图 4-64 所示。输入之前设置的工程密码 456，则可进入 MCGS 工作台。

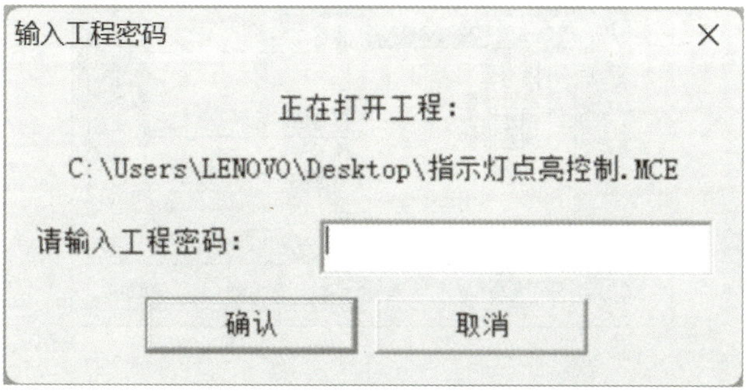

图 4-64　“输入工程密码”对话框

第 5 章　报警处理与曲线绘制

5.1　MCGS 的报警处理

MCGS 嵌入版把报警处理作为数据对象的属性封装在数据对象内，由实时数据库在运行时自动处理。当数据对象的值或状态发生改变时，实时数据库判断对应的数据对象是否发生了报警或已产生的报警是否已经结束，并把所产生的报警信息通知给系统的其他部分，同时实时数据库根据用户的组态设定，把报警信息存入指定的存盘数据库文件。

实时数据库只负责报警的判断、通知和存储三项工作，报警产生后所要进行的其他处理操作（即对报警动作的响应）则需要设计者在组态时制定方案，如希望在报警产生时打开一个指定的用户窗口或者显示和该报警相关的信息等。

5.1.1　定义报警

在处理报警之前必须先定义报警，报警的定义在数据对象的属性页中进行。首先选中“允许进行报警处理”复选框，使实时数据库能对该对象进行报警处理；其次是要正确设置报警限值或报警状态。

数值型数据对象主要包括下下限、下限、上限、上上限、上偏差、下偏差六种报警，如图 5-1 所示。

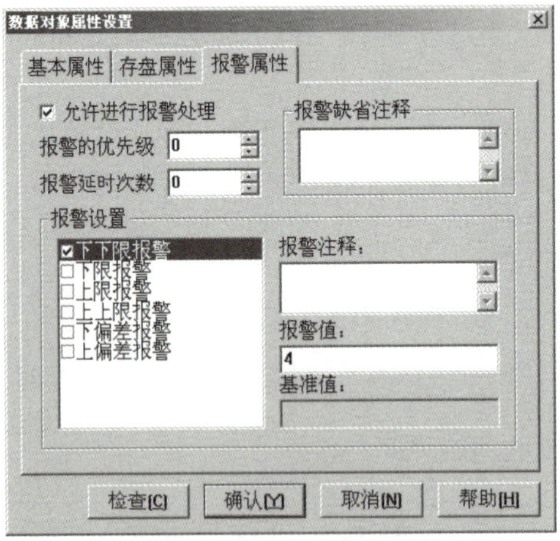

图 5-1　数值型数据对象报警属性设置

开关型数据对象包括开关量报警、开关量跳变报警、开关量正跳变报警、开关量负跳变报警四种报警方式。开关量报警时可以选择是开（值为 1）报警，还是关（值为 0）报警，当一种状态为报警状态则另一种状态就为正常状态，当报警状态保持不变时只产生一次报警；开关量跳变报警为开关量处于跳变（即值从 0 变 1 和值从 1 变 0）时报警，开关量跳变报警也叫开关量变位报警，即在正跳变和负跳变时都产生报警；开关量正跳变报警只在开关量正跳变时发生；开关量负跳变报警只在开关量负跳变时发生。开关量报警包括四种报警方式，都是为了适用不同的使用场合，用户在使用时可以根据不同的需要选择一种或多种报警方式，如图 5-2 所示。

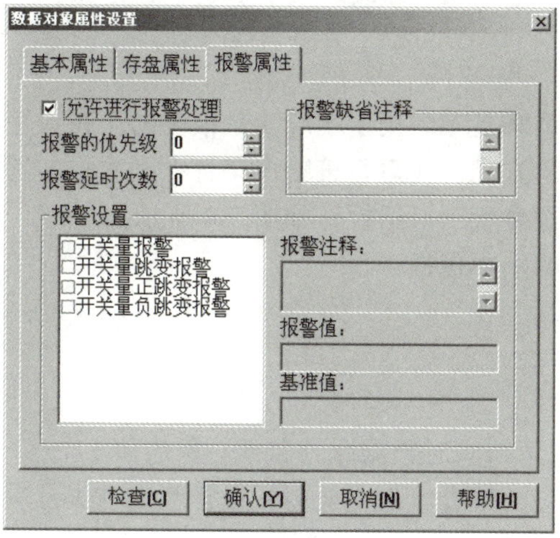

图 5-2 开关型数据对象报属性设置

事件型数据对象不用进行报警限值或状态设置，当产生其对应的事件时报警也就产生。对于事件型数据对象，报警的产生和结束是同时完成的。

字符型数据对象和组对象不能设置报警属性，但组对象所包含的成员可以单个设置报警。组对象一般用于对报警进行分类，以方便系统其他部分对同类报警进行处理。

当多个报警同时产生时，系统优先处理优先级高的报警。当报警信息产生时，还可以设置报警信息是否需要自动存盘和自动打印，这种设置操作需要在图 5-3 所示数据对象的“存盘属性”中完成。

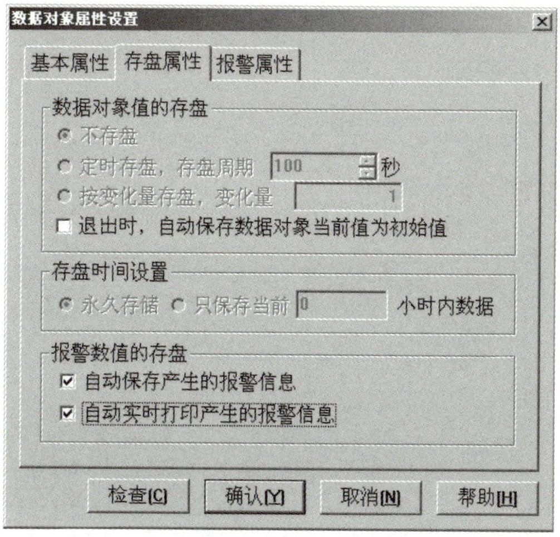

图 5-3 数据对象存盘属性设置

5.1.2　处理报警

报警的产生、通知和存储由实时数据库自动完成，对报警动作的响应由设计者根据需要在报警策略中组态完成。

在工作台窗口用鼠标单击“运行策略”标签，在运行策略窗口用鼠标单击“新建策略”按钮，弹出选择策略类型的对话框，选择“报警策略”，单击“确定”按钮，系统就添加了一个新的报警策略，缺省名为策略 X（X 表示数字）。

1. 报警条件

在运行策略中，报警策略是专门用于响应变量报警的。在报警策略的属性中可以设置对应的报警变量和响应报警的方式，在运行策略窗口选中刚才添加的报警策略，单击“策略属性”按钮后弹出“策略属性设置”对话框，如图 5-4 所示。

对话框中各部分的说明主要包括：

（1）策略名称。

输入报警策略的名称。

（2）策略执行方式。

① 对应数据对象。用于与实时数据库的数据对象连接。

③ 对应报警状态。对应的报警状态主要包括报警产生时执行一次、报警结束时执行一次、报警应答时执行一次。

③ 确认延时时间。产生报警时，延时一定时间后再检查数据对象是否还处在报警状态，如是则条件成立，报警策略被系统自动调用一次。

（3）策略内容注释。

策略内容注释是指对策略加以注释。当设置的变量产生报警并且其对应报警状态和确认延时时间满足条件时，系统就会调用此策略，用户可以在策略中组态报警的执行动作，如打开一个报警提示窗口或执行一个声音文件等。

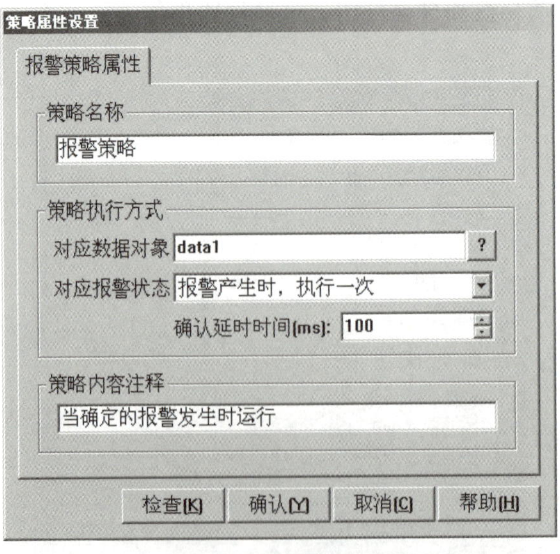

图 5-4　“策略属性设置”对话框

2. 报警应答

报警应答是指告诉系统操作员已经知道对应数据对象的报警并作出了相应的处理，MCGS 嵌入版自动记录下应答时间(必须选取数据对象的报警信息自动存盘属性才有效)。报警应答可在数据对象策略构件中实现，也可以在脚本程序中使用系统内部函数“!AnswerAlm”来实现。

在实际应用中，对重要的报警事件都要由操作员进行应急处理，报警应答机制能记录报警的时间和报警的应答时间，为事后进行事故分析提供实际数据。

5.1.3 显示报警信息

在用户窗口中放置报警显示动画构件并且对其进行组态配置，运行时可以实现对指定数据对象报警信息的实时显示，如图 5-5 所示。

时间	对象名	报警类型	报警事件	当前值	界限
05-09 15:18:56	Data0	上限报警	报警产生	120.0	100.0
05-09 15:18:56	Data0	上限报警	报警结束	120.0	100.0
05-09 15:18:56	Data0	上限报警	报警应答	120.0	100.0

图 5-5　报警信息显示

报警显示动画构件显示的一次报警信息的内容主要包括：报警事件产生的时间，产生报警的数据对象名称，报警类型（如限值报警、状态报警、事件报警），报警事件（如产生、结束、应答），对应数据对象的当前值（如触发报警时刻数据对象的值），报警界限值，报警内容注释。

组态时，在用户窗口中双击报警显示构件可以将其激活，进入该构件的编辑状态。在编辑状态下，用户可以用鼠标来自由改变各显示列的宽度，对不需要显示的信息，将其列宽设置为零即可。在编辑状态下，再双击报警显示构件，将弹出报警显示构件属性设置对话框，如图 5-6 所示。

一般情况下，一个报警显示构件只能用来显示某一类报警产生的信息。定义一个组对象，其成员为所有相关的数据对象，把属性页中的“报警对应的数据对象”设置成该组对象，运行时组对象包括的所有数据对象的报警信息都在该报警显示构件中显示。

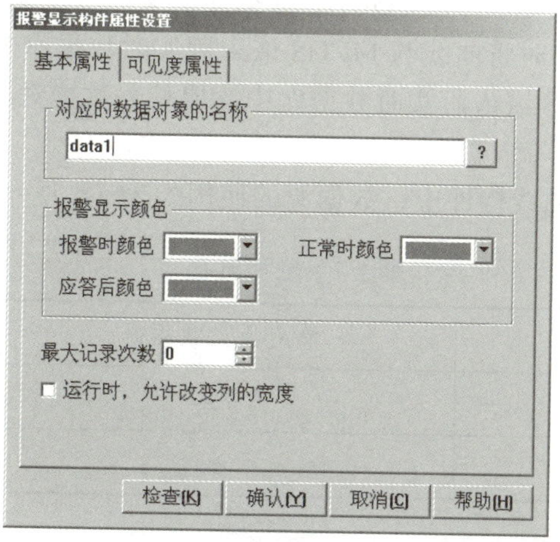

图 5-6　报警显示构件属性设置对话框

5.2 MCGS 的曲线绘制

在实际生产过程中，对实时数据、历史数据的查看、分析是不可缺少的工作，但对于大量数据仅做定量分析还远远不够，必须根据大量的数据信息绘制趋势曲线，从趋势曲线的变化中发现数据的变化规律。因此，趋势曲线处理在工控系统中是一个非常重要的部分。

MCGS 嵌入版组态软件为用户提供强大的趋势曲线功能。通过众多功能各异的曲线构件，如历史曲线、实时曲线，用户能够组态出各种类型的趋势曲线，满足不同工程项目的各种需求。

5.2.1 趋势曲线的种类

MCGS 嵌入版共提供了两种用于趋势曲线绘制的构件：历史曲线和实时曲线。每种曲线构件的功能各不相同。

1. 历史曲线

历史曲线是将历史存盘数据从数据库中读出，以时间为 X 轴，数据值为 Y 轴进行曲线绘制。同时，历史曲线也可以实现实时刷新的效果。历史曲线主要用于事后查看数据分布和状态变化趋势以及总结信号变化规律。

2. 实时曲线

实时曲线是在 MCGS 嵌入版系统运行时，从 MCGS 嵌入版实时数据库中读取数据，同时以时间为 X 轴进行曲线绘制。X 轴的时间标注可以按照用户组态要求，显示绝对时间或相对时间。

5.2.2 定义曲线数据源

趋势曲线是以曲线的形式形象地反映生产现场实时或历史数据信息。因此，无论何种曲线，都需要为其定义显示数据的来源。

数据源一般分为历史数据源和实时数据源。历史数据源一般使用自建的管理数据存储文件的系统，不可以是普通的 Access 或 ODBC 数据库。实时数据源则使用 MCGS 嵌入版实时数据库作为数据来源。组态时将曲线与 MCGS 嵌入版实时数据库中的数据对象相连接，运行时曲线构件定时地从 MCGS 嵌入版实时数据库中读取相关数据对象的值，从而实现实时刷新曲线的功能。

MCGS 嵌入版提供的曲线构件中，数据源的使用如表 5-1 所示：

表 5-1　数据源使用

曲线构件	使用历史数据源	使用实时数据源
历史曲线	可以	可以
实时曲线	不可以	可以

5.2.3 定义曲线坐标轴

在每一个 MCGS 嵌入版曲线构件中，都需要设置曲线的 X 方向和 Y 方向的坐标轴及标注属性。

1. X 轴标注属性设置

MCGS 嵌入版曲线构件的 X 轴类型大致可分为时间和数值两种类型。

对于时间型 X 坐标轴，通常需要设置其对应的时间字段、长度、时间单位、时间显示格式、标注间隔以及 X 轴标注的颜色、字体等属性。其中：

（1）时间字段标明了 X 轴数据的数据来源。

（2）长度和时间单位确定了 X 轴的总长度，如 X 轴长度设置为 10，X 轴时间单位设置为“分”，则 X 轴总长度为 10 分钟。

对于数值型 X 坐标轴，通常需要设置 X 轴对应的数据变量名或字段名、最大值、最小值、小数位数、标注间隔以及标注的颜色和字体等属性。

对于不同的趋势曲线构件，可使用的 X 坐标轴类型如表 5-2 所示：

表 5-2　可使用的 X 坐标轴类型

曲线构件	使用时间型 X 轴	使用数值型 X 轴
历史曲线	可以	不可以
实时曲线	可以	不可以

2. Y 轴标注属性设置

MCGS 嵌入版曲线构件的 Y 坐标轴只允许连接类型为开关型或数值型的数据源。曲线的 Y 轴数据通常可能连接很多个数据源，用于在一个坐标系内显示多条曲线。对于每一个数据源，可以设置的属性包括：数据源对应的数据对象名或字段名、最大值、最小值、小数位数据、标注间隔以及 Y 轴标注的颜色和字体等属性。

5.2.4 定义曲线网格

为了使趋势曲线显示更准确，MCGS 嵌入版提供的所有曲线构件都可以自由地设置曲线背景网格的属性。

曲线网格分为与 X 坐标轴垂直的划分线和与 Y 坐标轴垂直的划分线，每个方向上的划分线又分为主划分线与次划分线。其中，主划分线用于划分整个曲线区域，如主划分线数目设置为 4，则整个曲线区域即被主划分线划分为大小相同的 4 个区域。次划分线则在主划分线的基础上，将主划分线划分好的每一个小区域，再次划分出若干个相同大小的区域，如若主划分线数目为 4，次划分线数目为 2，则曲线区域共被划分为 4*2=8 个区域。

此外，X 坐标轴及 Y 坐标轴的标注也依赖于各个方向的主划分线。通常，坐标轴的标注文字都只在相应的主划分线下，按照用户设定的标注间隔依次标注。

巩固练习 9：液位报警信息显示

1. 学习目标

（1）掌握组态软件模拟设备的连接方法。

（2）掌握组态软件超限报警信息处理即显示方法。

2. 练习内容

（1）当储藏罐液位高于上限报警值或者低于下限报警值时，显示报警信息；上、下限报警灯亮。

（2）在程序运行时修改上、下限报警值。

3. 实施步骤

1）建立新工程

建立“液位报警信息显示”的工程文件以及“液位报警信息显示”的用户窗口。

2）创建实时数据库

在工作台窗口中切换至“实时数据库”选项卡。

（1）定义 3 个数值型数据对象。

单击“新增对象”按钮，再双击新出现的对象，系统弹出“ 数据对象属性设置”对话框。在“基本属性”选项卡中将对象名称改为“液位”，对象类型选“数值”，小数位设为“0”，对象初值设为“0”，最小值设为“0”，最大值设为“120”，如图 5-7 所示。使用同样的方法定义对象“液位上限”，对象类型选“数值”，小数位设为“0”，对象初值设为“100”，最小值设为“80”，最大值设为“120”。使用同样的方法定义对象“液位下限”，对象类型选“数值”，小数位设为“0”，对象初值设为“20”，最小值设为“0”，最大值设为“50”。

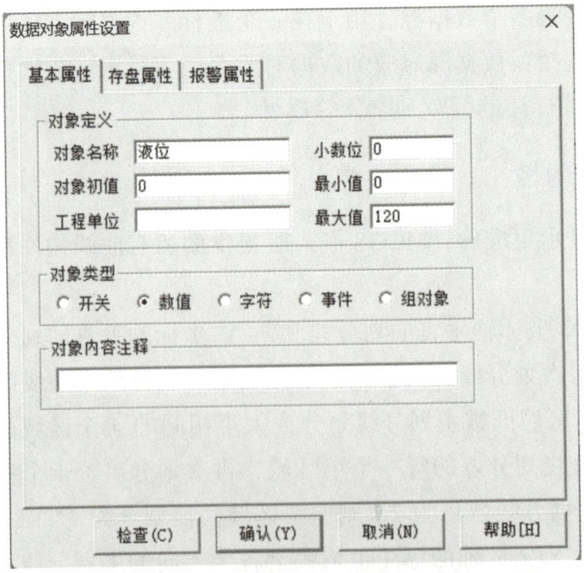

图 5-7　“液位”的数据对象属性设置

（2）定义 2 个开关型数据对象。

单击“新增对象”按钮，再双击新出现的对象，系统弹出“数据对象属性设置”对话框。在“基本属性”选项卡中将对象名称改为“上限灯”，对象类型选“开关”。使用同样的方法定义对象“下限灯”，对象类型选“开关”。建立的实时数据库如图 5-8 所示。

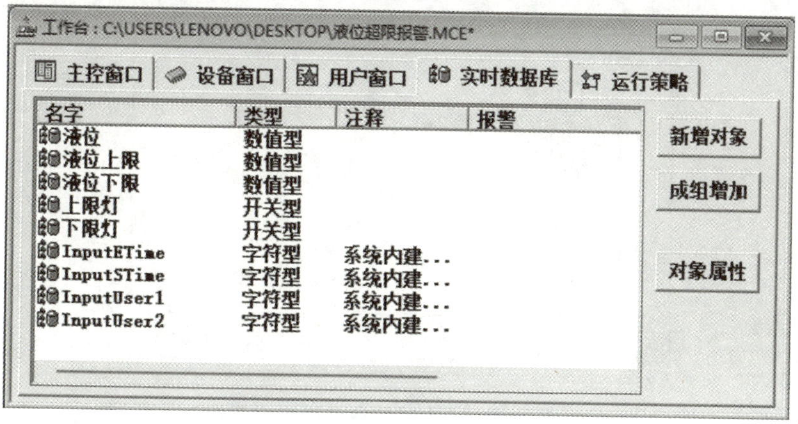

图 5-8　液位超限报警“实时数据库”

（3）设置数据对象的报警属性

在“实时数据库”选项卡中，双击数据对象“液位”，系统弹出“数据对象属性设置”对话框，在“报警属性”选项卡中选择“允许进行报警处理”复选框，报警设置域被激活。选择报警设置域中的“下限报警”，将报警值设为“20”，报警注释输入“水位低于下限!”，如图 5-9 所示。选择报警设置域中的“上限报警”，将报警值设为“120”，报警注释输入“水位高于上限!”，如图 5-10 所示。

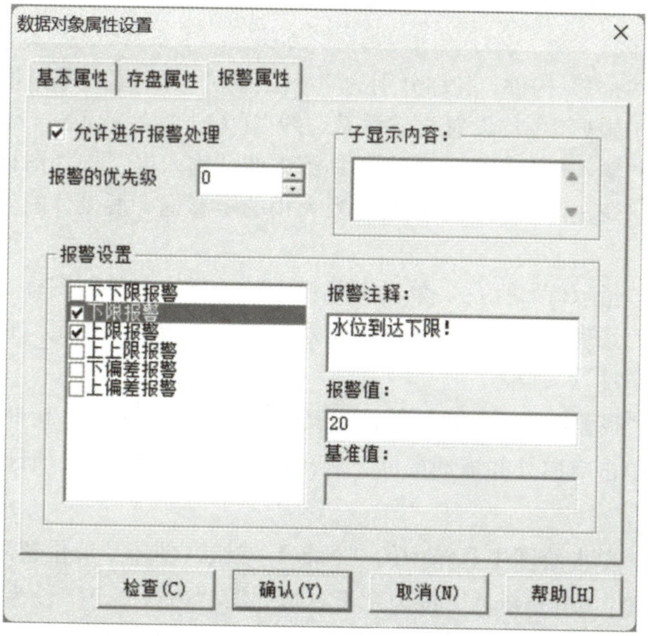

图 5-9“液位”下限报警设置

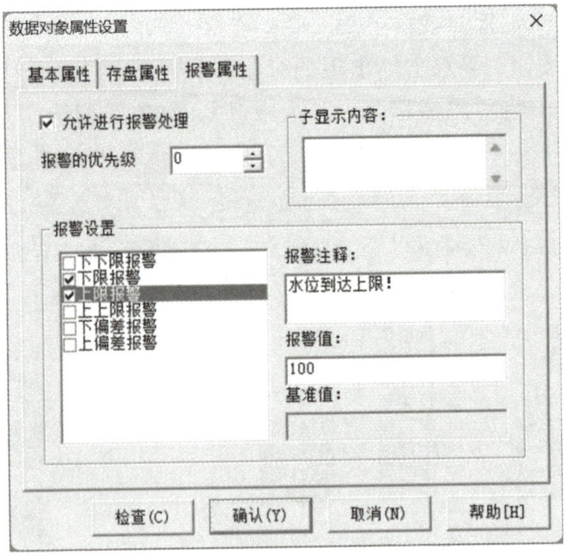

图 5-10 “液位”上限报警设置

选择“存盘属性”选项卡，报警数据的存盘项选择“自动保存产生的报警信息”。单击“确认”按钮，“液位”报警设置完毕。

3）制作图形界面

在工作台窗口的“用户窗口”选项卡中双击“液位超限报警显示”图标，进入“动画组态液位超限报警显示”窗口。

（1）添加一个“储藏罐”元件。单击工具箱中的“插入元件”图标，系统弹出“对象元件库管理”对话框。选择“储藏罐”中的罐 17，单击“确认”按钮，所设计的界面中出现选择的“储藏罐”元件。

（2）添加 5 个“标签”构件，名称分别为“液位值”“上限值”“下限值”“上限灯”和“下限灯”，所有标签的边线颜色均设置为“没有边线”（双击标签就可进行设置）。

（3）添加 3 个“输入框”构件。单击工具箱中的“输入框”构件图标，然后将鼠标移动到窗口上，单击空白处并拖动鼠标，画出适当大小的矩形框，所设计的界面出现“输入框”构件。

（4）添加 2 个“指示灯”元件。单击工具箱中的“插入元件”图标，系统弹出“对象元件库管理”对话框，选择指示灯库中的一个指示灯对象，单击“确定”按钮，所设计的界面中出现选择的“指示灯”元件。

（5）添加 1 个“报警显示”构件。单击工具箱中的“报警显示”构件图标，然后将鼠标移动到窗口上，单击空白处并拖动鼠标，画出适当大小的矩形框，所设计的界面出现“报警显示”构件。

（6）添加标题。单击绘图工具箱中的“标签”按钮，创建“液位超限报警显示”的标题文字，进行如下设置：“填充颜色”设为“没有填充”；“边线颜色”设为“没有边线”；单击“字符字体”按钮，设置文字“字体”为“楷体”，“字形”为“粗体”，“大小”为“小一”，“字符颜色”设为“深红色”。设置完成后，单击“确认”按钮。

设计好的图形界面如图 5 -11 所示。

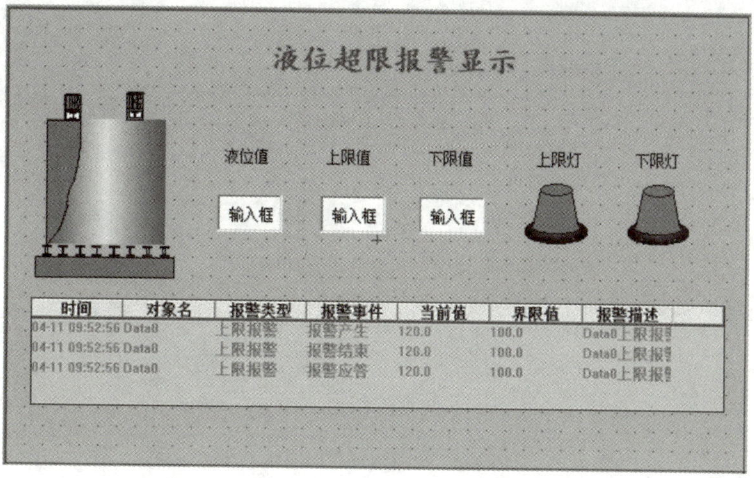

图 5-11 液位超限图形界面

4）建立动画连接

（1）建立“储藏罐”元件的动画连接。

① 双击窗口中“储藏罐”元件，系统弹出“单元属性设置”对话框。在“动画连接”选项卡中选择图元名“折线”，设置连接类型为“大小变化”，右侧会出现 > 按钮，如图 5-12 所示。单击 > 按钮进入“动画组态属性设置”对话框，在“大小变化”选项卡中，表达式选择数据对象“液位”，最小和最大表达式的值分别设为“0”和“100”，如图 5-13 所示。

② 单击“确认”按钮回到“单元属性设置”对话框，动画连接表达式中会出现连接的对象“液位”。

③ 再次单击“确认”按钮，完成“储藏罐”元件的动画连接。

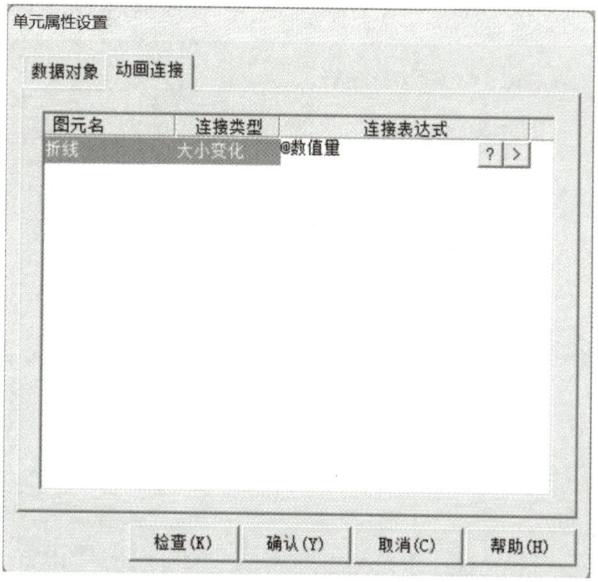

图 5-12 储藏罐动画连接设置

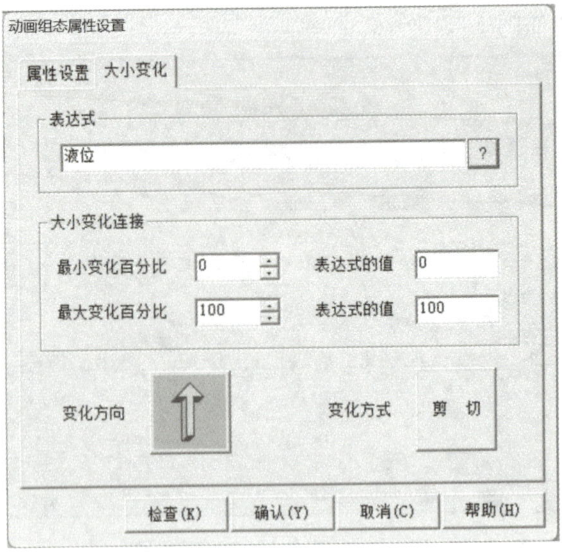

图 5-13　储藏罐动画组态属性设置

（2）建立“输入框”构件动画连接。

① 双击窗口中“液位值”下方的“输入框”构件，出现“输入框构件属性设置”对话框。在“操作属性”选项卡中，将对应数据对象的名称设置为“液位”。

②双击窗口中“上限值”下方的“输入框”构件，出现“输入框构件属性设置”对话框。在“操作属性”选项卡中，将对应数据对象的名称设置为“液位上限”，将输入数值的最小值设为“80”，最大值设为“120”，如图 5-14 所示。

③双击窗口中“下限值”下方的“输入框”构件，出现“输入框构件属性设置”对话框。在“操作属性”选项卡中，将对应数据对象的名称设置为“液位下限”，将输入数值的最小值设为“0”，最大值设为“50”，如图 5-15 所示。

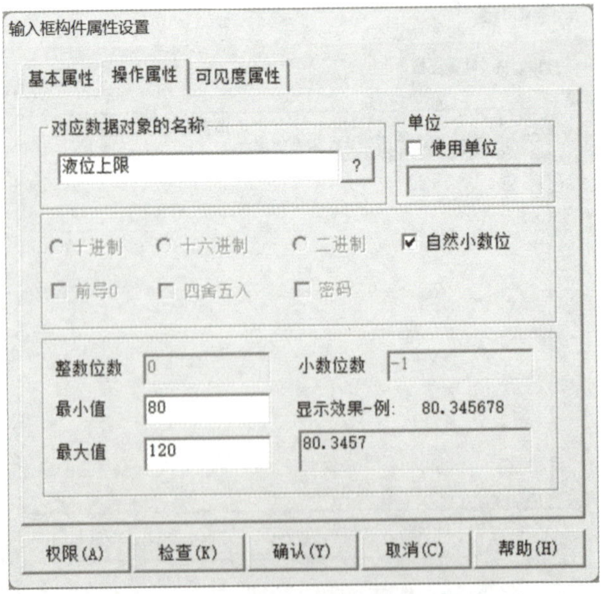

图 5-14　“液位上限”操作属性设置

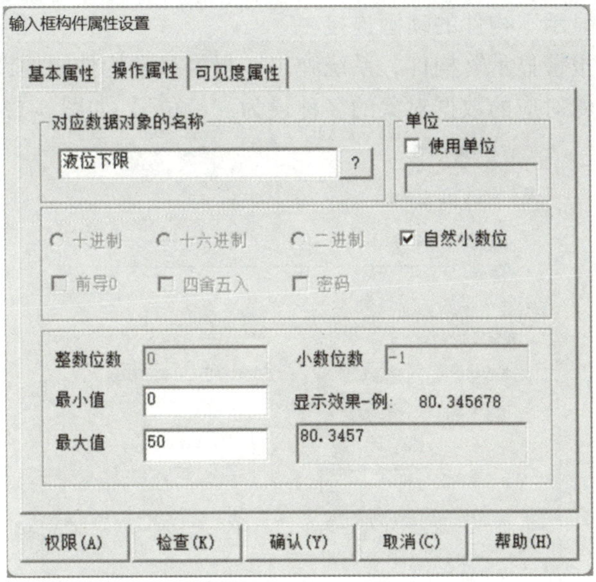

图 5-15 “液位下限”操作属性设置

（3）建立“指示灯”元件的动画连接。

双击窗口中上限指示灯元件，系统弹出“单元属性设置”对话框。在“动画连接”选项卡中，选择图元名“组合图符”，设置连接类型为“填充颜色”，右侧会出按钮。单击 > 按钮进入“动画组态属性设置”对话框，在“填充颜色”选项卡中，表达式选择数据对象“上限灯”，如图 5-16 所示。

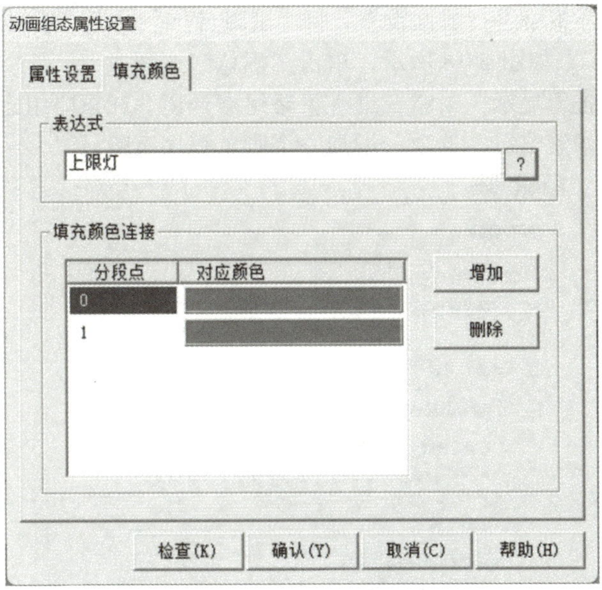

图 5-16 “上限灯”动画组态属性设置

单击“确认”按钮回到“单元属性设置”对话框，动画连接表达式中会出现连接的对象“上限灯”。单击“确认”按钮完成“指示灯”元件的动画连接。

使用同样的方法建立下限指示灯元件的动画连接，表达式选择数据对象“下限灯”。

（4）建立“报警显示”构件的动画连接。

双击窗口中的“报警显示”构件，系统弹出“报警显示构件属性设置”对话框，在“基本属性”选项卡中，将对应的数据对象的名称设为“液位”，如图 5-17 所示。

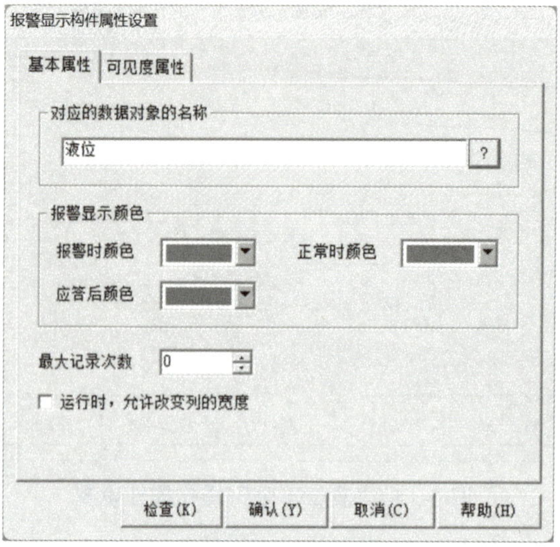

图 5-17　报警显示构件属性设置

5）编写控制流程

编写液位报警信息显示的控制流程主要包括：

（1）在“运行策略”选项卡中新建一个“循环策略”。

（2）对新建的循环策略进行属性设置，将“策略名称”设为“液位报警显示”，将定时循环周期设为“200”ms，如图 5-18 所示，单击“确认”按钮。

（3）双击“液位报警显示”策略，进入策略组态环境。在策略组态环境中的空白处单击鼠标右键，选择“新增策略行”选项，增加一个脚本程序策略行。

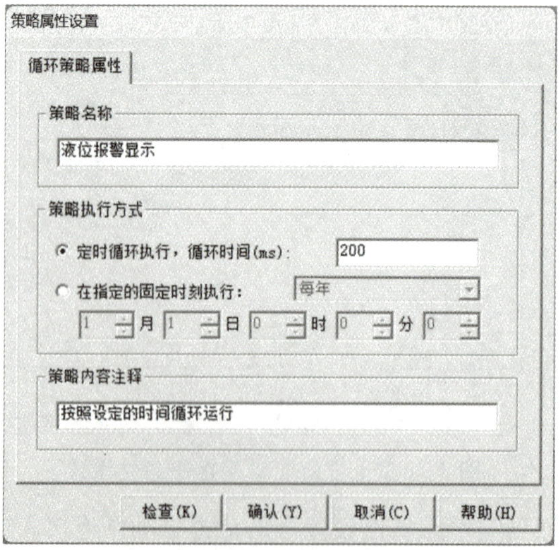

图 5-18　“液位报警显示”策略属性设置

（4）单击策略工具箱中的“脚本程序”，将鼠标移到策略块右端的图标上，添加“脚本程序”构件。双击 **脚本程序** 进入脚本程序编辑环境，输入如下的脚本程序：

```
IF 液位>=液位上限 THEN
    上限灯=1
ELSE
    上限灯=0
ENDIF
IF 液位<=液位下限 THEN
    下限灯=1
ELSE
    下限灯=0
ENDIF
!SetAlmValue（液位,液位上限,3）
!SetAlmValue（液位,液位下限,2）
```

函数“!SetAlmValue（DatName,Value,Flag）”的意义：设置数据对象 DatName 对应的报警限值，只有在数据对象 DatName“允许进行报警处理”的属性及报警设置被选中后，本函数的操作才有意义。对组对象、字符型数据对象、事件型数据对象本函数无效。具体操作可在 MCGS 组态软件中按 F1 查看“在线帮助”，在弹出的“MCGS 帮助系统”的“索引”中输入“!SetAlmValue”，即可获得详细的解释。

6）连接模拟设备

模拟设备是供用户调试工程的虚拟设备。该构件可以产生标准的正弦波、方波、三角波、锯齿波信号，这些信号的幅值和周期可以任意设置。通过模拟设备的连接，可以使动画不需要手动操作就可以自动运行。通常情况下，在启动 MCGS 组态软件时模拟设备会自动装载到设备工具箱中，如果未被装载，可按照以下步骤将其装载到设备工具箱：

（1）在工作台窗口的“设备窗口”选项卡中双击“设备窗口”图标，进入“设备组态：设备窗口”。

（2）单击“MCGS 组态环境”窗口工具条中的“工具箱”图标，系统弹出“设备工具箱”对话框，单击“设备工具箱”中的“设备管理”按钮，系统弹出“设备管理”对话框。

（3）在“设备管理”对话框的可选设备列表中，选择“通用设备”→“模拟数据设备”→“模拟设备”，双击“模拟设备”图标，即可将“模拟设备”添加到右侧的选定设备列表中，如图 5-19 所示。

（4）选择“选定设备”列表中的“模拟设备”，单击“确认”按钮，“模拟设备”即被添加到“设备工具箱”对话框中，如图 5-20 所示。

（5）双击“设备工具箱”对话框中的“模拟设备”，模拟设备被添加到“设备组态:设备窗口”中，如图 5-21 所示。

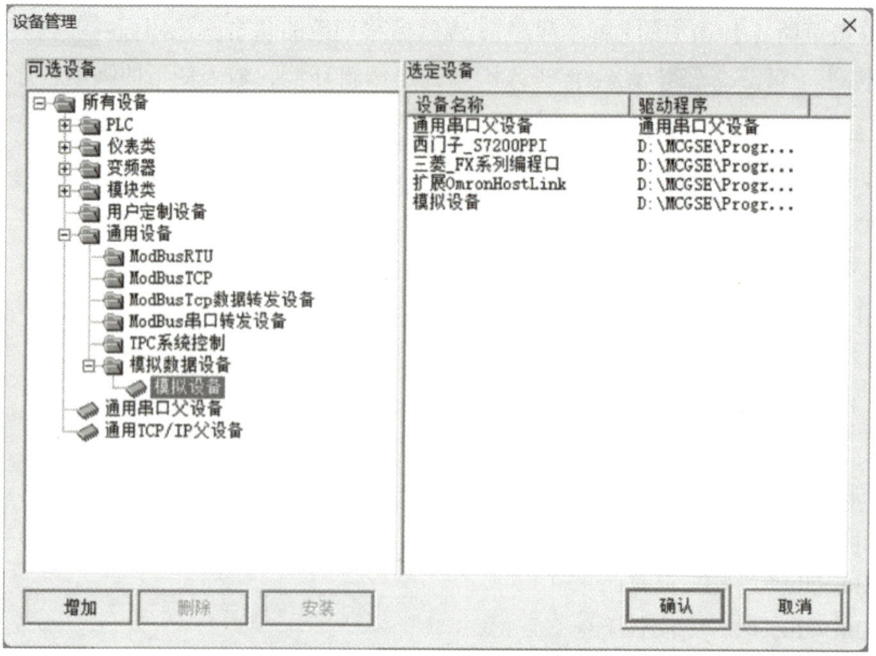

图 5-19 “设备管理”对话框

图 5-20 “设备工具箱”对话框

图 5-21 设备组态：设备窗口

（6）双击“设备 0-[模拟设备]”，进入“设备属性设置”对话框，如图 5-22 所示。

设备属性名	设备属性值
[内部属性]	设置设备内部属性 ...
采集优化	1-优化
设备名称	设备0
设备注释	模拟设备
初始工作状态	1 - 启动
最小采集周期(ms)	100

图 5-22 设置设备内部属性

（7）单击“基本属性”选项卡中的“[内部属性]”选项，其右侧会出现按钮 ... ，单击此按钮进入“内部属性”对话框。将通道 1 的“最大值”设置为“120”，“最小值”设为“0”，将周期设置为 10 s，如图 5-23 所示。单击“确认”按钮，完成内部属性设置。

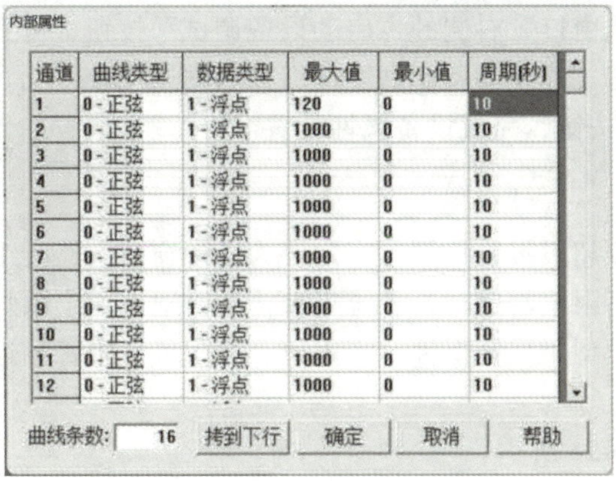

图 5-23 “内部属性”对话框

（8）双击“设备编辑窗口”右上方的“通道 0”，如图 5-24 所示。在弹出的“变量选择”窗口中选择“液位”，如图 5-25 所示。

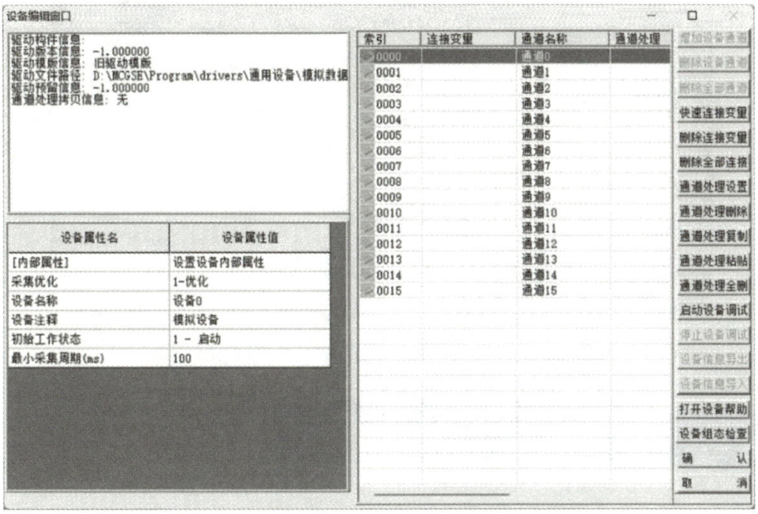

图 5-24 “设备编辑窗口”选择“通道 0”

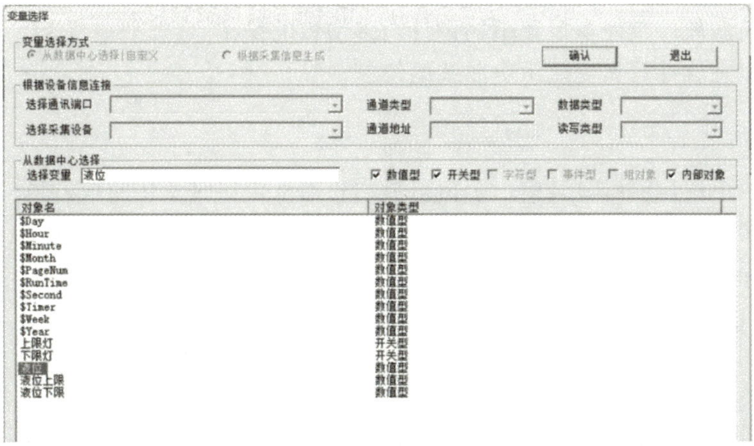

图 5-25 连接变量“液位”

（9）单击“设备编辑窗口”右侧的“启动设备调试”按钮，可看到通道 0 对应数据对象的调试数据在变化。单击“停止设备调试”按钮，数据则停止变化。

（10）单击“确认”按钮，完成设备属性设置。

7）下载运行

保存工程，将“液位超限报警显示”窗口设为启动窗口。运行工程后，当储藏罐的液位达到上限报警值或低于下限报警值时，系统报警，此时对应的上限灯或者下限灯改变颜色，报警信息窗口显示报警类型、报警事件、当前值、界限值、报警描述等报警信息，可以修改报警上限值、下限值。

系统运行界面如图 5-26 所示。

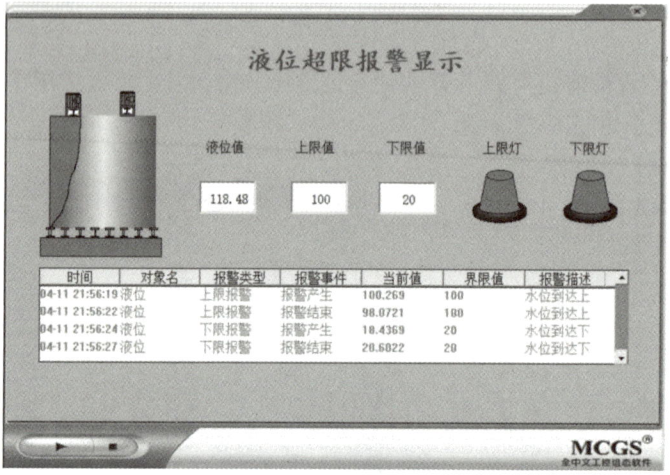

图 5-26 “液位超限报警显示”运行界面

巩固练习 10：实时曲线与历史曲线绘制

1. 学习目标

（1）熟悉组态软件模拟设备的连接方法。

（2）掌握组态软件主控窗口菜单的设计与多窗口的操作。

（3）掌握组态软件数据变化历史曲线的绘制。

2. 练习内容

（1）设计两个用户窗口，其中一个窗口显示容器液位实时变化曲线，另一个窗口显示液位历史变化曲线。

（2）通过操作菜单切换两个窗口。

3. 实施步骤

1）建立新工程

建立“实时曲线与历史曲线绘制”的工程文件。分别建立两个用户窗口，窗口名称分别为“实时曲线”和“历史曲线”。

2）制作图形界面

（1）制作“实时曲线”窗口。

在工作台窗口中的“用户窗口”选项卡中，双击“实时曲线”图标，进入“动画组态实时曲线”窗口。

① 添加1个“储藏罐”元件。单击工具箱中的“插入元件”图标，系统弹出“对象元件库管理”对话框，选择“储藏罐”中的罐15，单击“确认”按钮，所设计的界面中出现选择的“储藏罐”元件。

② 添加2个“标签”构件。名称分别为“液位值”和“实时曲线”，所有标签的边线颜色均设置为“没有填充”“没有边线”（双击标签就可进行设置）。

③ 添加1个“输入框”构件。单击工具箱中的“输入框”构件图标，然后将鼠标移动到窗口上，单击空白处并拖动鼠标，画出适当大小的矩形框，所设计的界面中出现“输入框”构件。

④ 添加一个“实时曲线”构件。单击工具箱中的“实时曲线”构件图标，然后将鼠标移动到窗口上，单击空白处并拖动鼠标，画出适当大小的矩形框，所设计的界面出现“实时曲线”构件。

实时曲线窗口如图5-27所示。

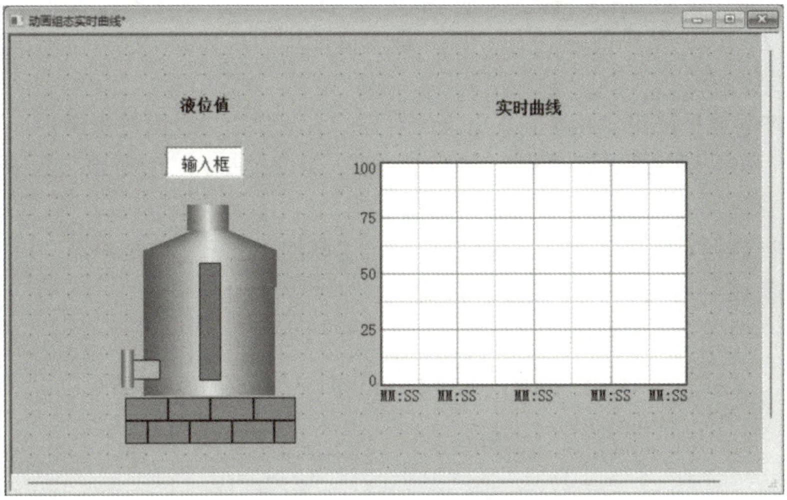

图5-27　实时曲线窗口

（2）制作“历史曲线”窗口。

在工作台窗口的“用户窗口”选项卡中，双击“历史曲线”图标，进入“动画组态实时曲线”窗口。

在所设计的界面中添加一个“历史曲线”构件。单击工具箱中的“历史曲线”构件图标，然后将鼠标移动到窗口上单击空白处并拖动鼠标，就可以画出一个适当大小的矩形框，此时界面中就会出现“历史曲线”构件。

历史曲线窗口如图5-28所示。

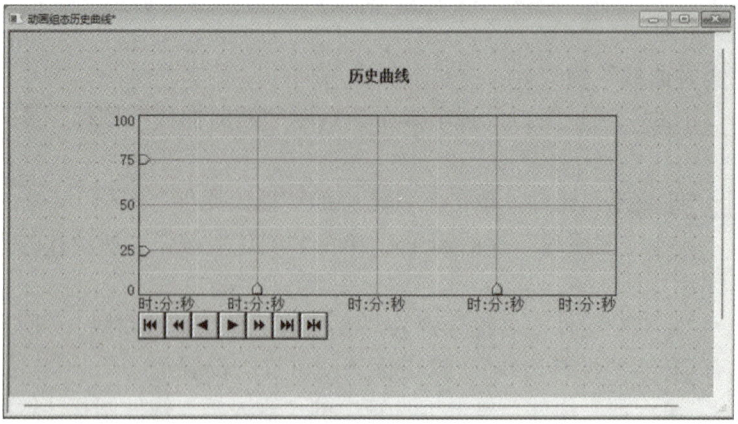

图 5-28 历史曲线窗口

3）定义数据对象

在工作台窗口中切换至“实时数据库”选项卡。

（1）定义一个数值型对象。

单击“新增对象”按钮，再双击新出现的对象，系统弹出“数据对象属性设置”对话框。在“基本属性”选项卡中将对象名称改为“液位”，对象类型选“数值”，小数位设置为“0”，对象初值设置为“0”，最小值设置为“0”，最大值设置为“100”。

（2）定义组对象。

单击“新增对象”按钮，再双击新出现的对象，系统弹出“数据对象属性设置”对话框。在“基本属性”选项卡中将对象名称改为“液位组”，对象类型选“组对象”，如图 5-29 所示。

进入“存盘属性”选项卡中，选择“定时存盘”，存盘周期设为 1 s。在“组对象成员”选项卡中，选择数据对象列表中的“液位”，单击“增加”按钮，数据对象“液位”被添加到右边的“组对象成员列表”中，如图 5-30 所示。

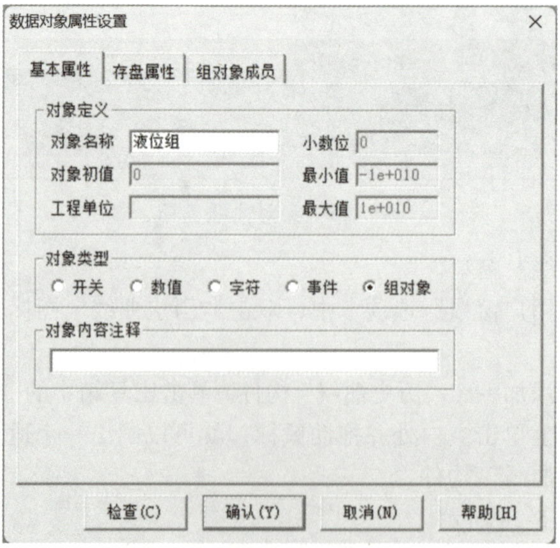

图 5-29 “液位组”数据对象基础属性设置

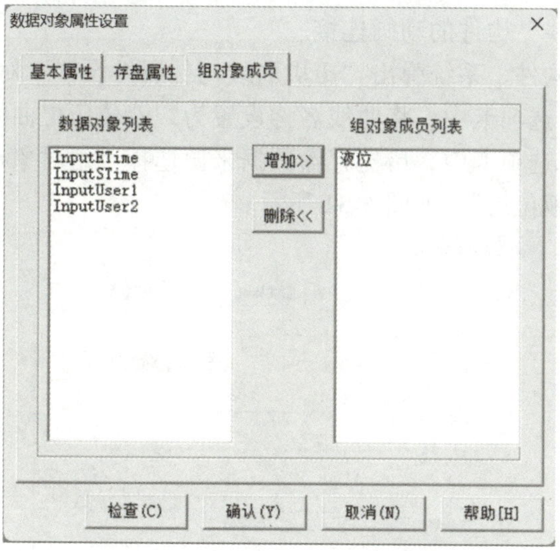

图 5-30 “液位组”对象成员属性设置

4）建立动画连接

（1）“实时曲线”窗口界面中对象的动画连接。

在工作台窗口的“用户窗口”选项卡中双击“实时曲线”窗口图标，进入“动画组态实时曲线”窗口。

建立“储藏罐”元件的动画连接。双击窗口中的“储藏罐”元件，系统弹出“单元属性设置”对话框。

①在“动画连接”选项卡中选择图元名“矩形”，设置连接类型为“大小变化”，右侧会出现 > 按钮。单击 > 按钮进入“动画组态属性设置”对话框，在“大小变化”选项卡中，表达式选择数据对象“液位”，最小及最大表达式的值分别设置为“0”和“100”。

② 单击“确认”按钮回到“单元属性设置”对话框，动画连接表达式中会出现连接的对象“液位”。

③ 再次单击“确认”按钮完成“储藏罐”元件的动画连接。

（2）建立“输入框”构件的动画连接。

双击窗口中的液位值“输入框”构件，出现“输入框构件属性设置”对话框。在“操作属性”选项卡中，将对应数据对象的名称设置为“液位”。

（3）建立“实时曲线”构件的动画连接。

双击窗口中的“实时曲线”构件，系统弹出“实时曲线构件属性设置”对话框。

① 在“标注属性”选项卡中，将“标注间隔”设置为“1”，“时间格式”设为“MM:SS”，“时间单位”设为“秒钟”，“X 轴长度”设为“20”。

② 在“画笔属性”选项卡中，选择曲线 1，将表达式设置为“液位”。

③ 单击“确认”按钮完成“实时曲线”构件的动画连接。

（4）“历史曲线”窗口界面对象动画连接。

在工作台窗口的“用户窗口”选项卡中双击“历史曲线”窗口，进入“动画组态历史曲线”窗口。

（5）建立“历史曲线”构件的动画连接。

双击“历史曲线”构件，系统弹出“历史曲线构件属性设置”对话框。

① 在“基本属性”选项卡中，将曲线名称设置为“液位历史曲线”。

② 在“存盘数据”选项卡中，历史存盘数据来源选择“组对象对应的存盘数据”，在右侧下拉列表框中选择“液位组”，如图 5-31 所示。

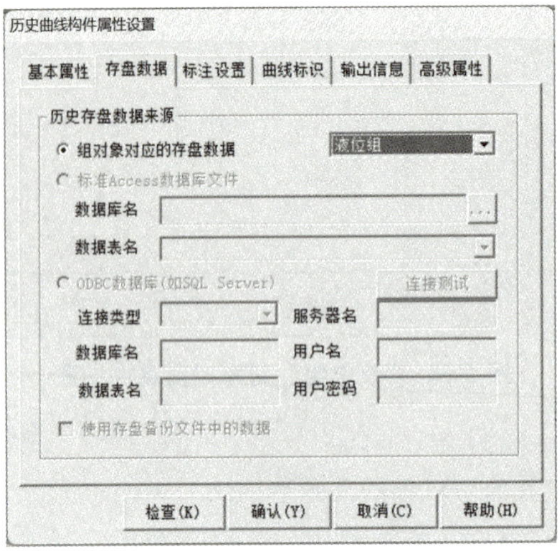

图 5-31　历史曲线构件“存盘数据”属性设置

③ 在“标注设置”选项卡中，将 X 轴坐标长度设置为“2”，时间单位选择“分”，标注间隔设置为“1”。

④ 在“曲线标识”选项卡中，选择曲线 1，曲线内容设置为“液位”，最大坐标设置为“100”，实时刷新设置为“液位”，如图 5-32 所示。

⑤ 单击“确认”按钮完成“历史曲线”构件的动画连接。

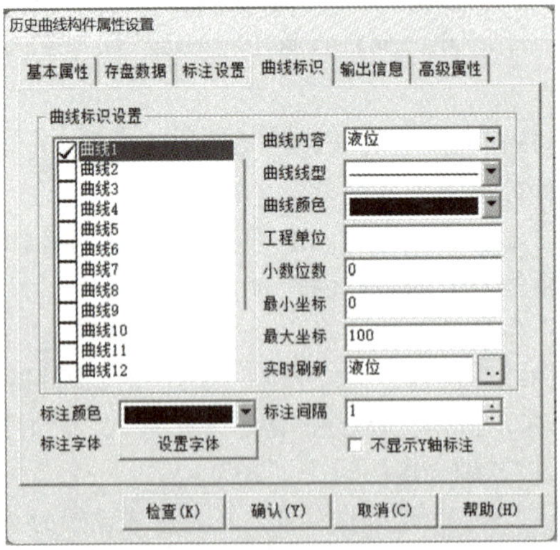

图 5-32　历史曲线构件“曲线标识”属性设置

5）设计工程菜单

在工作台窗口中选择“主控窗口”选项卡。

（1）单击“菜单组态”按钮，系统弹出“菜单组态：运行环境菜单”窗口，如图 5-33 所示。右击“系统管理[&S]”项，出现快捷菜单，选择“删除菜单”命令，清除自动生成的默认菜单。

（2）单击“MCGS 组态环境”窗口工具条中的“新增菜单项”按钮，产生[操作 0]菜单。双击[操作 0]菜单，系统弹出“菜单属性设置”对话框。在“菜单属性”选项卡中，将菜单名设置为“系统”，菜单类型选择“下拉菜单项”，如图 5-34 所示。单击“确认”按钮，就可以产生“系统”菜单。

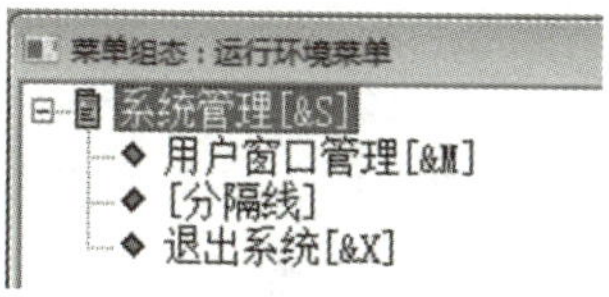

图 5-33　菜单组态窗口

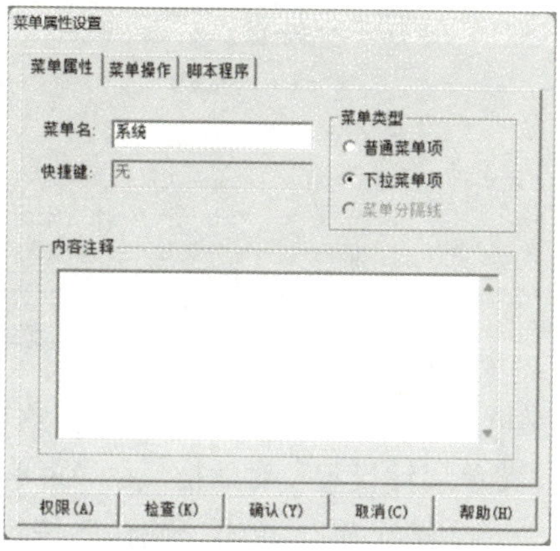

图 5-34　菜单属性设置

（3）右击“菜单组态：运行环境菜单”窗口中的“系统”菜单，系统弹出快捷菜单，选择“新增下拉菜单”命令，可新增 1 个下拉菜单[操作集 0]。双击[操作集 0]菜单，系统弹出“菜单属性设置”对话框，在“菜单属性”选项卡中，将菜单名设置为“退出（X）”，菜单类型选择“普通菜单项”，在“快捷键”输入框中同时按键盘上的 <Ctrl>+ <X> 键，则输入框中出现“Ctrl+X”，如图 5-35 所示。在“菜单操作”选项卡中，菜单对应功能选择“退出运行系统”复选框，单击右侧三角按钮，在弹出的下拉列表中选择“退出运行环境”，如图 5-36 所示。单击“确认”按钮，设置完毕。

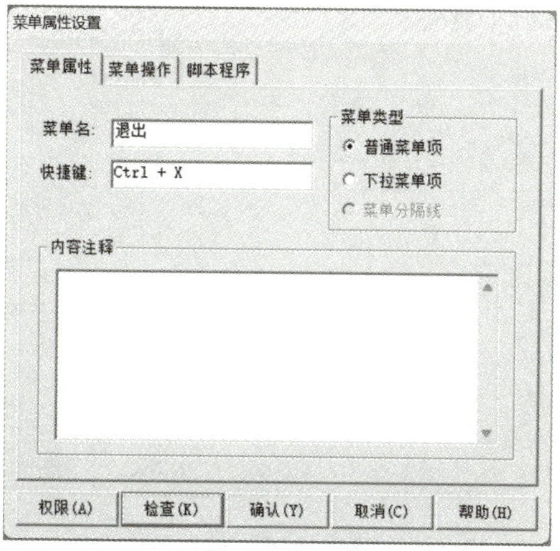

图 5-35　“退出”菜单属性设置

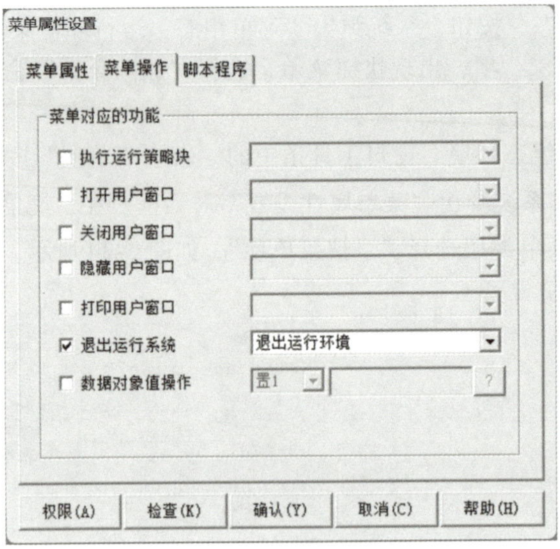

图 5-36 “退出”菜单操作属性设置

（4）再次单击工具栏中的“新增菜单项”按钮，产生[操作 0]菜单。双击[操作 0]菜单，系统弹出“菜单属性设置”对话框。在“菜单属性”选项卡中，将菜单名设置为“曲线”菜单类型选择“下拉菜单项”，单击“确认”按钮，生成“曲线”菜单。

（5）右击“曲线”菜单，系统弹出快捷菜单，选择“新增下拉菜单”项，新增 1 个下拉菜单[操作集 0]。双击[操作集 0]菜单，系统弹出“菜单属性设置”对话框，在“菜单属性”选项卡中将菜单名设置为“实时曲线”，菜单类型选择“普通菜单项”，如图 5-37 所示。在“菜单操作”选项卡中，菜单对应的功能选择“打开用户窗口”复选框，在右侧下拉列表框中选择“实时曲线”，如图 5-38 所示。单击“确认”按钮，设置完毕。

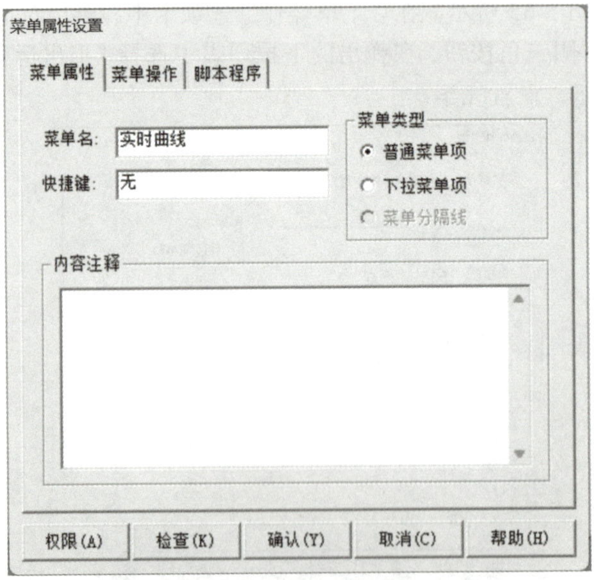

图 5-37 “实时曲线”菜单属性设置

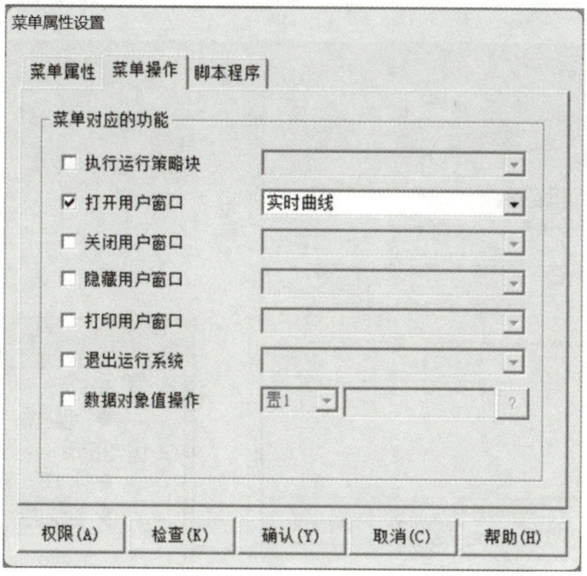

图 5-38 “实时曲线”菜单操作属性设置

（6）再次右击“曲线”菜单，系统弹出快捷菜单，选择“新增下拉菜单”项，新增 1 个下拉菜单[操作集 0]，双击[操作集 0]菜单，系统弹出“菜单属性设置”对话框，在“菜单属性”选项卡中，将菜单名设置为“历史曲线”，菜单类型选择 “普通菜单项”，如图 5-39 所示。在“菜单操作”选项卡中，菜单对应的功能选择“打开用户窗口”复选框，在右侧下拉列表框中选择“历史曲线”，如图 5-40 所示。单击“确认”按钮，设置完毕。

（7）在“菜单组态：运行环境菜单”窗口中分别右击“退出”“实时曲线”和“历史曲线”菜单项，系统弹出快捷菜单，选择“菜单右移”命令，这 3 个菜单会右移。设计完成的菜单结构如图 5-41 所示。

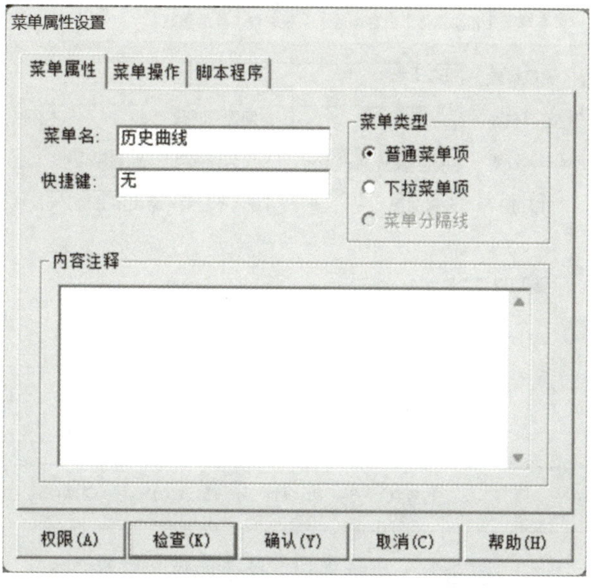

图 5-39 “历史曲线”菜单属性设置

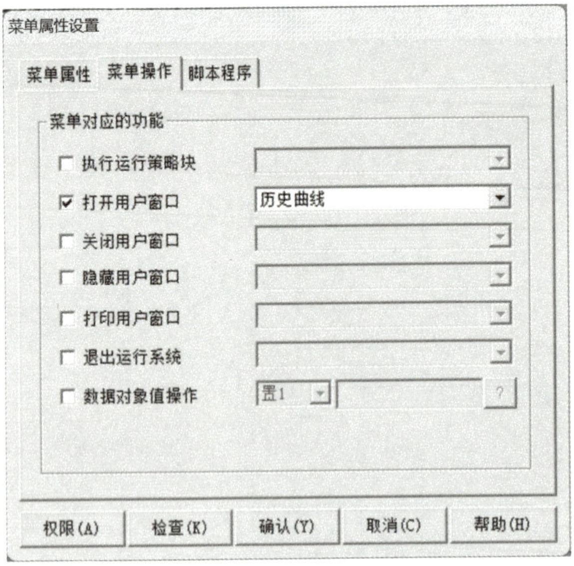

图 5-40 “历史曲线”菜单操作属性设置

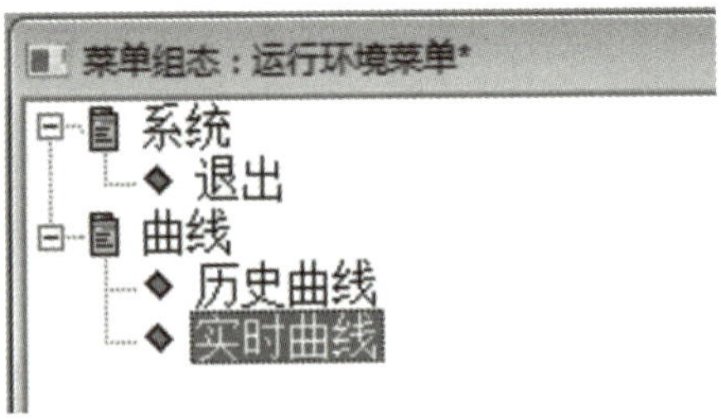

图 5-41 菜单结构

（8）退出“菜单组态：运行环境菜单”窗口。按工具条中的“属性”按钮，或单击“系统属性”按钮，弹出“主控窗口属性设置”对话框，在“基本属性”选项卡的“菜单设置”中选择“有菜单”，如图 5-42 所示。

（9）单击“启动属性”选项卡，出现“启动属性”对话框。该对话框左侧用户窗口列表中列出了所有定义的用户窗口名称，右侧为启动时自动打开的用户窗口列表，利用“增加”和“删除”按钮，可以调整自动启动的用户窗口。本项目将“实时曲线”窗口设置成自动运行窗口，如图 5-43 所示。

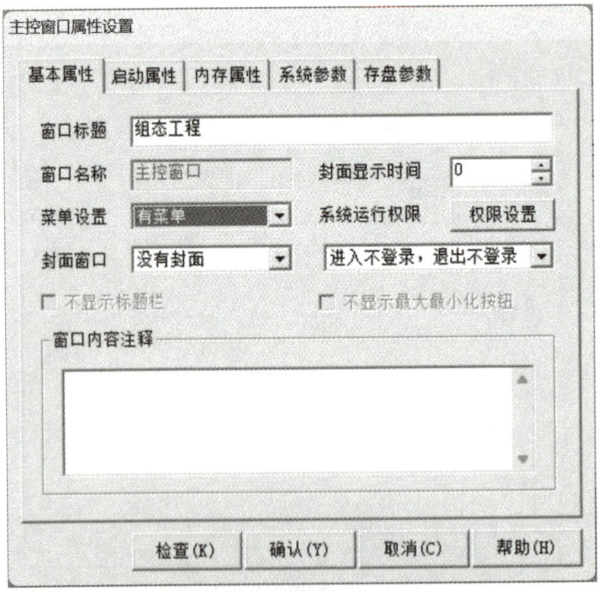

图 5-42 主控窗口“基本属性”设置

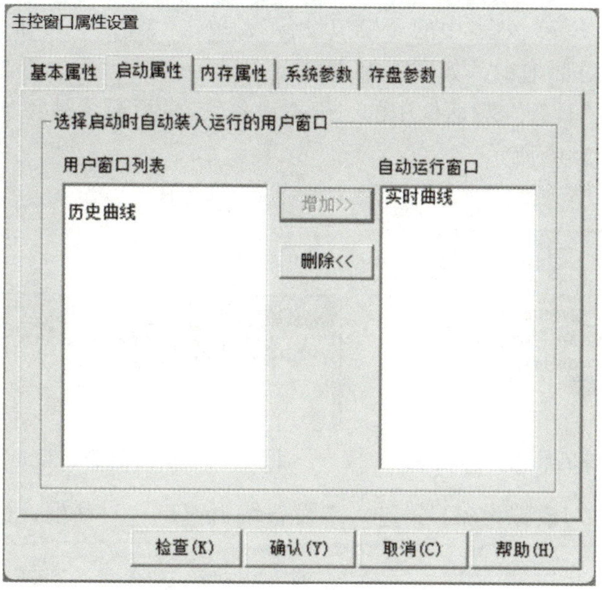

图 5-43　主控窗口“启动属性”设置

6）连接模拟设备

通常情况下，在启动 MCGS 组态软件时，模拟设备都会自动装载到设备工具箱中。如果未被装载，可按照以下步骤装载：

（1）在工作台窗口的“设备窗口”选项卡中双击“设备窗口”图标，进入“设备组态：设备窗口”。

（2）单击“MCGS 组态环境”窗口工具条中的“工具箱”图标，系统弹出“设备工具箱”对话框，单击“设备管理”按钮，系统弹出“设备管理”对话框。

（3）在“设备管理”对话框的“可选设备”列表中选择“通用设备”→模拟数据设备→模拟设备，双击“模拟设备”图标，将“模拟设备”添加到右侧的“选定设备”列表中，如图 5-44 所示。

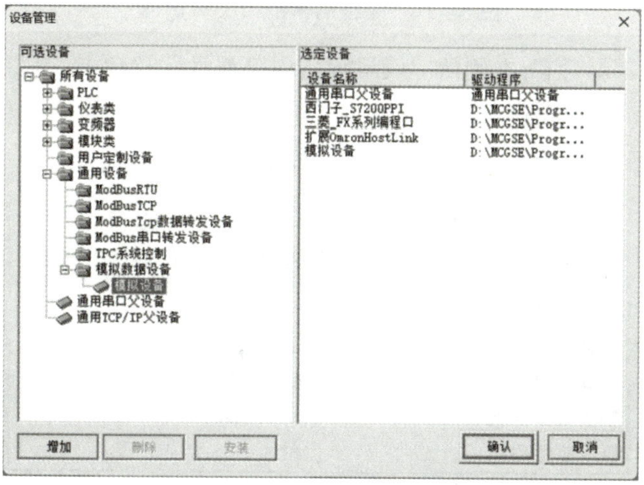

图 5-44　“设备管理”对话框

（4）选择“选定设备”列表中的“模拟设备”，单击“确认”按钮，“模拟设备”即被添加到“设备工具箱”对话框中，如图 5-45 所示。

（5）双击“设备工具箱”对话框中的“模拟设备”，模拟设备被添加到“设备组态：设备窗口”窗口中，如图 5-46 所示。

图 5-45 “设备工具箱”对话框

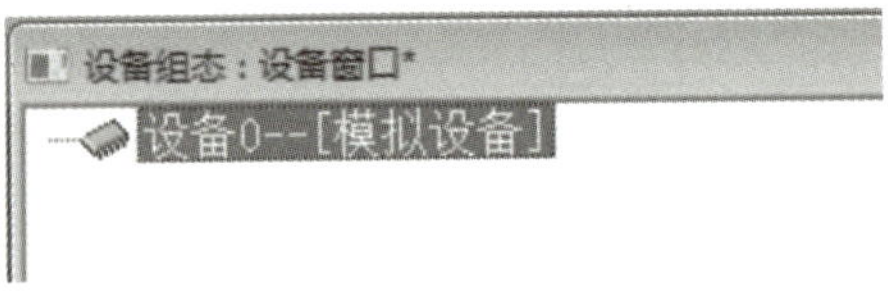

图 5-46 设备组态：设备窗口

（6）双击“设备 0-[模拟设备]”，进入“设备编辑窗口”对话框，如图 5-47 所示。

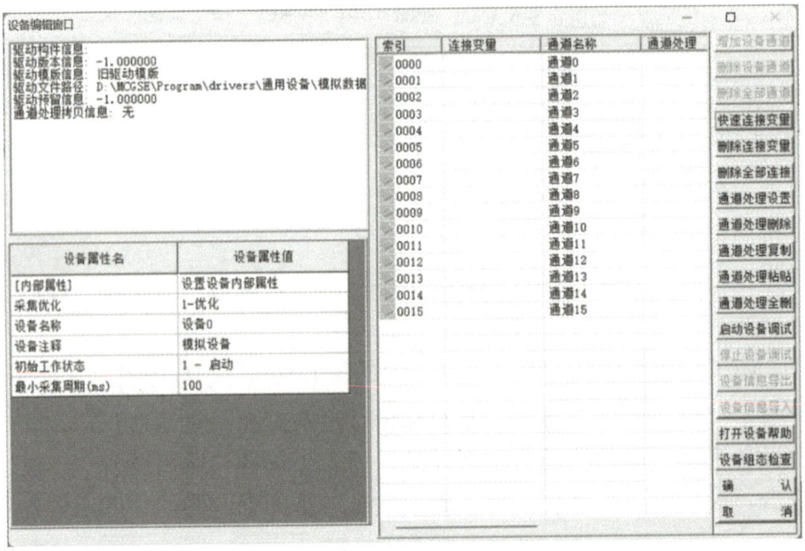

图 5-47 “设备编辑窗口”对话框

（7）单击“[内部属性]”右侧的“设置设备内部属性”选项卡，其右侧会出现 ... 按钮，如图 5-48 所示。单击此按钮进入“内部属性”对话框。将通道 1 的最大值设置为 100，将周期设置为 10 s，如图 5-49 所示。单击“确认”按钮，完成“内部属性”设置。

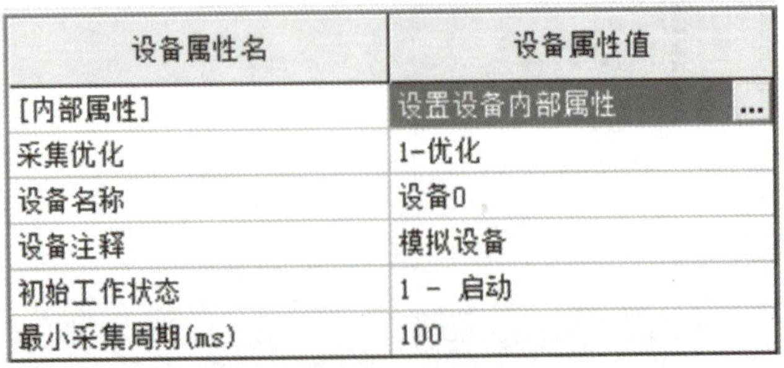

设备属性名	设备属性值
[内部属性]	设置设备内部属性 ...
采集优化	1-优化
设备名称	设备0
设备注释	模拟设备
初始工作状态	1 - 启动
最小采集周期(ms)	100

图 5-48 “设置设备内部属性”按钮

（8）单击“设备编辑窗口”对话框右侧“连接变量”下方的空白区域，进行通道连接设置。选择“通道 0”的对应数据对象输入框，输入“液位”（或右击，弹出数据对象列表后，选择“液位”命令），如图 5-50 所示。

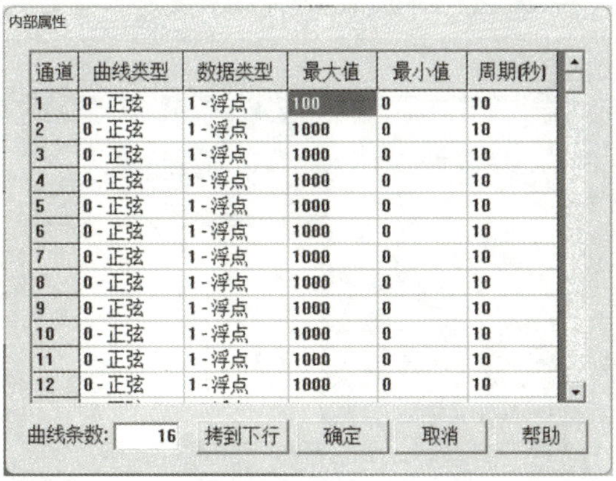

通道	曲线类型	数据类型	最大值	最小值	周期(秒)
1	0-正弦	1-浮点	100	0	10
2	0-正弦	1-浮点	1000	0	10
3	0-正弦	1-浮点	1000	0	10
4	0-正弦	1-浮点	1000	0	10
5	0-正弦	1-浮点	1000	0	10
6	0-正弦	1-浮点	1000	0	10
7	0-正弦	1-浮点	1000	0	10
8	0-正弦	1-浮点	1000	0	10
9	0-正弦	1-浮点	1000	0	10
10	0-正弦	1-浮点	1000	0	10
11	0-正弦	1-浮点	1000	0	10
12	0-正弦	1-浮点	1000	0	10

图 5-49 “内部属性”设置

索引	连接变量	通道名称	通道处理
0000	液位	通道0	
0001		通道1	
0002		通道2	
0003		通道3	
0004		通道4	
0005		通道5	
0006		通道6	
0007		通道7	
0008		通道8	
0009		通道9	
0010		通道10	
0011		通道11	
0012		通道12	
0013		通道13	
0014		通道14	
0015		通道15	

图 5-50 “连接变量”设置

（9）单击右侧“启动设备调试”按钮，可以看到通道 0 对应的数据对象的值在发生变化，如图 5-51 所示。单击右侧“停止设备调试”按钮，则通道 0 对应的数据对象的值停止变化。

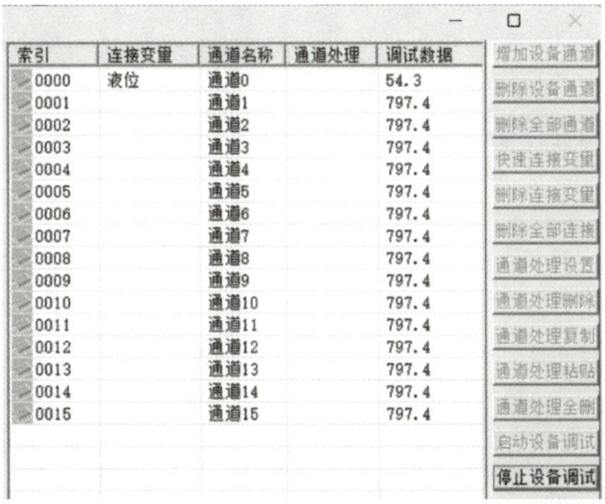

索引	连接变量	通道名称	通道处理	调试数据
0000	液位	通道0		54.3
0001		通道1		797.4
0002		通道2		797.4
0003		通道3		797.4
0004		通道4		797.4
0005		通道5		797.4
0006		通道6		797.4
0007		通道7		797.4
0008		通道8		797.4
0009		通道9		797.4
0010		通道10		797.4
0011		通道11		797.4
0012		通道12		797.4
0013		通道13		797.4
0014		通道14		797.4
0015		通道15		797.4

图 5-51 “调试数据”选项卡

7）程序运行

保存工程，将“实时曲线”窗口设置为启动窗口，运行工程。系统首先显示“实时曲线”窗口，其中显示容器液位的实时数据及实时变化曲线。“实时曲线”窗口运行效果如图 5-52 所示。

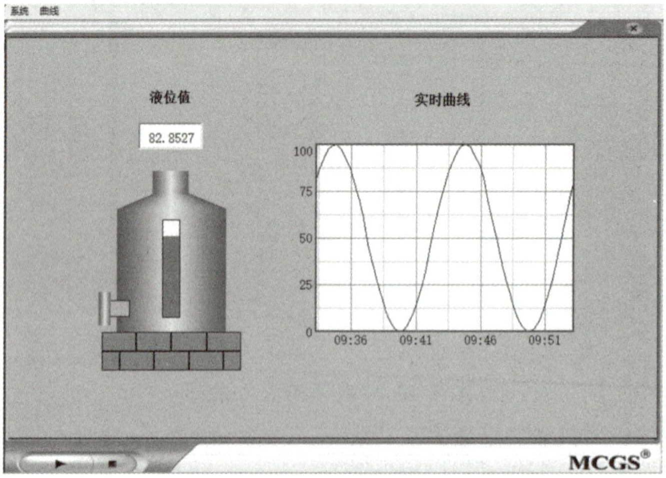

图 5-52 “实时曲线”窗口

选择“曲线”→“历史曲线”命令，出现“历史曲线”窗口，其中显示容器液位的历史数据变化曲线。“历史曲线”窗口运行效果如图 5-53 所示。

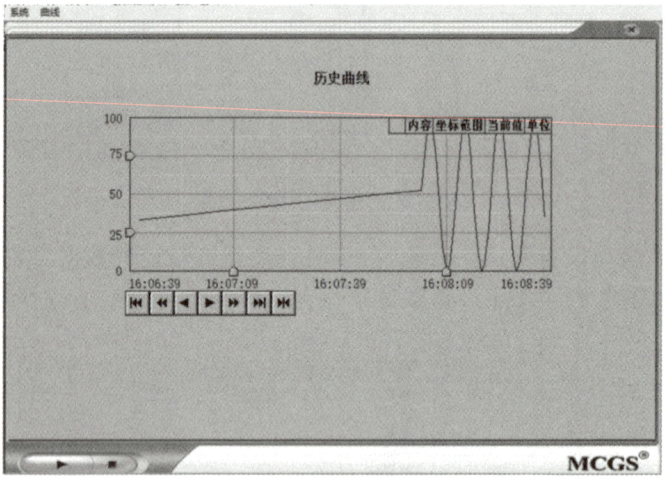

图 5-53 “历史曲线”窗口

第 6 章　报表输出与配方处理

6.1　MCGS 的报表输出

在实际工程应用中，大多数监控系统需要对数据采集设备采集的数据进行存盘、统计分析，并根据实际情况打印出数据报表。所谓数据报表就是根据实际需要以一定格式将统计分析后的数据记录显示并打印出来，以便对系统监控对象的状态进行综合记录和规律总结。

数据报表在工控系统中是必不可少的一部分，是整个工控系统的最终结果输出。实际中常用的报表形式包括实时数据报表和历史数据报表（如班报表、日报表、月报表）等。

6.1.1　报表机制

大多数应用系统中的数据报表一般分为实时数据报表和历史数据报表两种类型。实时数据报表是实时地将当前数据对象的值按一定的报表格式（用户组态）显示并打印出来，是对瞬时量的反映。实时数据报表可以通过 MCGS 嵌入版系统的自由表格构件来组态并显示、打印实时数据报表。

历史数据报表是从历史数据库中提取存盘数据记录，把历史数据以一定的格式显示和打印出来。

为了能够快速地组态工程数据报表，MCGS 嵌入版系统提供了灵活方便的报表组态功能。系统提供了“历史表格”动画构件，可以用于报表组态。

“历史表格”动画构件是 MCGS 嵌入版系统提供的内嵌的报表组态构件，用户只需在 MCGS 嵌入版系统下组态绘制报表，通过 MCGS 嵌入版的打印和显示窗口即可打印和显示数据报表。本章主要介绍如何通过 MCGS 嵌入版的“历史表格”动画构件组态报表。

MCGS 嵌入版“历史表格”构件实现了强大的报表和统计功能，其特性主要包括：

（1）显示静态数据、实时数据库的动态数据、历史数据库中的历史记录以及对它们的统计结果。

（2）可以方便、快捷地完成各种报表的显示和打印功能。

（3）在历史表格构件中内建数据库查询功能和数据统计功能，轻松地完成各种查询和统计任务。

（4）历史表格具有数据修改功能，可以使报表的制作更加完美。

（5）“历史表格”构件是基于“所见即所得”机制，用户可以在窗口上利用历史表格构件强大的格式编辑功能配合 MCGS 嵌入版的画图功能作出各种精美的报表，包括与曲线混排、在报表上放置各种图形和徽标。

（6）可以打印出多页报表。MCGS 嵌入版自由表格是一个简化的历史表格，取消了与历史数据的连接、历史表格中的统计功能、历史数据报表制作有关的功能，但是具备与历史表格一样的格式化和表格结构组态功能，可以很方便地与实时数据连接，构造实时数据报表。由于自由表格的组态与历史表格非常接近，只是在数据连接上稍有差异，因此本书将一起介绍它们的使用方法。

6.1.2 创建报表

在 MCGS 嵌入版的绘图工具箱中，选择自由表格或历史表格，在用户窗口中，按下鼠标左键就可以在用户窗口中绘制出一个表格，如图 6-1 所示。

选择表格，使用工具条上的按钮对表格的各种属性进行设置，如去掉外面的粗边框、改变填充颜色、改变边框线型等。在报表上拉出一根直线，并放置一幅位图，如图 6-2 所示。对表格的事件进行组态：在表格上单击鼠标右键，在右键菜单中选择事件编辑，弹出事件编辑对话框，就可以对表格的事件进行编辑。

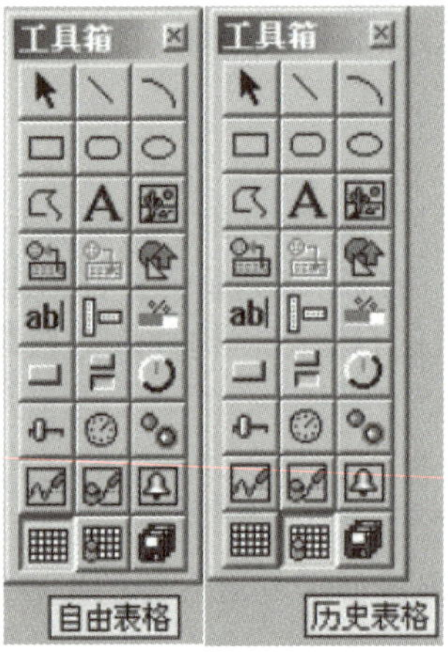

图 6-1 “自由表格”按钮和“历史表格”按钮

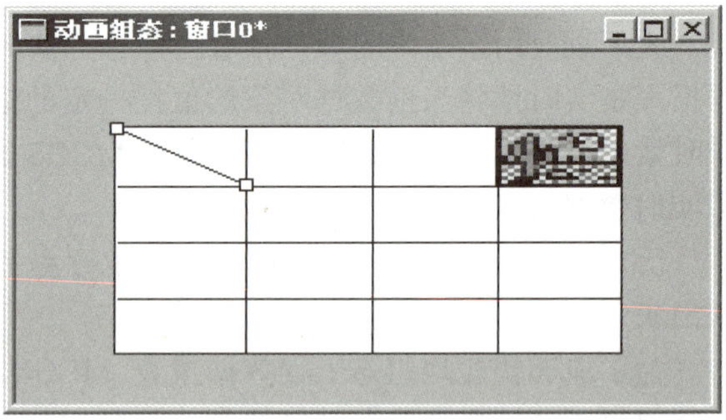

图 6-2 绘制表格

6.1.3 报表组态

报表创建后，缺省为一张空表。需要对表格进行组态，才能形成最终需要的报表。对报表的组态，需要先双击表格构件，进入报表组态状态，如图 6-3 所示。由图 6-3 可知，MCGS 嵌入版弹出了表格组态工具条，同时主菜单中的“表格”菜单也可以使用，在表格周围，浮现出一个行列索引条，之前摆在表格上方的直线和位图也暂时放到表格后面了。

表格的组态，不论是自由表格还是历史表格，都分为两个层次来进行。这两个层次在表格的组态中，体现为表格两种状态的组态：显示界面组态和连接方式组态。

显示界面的组态包括表格单元是否合并、表格单元内固定显示的字符串。如果表格单元内连接了数据，使用什么样的形式来显示这些数据（格式化字符串），表格单元在运行时是否可以编辑，是否需要把表格单元中的数据输出到某个数据变量上去。

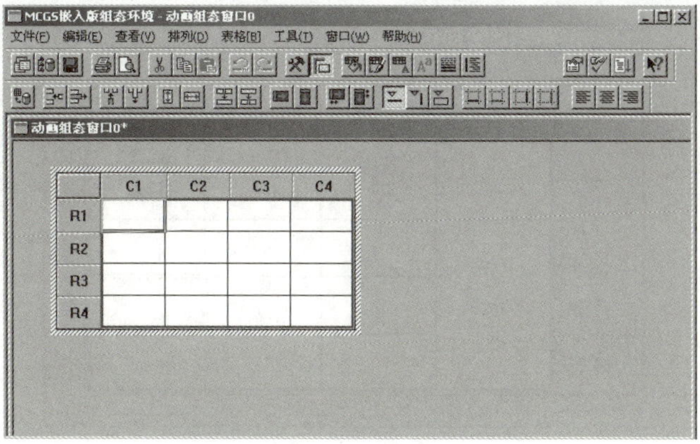

图 6-3　进入报表组态状态

数据连接的组态，在自由表格中对每个单元格进行数据连接，在历史表格中用户可以根据实际情况确定是否需要构成一个单元区域以便连接到数据源中，或是否对数据对象进行统计处理等。

1. 表格基本编辑方法

表格的基本编辑方法主要包括：

（1）鼠标左键单击某单元格，选中的单元格上有黑框显示。

（2）鼠标左键单击某个单元格后拖动则为选择多个单元格。选中的单元格区域周围有黑框显示，第一个单元格反白显示，其他单元格反黑显示。

（3）鼠标左键单击行列索引条（报表中标识行列的灰色单元格）为选择整行或整列。

（4）单击报表左上角的固定单元格为选择整个报表。

（5）允许在获得焦点的单元格直接输入文本。用鼠标左键双击单元格使输入光标位于该单元格内，输入字符。按下回车键或鼠标左键单击其他单元格为确认输入。

（6）如果某个单元格在界面组态状态下输入了文本，而且没有在连接组态状态下连接任何内容，则在运行时，输入的文本被当作标签直接显示；如果在连接组态状态下连接了数据，则在运行时，输入的文本被试图解释为格式化字符串，如果不能被解释为格式化字符串（不符合要求），则忽略输入的文本。

（7）在单元格内输入文本时，可以使用 Ctrl+Enter 组合键来输入一个回车。利用这个方法可以在一个表格单元内书写多行文本，或输入竖状文字。如图 6-4 所示。

（8）允许通过鼠标拖动来改变行高、列宽。将鼠标移动到固定行或固定列之间的分割线上，鼠标形状变为双向黑色箭头时按下鼠标左键，拖动鼠标以修改行高、列宽。

（9）当选定一个单元格时，可以使用一般组态工具条上的字体设置按钮来设置字体和文字颜色；使用填充色来设置单元格内填充的颜色；使用线型、线色来设置单元格的边线。通过表格组态工具条中的设置边线按钮组，可以设置边线的线型和颜色；通过表格组态工具条中的边线消隐按钮组，设置显示和消隐的边线。

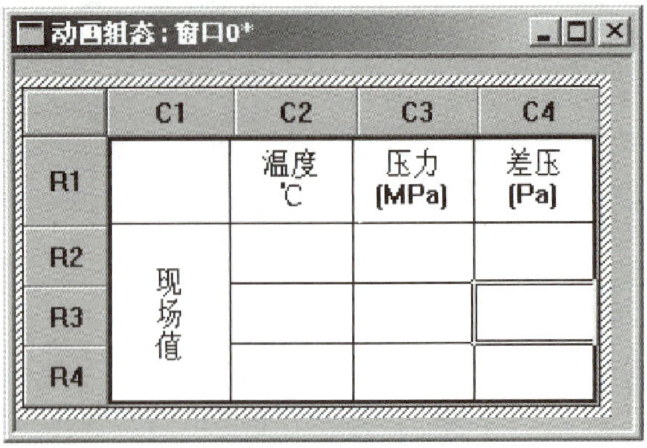

图 6-4　表格单元内输入文字

（10）使用编辑菜单中的复制、剪切、粘贴命令和一般组态工具条上的复制、剪切和粘贴按钮来编辑单元格内容。

（11）使用表格编辑工具条中的对齐按钮来设置单元格的对齐。

（12）使用合并单元格和拆分单元格来设置单元格的合并与拆分。

自由表格的界面组态包括直接填写显示文本和直接填写格式化字符串两种方式。对历史表格，除了填写显示文本和填写格式化字符串以外，还可以进行单元的编辑和输出组态，即在界面组态状态下选定需要组态的一个或一组单元格，按下鼠标右键，在弹出的菜单中选择表元连接，或者在表格菜单中选择表元连接，则弹出单元格界面属性设置对话框。

2. 表格连接组态

1）自由表格连接组态

自由表格的连接组态非常简单，只需要切换到连接组态状态下，然后在各个单元格中直接填写数据对象名，或者直接按照脚本程序语法填写表达式，表达式可以是字符、数值和开关型的。充分利用索引、拷贝的功能，可以快速填充连接。也可以一次填充多个单元格，即选定一组单元格后在选定的单元格上按下鼠标右键，在弹出的“数据对象浏览”对话框的列表框中选定多个数据对象，如图 6-5 所示。然后按下回车键，MCGS 嵌入版将按照从左到右、从上到下的顺序填充各个单元框，如图 6-6 所示。

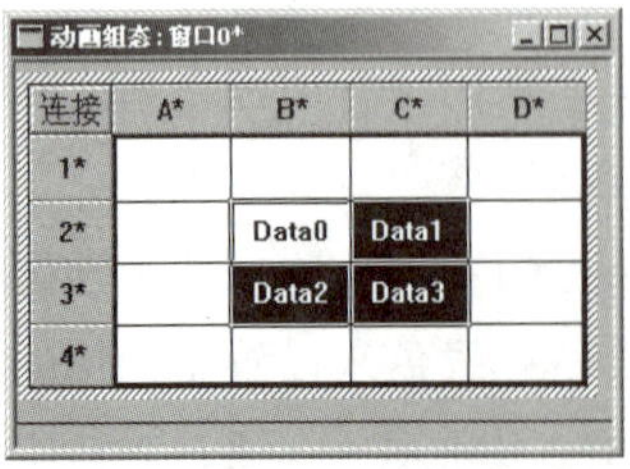

图 6-5　选定多个数据对象

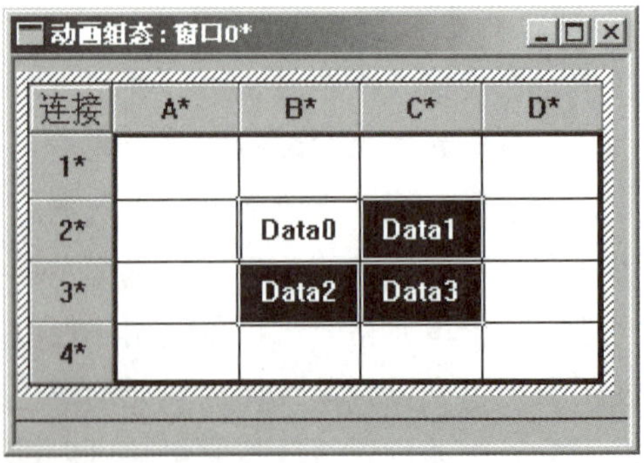

图 6-6　连接组态效果

2）历史表格连接组态

历史表格的连接组态则比较复杂。在历史表格的连接组态状态下，表格单元可以作为单个表格单元来组态连接，也可以形成表格单元区域来组态连接。

把表格单元连接到脚本程序表达式，单元格表达式以及单元格统计结果必须把单元格作为单个表格单元来组态；把表格单元连接到数据源，则必须把表格单元组成表格区域来组态，即使是一个表格单元也要组成表格区域来进行组态。

为了组成表格区域，应在连接组态状态下选定一组或一个单元格，使用表格编辑工具条上的合并表元按钮或“表格”→“合并表元”命令，这些单元格内就用斜线填充，表示已经组成一个表格区域，必须一起组态它们的连接属性，如图 6-7 所示。

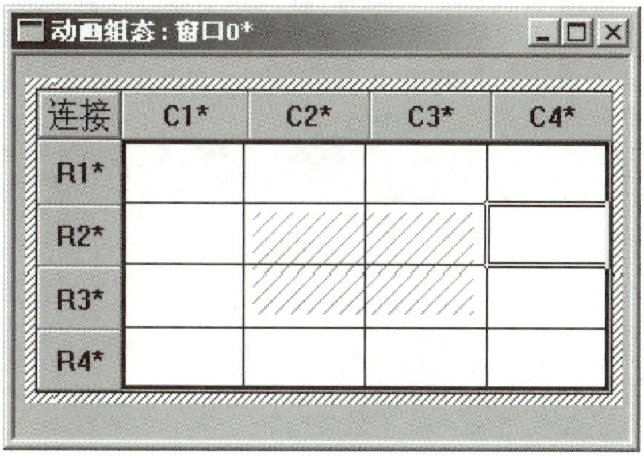

图 6-7　组成表格区域

对单个单元格进行组态，在连接组态状态下选定需要组态的单元格后，使用“表格”→“表元连接”命令，或者按下鼠标右键，弹出“单元连接属性设置”对话框，如图 6-8 所示。如同界面组态中一样，也可以一次选定多个单元格，对多个单元格同时进行组态。

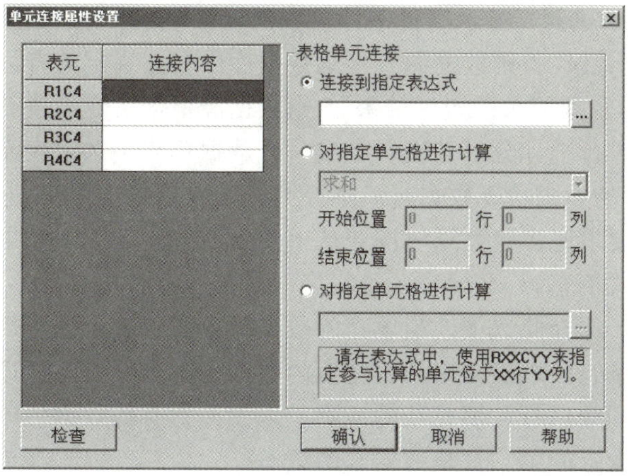

图 6-8　“单元连接属性设置”对话框

在单元连接属性设置对话框中，可以设置的选项主要包括：

（1）单元格列表。列出所有正在组态的单元格，如 R2C4 表示第 2 行第 4 列的单元格。使用鼠标选定某列后，就可以在右边的表格单元连接中对选定的单元格进行连接设置。

（2）表格单元连接。需要组态的选项主要包括：

① 连接到指定表达式。把表格内容连接到一个脚本程序表达式。

② 对指定单元格进行计算。选定对某个区域内的单元格进行计算，此选项通常用于在汇总单元格内对一行或一列内的一批单元格进行汇总统计。可以提供的计算方法主要包括求和、求平均值、求最大值等等。

③ 对指定单元格进行计算。写出一个单元格表达式，对几个单元格进行计算。

3）对表元区域进行组态

在连接组态状态下，首先选定需要组态的表元区域，使用“表格”→“表元连接”命令或鼠标右键，弹出“数据库连接设置”对话框，如图 6-9 所示。

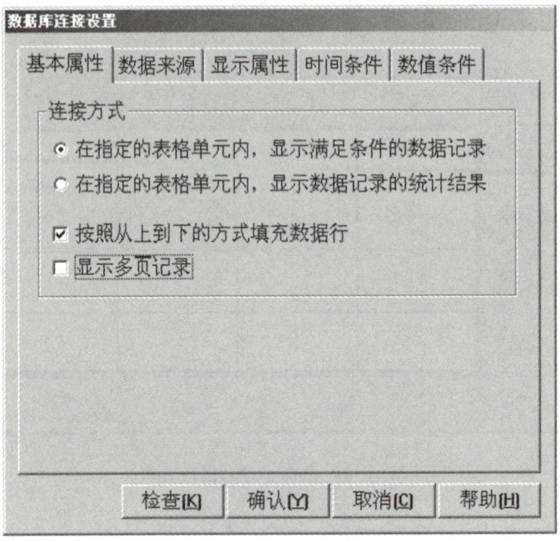

图 6-9 “数据库连接设置”对话框

（1）在“基本属性”选项卡中可以组态的选项。

① 连接方式。可以选择“显示满足条件的数据记录”“显示数据记录的统计结果”。选择“显示满足条件的数据记录”，则数据源直接从数据库中根据指定的查询条件提取一行到多行数据；如果选择“显示数据记录的统计结果”，则数据源根据指定的查询条件从数据库中提取到需要的数据，然后进行统计分析处理，生成一行数据填充到选定表元区域中。

② 按照从上到下的方式填充数据行。选择此选项，导致 MCGS 嵌入版按照水平填充的方式填充数据，即需要填充多行数据时按照从上到下的方式填充。如果不选择此选项，则数据按照从左到右的方式填充。

③显示多页记录。选择此选项，当填充的数据行数多于表元区域的行数时，在表元区域的右边出现一个滚动条，可以滚动来浏览所有的数据行。当打印此窗口时，MCGS 嵌入版自动增加打印页数并滚动数据行，填充新的一页，以便把所有的数据打印出来。

（2）数据库连接设置的第二页是数据来源组态。

数据来源设置如图 6-10 所示。在 MCGS 嵌入版中使用自建文件系统来管理数据存储，而不再使用 ACCESS 数据库来存储数据，故只能选择组对象对应的存盘数据库，ACCESS 数据库及 ODBC 数据库等均不能再作为数据来源。

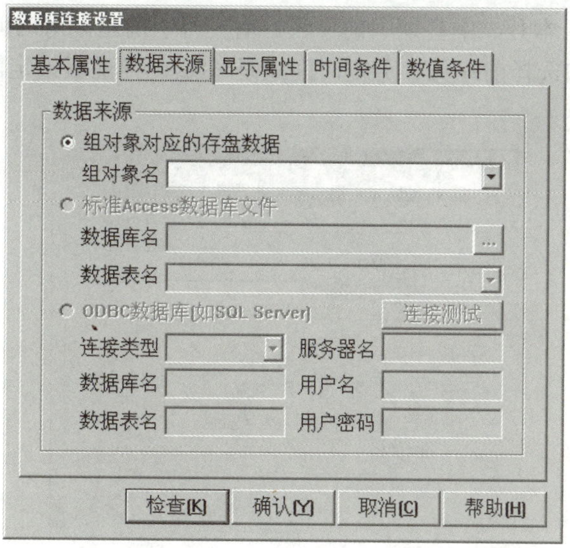

图 6-10 “数据来源”选项卡

（3）第三页是显示属性页。

在显示属性页中，可以将获取到的数据连接到表元上。可使用的组态配置主要包括：

① 对应数据列。如果已经连接了数据来源并且数据源可以使用，就可以使用“复位”按钮将所有的表元列自动连接到合适的数据列，使用“上移”“下移”按钮改变连接数据列的顺序。在对应数据列中，使用下拉框列出所有可用的数据列，并从中选择合适的一个数据列。

② 显示内容。如果在“基本属性”选项卡中选择了“显示满足条件的数据记录”，则显示内容中只能选择显示记录。如果在“基本属性”选项卡中选择了”显示数据记录的统计结果”，则在“显示内容”中可以选择“显示统计结果”。可以选择的统计方法主要包括求和、求平均值、求最大值、求最小值、首记录、末记录、求累计值等，其中首记录和末记录是指所有满足条件的记录中的第一条记录和最后一条记录的对应数据列的值，通常用于时间列或字符串列；累计值是指从记录数据中提取的值，此处记录数据不是普通数据而是某种仪表累积产生的数据，如在一个小时内水表产生的数据 32.1、32.9、33.4、……、211.11，这一个小时内提取出来的累计水量为 179.01（211.11 与 32.1 之差 ）。

③ 时间显示格式。组态时间列在表格中的显示格式。

（4）第四页组态时间条件。

组态结果将影响从数据库中选择哪些记录和记录的排列顺序，如图 6-11 所示。可以组态的选项内容主要包括：

① 排序列名。选择一个排序列，按照升序或降序方式把从数据库中提出的数据记录按照需要的顺序排列。

② 时间列名。选择一个时间列，进行有关时间范围的选择。

③ 设定时间范围。选定一个时间列，进行时间范围的选择。通过时间范围的选择，可以提取出需要时间段内的数据记录并填充到报表中。时间范围的填充方法主要包括：

a. 所有存盘数据都满足要求。

b. 最近 X 分钟内的存盘数据。

c. 可以选择当天、本月、本星期、前一天、前一月、前星期等时间。分割时间点是指从什么时间开始计算，如选择前一天，分割时间点是 6 点，则最后设定的时间范围是从昨天 6 点到今天 6 点。

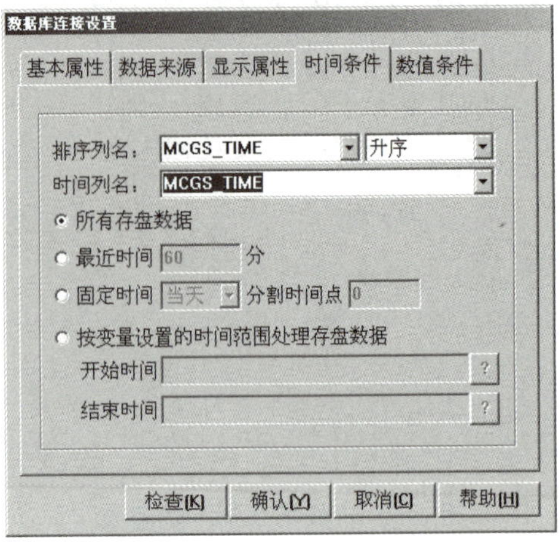

图 6-11 “时间条件”选项卡

④ 按照变量设置时间范围。连接两个变量，用于把需要的时间在填充历史表格时送进来。变量应该是字符型变量，格式为“YYYY-mm-DD HH:MM:SS”或“YYYY 年 mm 月 DD 日 HH 时 MM 分 SS 秒”。在用户窗口打开时，进行一次历史表格填充。

因此，常见用法是首先弹出一个用户窗口，以对话框方式让用户填写需要的时间段，把时间送到连接的变量中，然后在关闭这个窗口时打开包含有历史表格的窗口，此时用户设置的变量将在历史表格的填充中过滤数据记录，生成用户需要的报表；或者在包含有历史表格的窗口中让用户填写时间，形成时间字符串，送到变量中，然后将一个按钮命名为刷新按钮，调用窗口的刷新方法，强制表格重新装载数据，生成合适的报表。

（5）第五页数值条件。

第五页数值条件用于按设置的数值条件过滤数据库中的记录，如图 6-12 所示。可以组态的项目的内容主要包括：

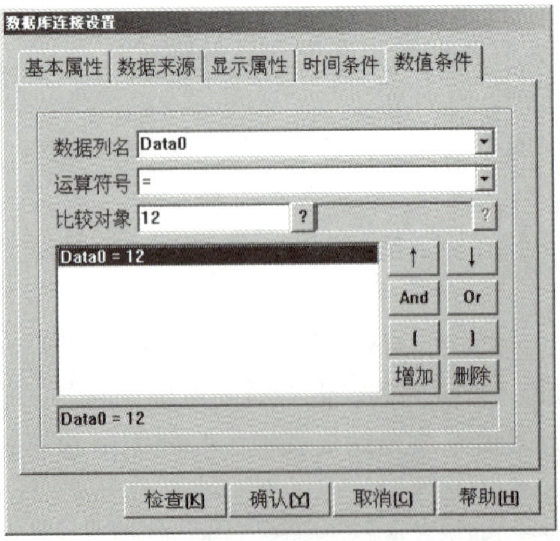

图 6-12 “数值条件”选项卡

① 数值条件组态。数值条件组态主要包括数据列名选择、运算符号、比较对象三个部分，任何一个数值条件都包括这三个部分。运算符号包括=、>、<、>=、<=、between。Between 是为时间列准备的，使用 Between 时需要两个比较对象，形成“MCGS_TIME Between 时间 1 And 时间 2”的形式，比较对象可以是一个常数，也可以是表达式。在“数值条件”中完成组态后，可以使用“增加”按钮来将数值条件添加到条件列表框。

② 条件列表框。条件列表框中列出了所有的条件和逻辑运算关系，在条件列表框下面的只读编辑框中显示出最后合成的数值条件表达式。

③ 条件逻辑编辑按钮。按钮主要包括↑上移、↓下移、And 操作、OR 操作、左括号、右括号、增加和删除等，调节逻辑编辑关系可以形成复杂的逻辑数值条件表达式。条件列表框下面合成的最后表达式，有助于组态出正确的表达式。

6.2 MCGS 的配方处理

在制造领域，配方是用来描述生产一件产品所用的不同配料之间的比例关系，是生产过程中一些变量对应的参数设定值的集合。如面包厂生产面包时有一个配料配方，此配方列出所有用于生产面包的配料如水、面粉、糖、鸡蛋、蜂蜜等，而不同口味的面包会有不同的配料用量，如甜面包会使用更多的糖，而低糖面包则使用更少的糖。在 MCGS 嵌入版配方构件中，所有配料的列表就是一个配方组，而每一种口味的面包原料用量则是一个配方。把配方组想象成一张表格，表格的每一列就是一种原料，而每一行就是一个配方，单元格的数据则是每种原料的具体用量，如表 6-1 所示。

表 6-1 配方原料用量表

面包类型	配方				
	糖	盐	面粉	水	蜂蜜
甜面包	80	10	80	30	10
低糖面包	30	5	80	30	0
无糖面包	10	5	80	30	0

6.2.1 配方管理方式

MCGS 配方构件采用数据库处理方式，可以在一个用户工程中同时建立和保存多种配方。每种配方的配方成员和配方记录可以任意修改，各个配方成员的参数可以在开发和运行环境下修改，可随时指定配方数据库中的某个记录为当前的配方记录，把当前配方记录的配方参数装载到 MCGS 实时数据库的对应变量中，也可把 MCGS 实时数据库的变量值保存到当前配方记录中，同时提供对当前配方记录的保存、删除、锁定、解锁等功能。MCGS 配方构件由配方组态设计、配方操作和配方编辑 3 部分组成。在 MCGS 组态环境窗口中选择“工具”→“配方组态设计”命令，可以进行配方组态设计；在运行策略中可以组态“配方操作”；在运行环境中可以进行“配方编辑”操作。

使用 MCGS 配方构件一般分为如下 3 个步骤：

第一步，配方组态设计。选择“工具”→“配方组态设计”命令，可设置各个配方所要求的各种成员和参数值，如一个面包店生产面包需要的各种原料及参数配置比例。

第二步，配方操作。在运行策略中设置对配方参数的操作方式，如编辑配方记录、装载配方记录等操作。

第三步，动态编辑配方。在运行环境中动态地编辑配方参数。

6.2.2 配方组态设计

单击“工具”菜单下的“配方组态设计”菜单项，进入 MCGS 嵌入版配方组态窗口，如图 6-13 所示。

“配方组态设计”窗口是一个独立的编辑环境。用户通过菜单、工具栏按钮以及键盘热键能够完成配方和配方成员的新建、编辑、删除等操作。“配方组态设计”窗口主要分为三部分：

（1）左边是配方组列表，工程中所有的配方组都会显示在这里。

（2）右边上部是配方组的名称、成员变量个数等配方组信息。

（3）下方则显示这个配方组的成员变量列表及其对应的数据对象名称、列标题等信息。用户要查看或者修改某一个配方组的成员及其参数，必须先从列表中选中要操作的配方组，然后在右边进行相应的操作。

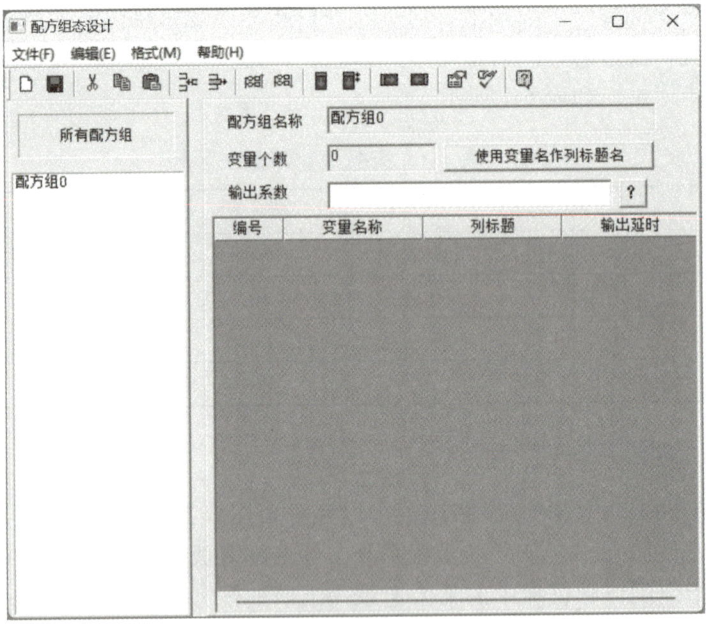

图 6-13 “配方组态设计”窗口

使用配方组态设计进行配方参数设置的具体步骤主要包括：

（1）新建配方组。单击“文件”菜单中的“新增配方组”菜单项，会自动建立一个缺省的配方组。缺省的配方组名称为“配方组 X”，没有任何成员变量，输出系数为空。

（2）配方组改名。从左边配方组列表中选中要改名的配方组，再单击“文件”菜单中的“配方组改名”菜单项，然后在输入对话框中输入配方组的新名字。

（3）配方组信息修改。选中配方组，在右边上方输入配方组的新信息，例如输出系数。

（4）配方组成员变量编辑。选中配方组后，右边会显示配方组的信息和成员变量列表，每个成员变量就是成员变量列表窗口中的一行。通过“格式”菜单中的菜单项或者工具栏的相应图标，可以完成配方组成员变量的添加（ ）、删除（ ）、拷贝（ ）、移动（ ）等操作。设置成员变量对应的数据对象，可以选中成员变量单元格，然后按 F2 键或者单击鼠标左键输入数据对象名称；或者在单元格上单击鼠标右键通过实时数据选择窗口选择成员变量对应的数据对象。如果用户输入的数据对象不存在于实时数据库，配方组态窗口会提示用户是否添加此数据对象对话框。

（5）配方编辑。配方组设置完成后就可以录入配方数据。在左边配方组列表中双击需要修改的配方组或者选择“编辑”菜单的“编辑配方”菜单项，打开“配方修改”窗口如图 6-14 所示。在“配方修改”窗口配方列表中每一列就是一个配方，用户可以添加多个配方，并为每个配方设置不同的变量值。

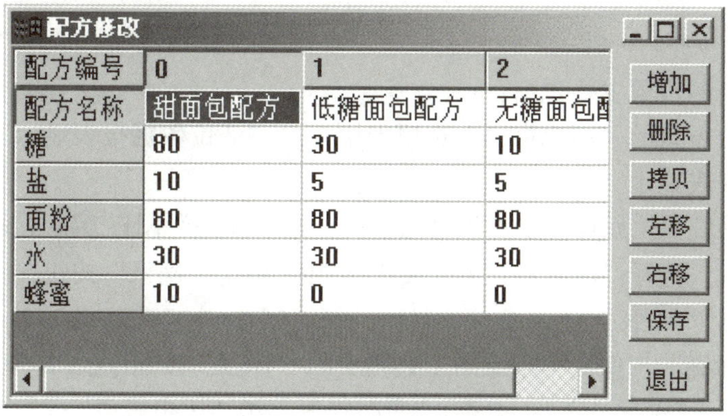

图 6-14 “配方修改”窗口

6.2.3 配方操作设计

当组好一个配方后，在运行环境中就需要对配方进行操作，如装载配方记录、保存配方记录值等。MCGS 嵌入版使用特定的配方脚本函数来实现对配方记录的操作。

可用的配方脚本函数主要包括：

（1）用户界面装载和编辑配方的函数。

（2）不带用户界面的配方装载和编辑函数。

（3）配方组中当前配方的定位函数。

（4）对当前配方进行操作的函数。

6.2.4 动态编程配方

用户可以在运行环境中对指定的配方进行动态的编辑，包括记录值的重新输入，记录的增加、删除和保存，当前记录的装载等操作。

巩固练习 11：液位数据报表显示

1. 学习目标

（1）掌握组态软件实时报表的制作和输出方法。

（2）掌握组态软件历史报表的制作和输出方法。

2. 练习内容

（1）建立实时报表，显示反应器中液位的实时变化数据。

（2）建立历史报表，显示反应器中液位的历史变化数据。

3. 实施步骤

1）建立新工程

建立“液位数据报表显示”的工程文件以及“液位数据报表显示”的用户窗口。

2）制作图形界面

制作图形界面的步骤主要包括：

（1）在工作台窗口的“用户窗口”选项卡中双击“液位数据报表显示”图标，进入“动画组态液位数据报表显示”窗口。

（2）添加“反应器”元件。单击工具箱中的“插入元件”图标，系统弹出“对象元件库管理”对话框。选择“反应器”中的反应器 29，单击“确认”按钮，所设计的界面中出现选择的“反应器”元件。

（3）添加“标签”构件。单击绘图工具箱中的“标签”按钮，添加 5 个“标签”，分别命名为“反应器”“温度计”“压力表”“实时报表”和“历史报表”，所有标签的边线颜色均设置为“没有边线”（双击标签就可进行设置）。

（4）添加温度计构件。单击工具箱中的“插入元件”图标，系统弹出“对象元件库管理”对话框。选择“仪表”中的仪表 37，单击“确认”按钮，所设计的界面中出现选择的温度计元件。

（5）添加压力表元件。单击工具箱中的“插入元件”图标，系统弹出“对象元件库管理”对话框，选择“仪表”中的仪表 30，单击“确定”按钮，所设计的界面中出现选择的压力表元件。

（6）添加实时报表构件。单击工具箱中的“自由表格”构件图标，然后将鼠标移动到窗口上，单击空白处并拖动鼠标，画出适当大小的矩形框，所设计的界面出现实时报表构件。

（7）添加历史报表构件。单击工具箱中的“历史表格”构件图标，然后将鼠标移动到窗口上，单击空白处并拖动鼠标，画出适当大小的矩形框，所设计的界面出现历史报表构件。

（8）添加标题。单击绘图工具箱中的“标签”按钮，输入“液位数据报表显示画面”的标题文字，设置内容包括：“填充颜色”设为“没有填充”；“边线颜色”设为“没有边线”；单击“字符字体”按钮，文字“字体”设为“楷体”，“字形”设为“粗体”，“大小”设为“小一”，“字符颜色”设为“深红色”。设置完成后，单击“确认”按钮。

设计好的图形界面如图 6-15 所示。

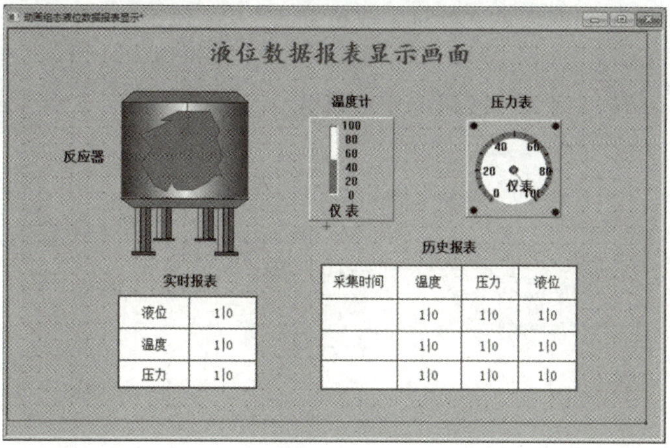

图 6-15　液位数据报表显示界面

3）定义数据对象

（1）在工作台窗口中切换至“实时数据库”选项卡。

（2）定义 3 个数值型数据对象。

单击“新增对象”按钮，再双击新出现的对象，系统弹出“ 数据对象属性设置”对话框。在“基本属性”选项卡中将对象名称改为“液位”，对象类型选“数值”，小数位设为“0”，对象初值设为“0”，最小值设为“0”，最大值设为“100”。

使用同样的方法定义对象“温度”，对象类型选“数值”，小数位设为“0”，对象初值设为“0”，最小值设为“0”，最大值设为“200”。使用同样的方法定义对象“压力”，对象类型选“数值”，小数位设为“0”，对象初值设为“0”，最小值设为“0”，最大值设为“200”。

（3）定义组对象。

单击“新增对象”按钮，再双击新出现的对象，系统弹出“ 数据对象属性设置”对话框。在“基本属性”选项卡中将对象名称改为“数据组”，对象类型选“组对象”，如图 6-16 所示。

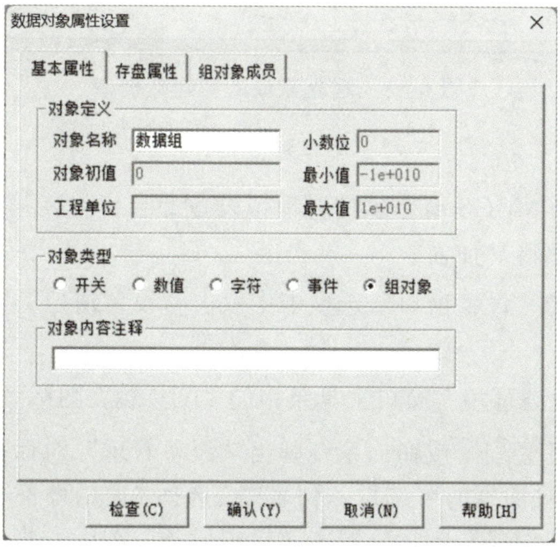

图 6-16　数据组对象基本属性设置

在“组对象成员”选项卡中，选择“数据对象列表”中的“液位”，单击“增加”按钮，数据对象“液位”被添加到右边的“组对象成员列表”中；使用同样的方法将“压力”“温度”添加到“组对象成员列表”中，如图 6-17 所示。进入存盘属性选项卡，选择“定时存盘”，存盘周期设为 5 s。单击“确认”按钮，完成设置。

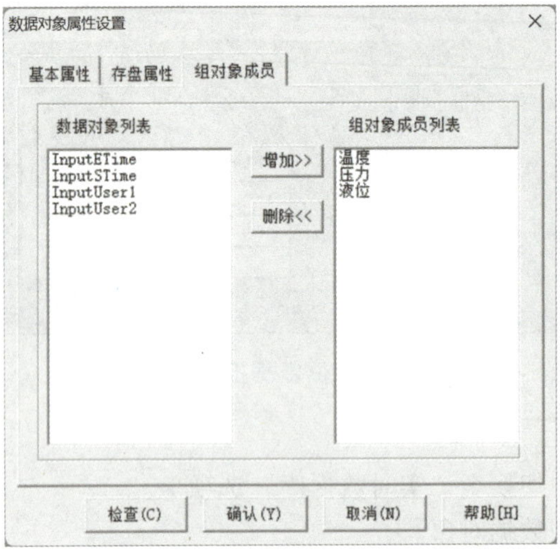

图 6-17　数据组对象成员属性设置

建立完成的实时数据库如图 6-18 所示。

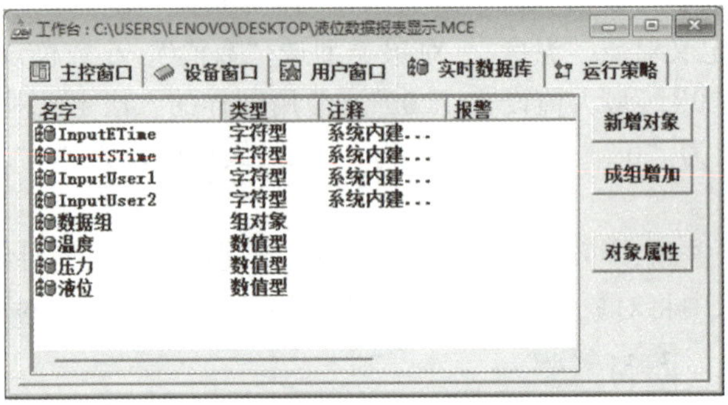

图 6-18　建立完成的实时数据库

4）连接模拟设备

通常情况下，在启动 MCGS 组态软件时模拟设备都会自动装载到设备工具箱。如果未被装载，可以按照以下步骤将其加入。

（1）在工作台窗口的“设备窗口”选项卡中双击“设备窗口”图标，进入“设备组态：设备窗口”。

（2）单击“MCGS 组态环境”窗口工具条中的“工具箱”图标 ，系统弹出“设备工具箱”对话框，单击“设备管理”按钮，系统弹出“设备管理”对话框。

（3）在“设备管理”对话框的可选设备列表中，选择“通用设备”下的“模拟数据设备”，展开其菜单会出现“模拟设备”图标，双击“模拟设备”图标，将“模拟设备”添加到右侧的选定设备列表，如图 6-19 所示。

（4）选择“选定设备”列表中的“模拟设备”，单击“确认”按钮，“模拟设备”即被添加到“设备工具箱”对话框中，如图 6-20 所示。

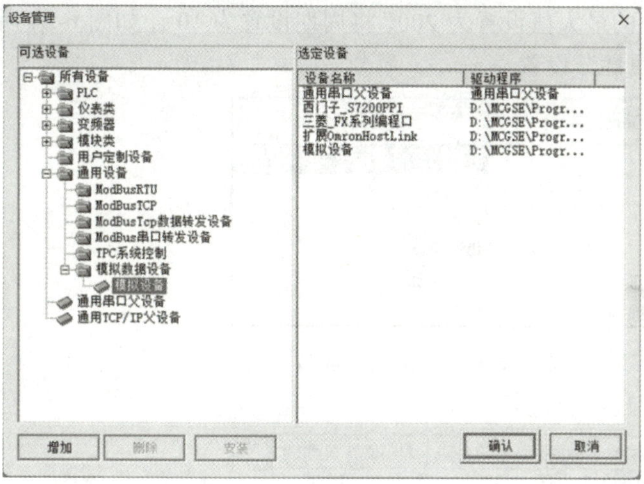

图 6-19 “设备管理”对话框

图 6-20 “设备工具箱”对话框

（5）双击“设备工具箱”对话框中的“模拟设备”，模拟设备被添加到“设备组态：设备窗口”窗口，如图 6-21 所示。

图 6-21 设备组态：设备窗口

（6）双击“设备 0-[模拟设备]”，进入“设备编辑窗口”对话框，如图 6-22 所示。

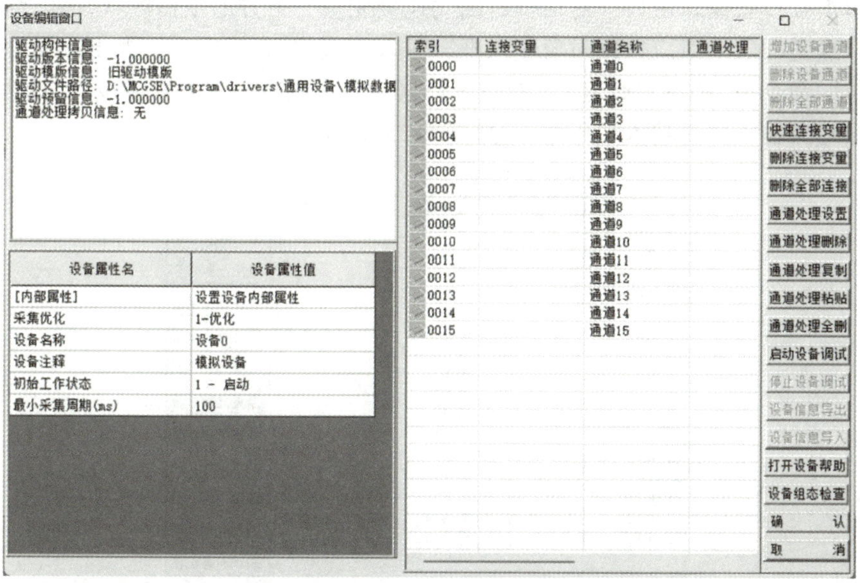

图 6-22 “设备编辑窗口”对话框

（7）单击“[内部属性]”右侧的“设置设备内部属性”选项卡，其右侧会出现...按钮，如图 6-23 所示。单击此按钮进入“内部属性”对话框。将通道 1 的最大值设置为 100，将周期设置为 10 s，将通道 2 和通道 3 的最大值设置为 200，将周期设置为 10 s，如图 6-24 所示。单击“确认”按钮，完成“内部属性”设置。

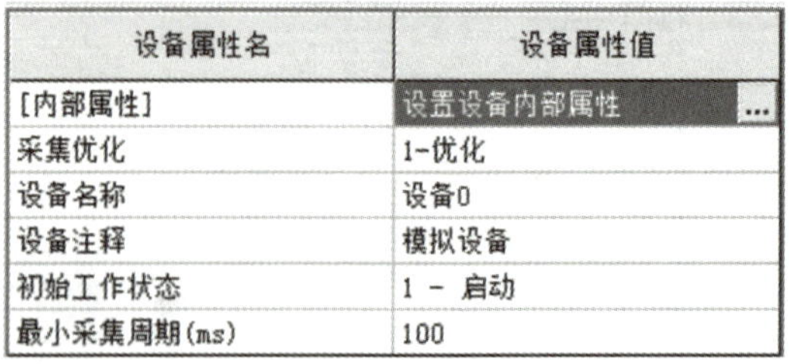

设备属性名	设备属性值
[内部属性]	设置设备内部属性
采集优化	1-优化
设备名称	设备0
设备注释	模拟设备
初始工作状态	1 - 启动
最小采集周期(ms)	100

图 6-23 “设置设备内部属性”按钮

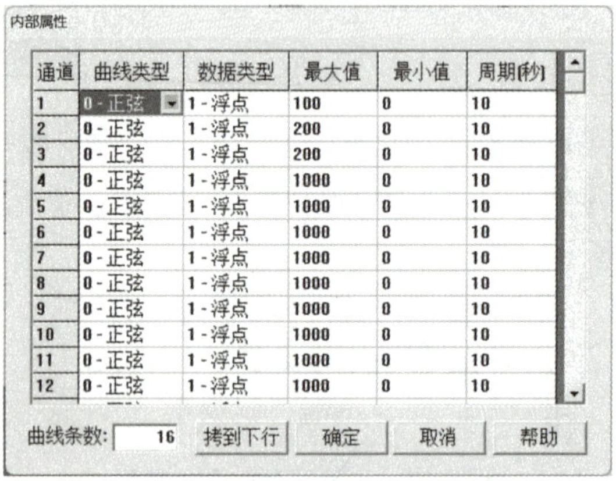

内部属性

通道	曲线类型	数据类型	最大值	最小值	周期[秒]
1	0 - 正弦	1 - 浮点	100	0	10
2	0 - 正弦	1 - 浮点	200	0	10
3	0 - 正弦	1 - 浮点	200	0	10
4	0 - 正弦	1 - 浮点	1000	0	10
5	0 - 正弦	1 - 浮点	1000	0	10
6	0 - 正弦	1 - 浮点	1000	0	10
7	0 - 正弦	1 - 浮点	1000	0	10
8	0 - 正弦	1 - 浮点	1000	0	10
9	0 - 正弦	1 - 浮点	1000	0	10
10	0 - 正弦	1 - 浮点	1000	0	10
11	0 - 正弦	1 - 浮点	1000	0	10
12	0 - 正弦	1 - 浮点	1000	0	10

曲线条数: 16　拷到下行　确定　取消　帮助

图 6-24 “内部属性”设置

（8）单击“设备编辑窗口”对话框右侧“连接变量”下方的空白区域，进行通道连接设置。选择“通道 0”的对应数据对象输入框，输入“液位”（或右击，弹出数据对象列表后，选择“液位”命令）；选择“通道 1”的对应数据对象输入框，输入“温度”；选择“通道 2”的对应数据对象输入框，输入“压力”，如图 6-25 所示。

索引	连接变量	通道名称	通道处理
0000	液位	通道0	
0001	温度	通道1	
0002	压力	通道2	
0003		通道3	
0004		通道4	
0005		通道5	
0006		通道6	
0007		通道7	
0008		通道8	
0009		通道9	
0010		通道10	
0011		通道11	
0012		通道12	
0013		通道13	
0014		通道14	
0015		通道15	

图 6-25 “连接变量”设置

（9）单击右侧“启动设备调试”按钮，可以看到 3 个通道中对应的数据对象的值在发生变化，如图 6-26 所示。单击右侧“停止设备调试”按钮，则通道中对应的数据对象的值停止变化。单击“确认”按钮，完成设置。

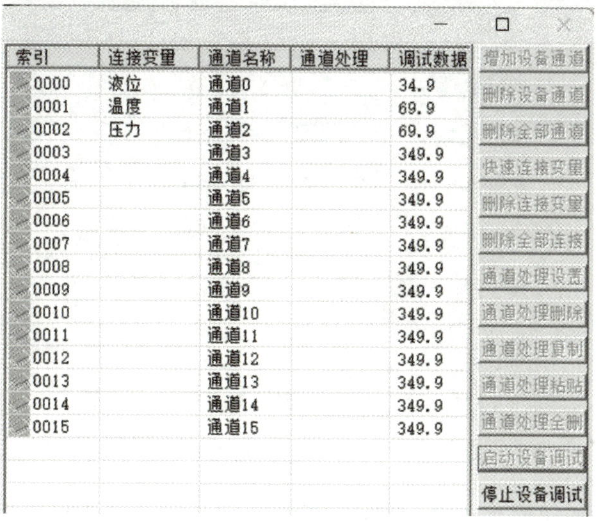

图 6-26 “调试数据”选项卡

5）建立动画连接

（1）建立“反应器”元件的动画连接。

① 双击动画组态窗口中的“反应器”元件，系统弹出“单元属性设置”对话框。在“动画连接”选项卡中选择图元名“组合图符”，连接类型为“大小变化”，右侧会出现 > 按钮，如图 6-27 所示。单击 > 按钮进入“动画组态属性设置”对话框，在“大小变化”选项卡中，表达式选择数据对象“液位”，最小和最大表达式的值分别设为“0”和“100”，如图 6-28 所示。

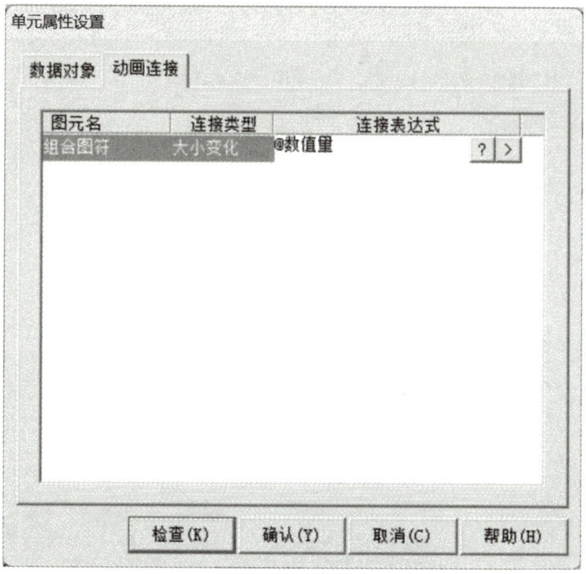

图 6-27 储藏罐动画连接设置

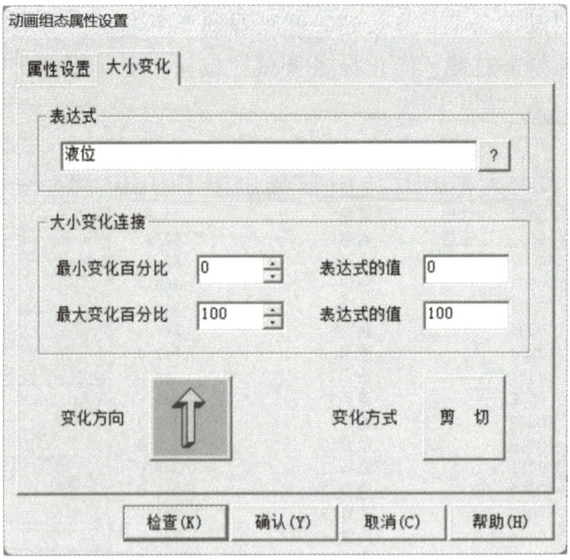

图 6-28　反应器动画组态属性设置

② 单击“确认”按钮回到“单元属性设置”对话框，动画连接表达式中会出现连接的对象“液位”。

③ 再次单击“确认”按钮，完成“反应器”元件的动画连接。

（2）建立温度计元件的动画连接。

① 双击窗口中温度计元件，系统弹出“单元属性设置”对话框。在“动画连接”选项卡中选择图元名为“百分比填充”、连接类型为“百分比填充”，右侧会出现 > 按钮。单击 > 按钮进入“百分比填充构件属性设置”对话框，在“操作属性”选项卡中表达式选择数据对象“温度”，“0%对应的值”设置为“0”，“100%对应的值”设置为“200”，如图 6-29 所示。

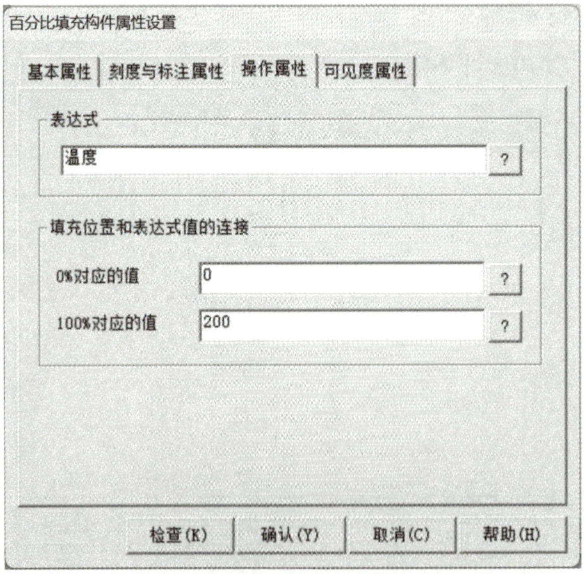

图 6-29　温度计元件“操作属性”设置

② 单击“确认”按钮回到“单元属性设置”对话框，动画连接表达式中会出现连接的对象“温度”。

③ 再次单击“确认”按钮，完成温度计元件的动画连接。

（3）建立压力表元件的动画连接。

① 双击窗口中压力表元件，系统弹出“单元属性设置”对话框。在“动画连接”选项卡中选择图元名“旋转仪表”、连接类型为“仪表输出”，右侧会出现 > 按钮。单击按钮 > 进入“旋转仪表构件属性设置”对话框，在“操作属性”选项卡中表达式选择数据对象“压力”，“最大逆时针角度”设为“145”，“对应的值”设为“0.0”，“最大顺时针角度”设为“145”，“对应的值”设为“200.0”，如图 6-30 所示。

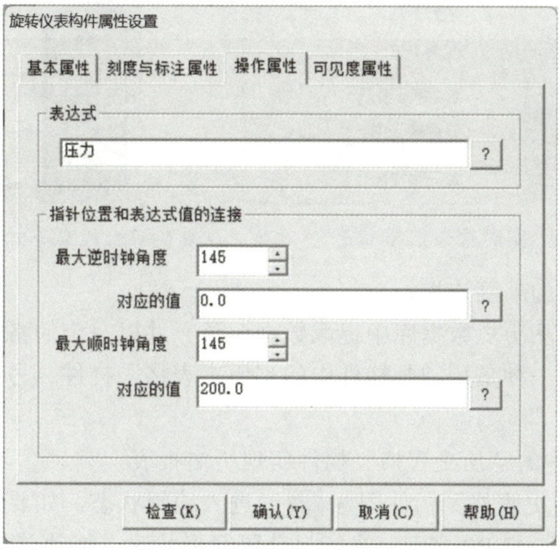

图 6-30　压力表元件“操作属性”设置

② 单击“确认”按钮回到“单元属性设置”对话框，动画连接表达式中会出现连接的对象“压力”。

③ 再次单击“确认”按钮，完成压力表元件的动画连接。

（4）建立实时报表的动画连接。

① 双击窗口中“自由表格”构件图标，进入编辑状态。如要改变单元格大小，需把光标移到 A 与 B 或 1 与 2 之间，光标呈分隔线形状时，拖动单元格至所需大小。

② 保持编辑状态，单击右键，从弹出的关联菜单中选择“删除一列”命令，连续操作两次，删除两列。再选择“删除一行”命令，剩下 3 行。

③ 在 A 列的 3 个单元格中分别输入：液位、温度、压力。在 B 列的 3 个单元格中都输入：1/0，表示输出的数据有 1 位小数，无空格。

④ 在 B 列中，选择液位对应的单元格，单击右键，从弹出的关联菜单中选择“连接”命令，如图 6-31 所示。

⑤ 再次单击右键，弹出数据对象列表，双击数据对象“液位”，B 列 1 行单元格所显示的数值即为“液位”的数据。按照上述操作，将 B 列的第 2～3 行分别与数据对象：温度、压力建立连接，如图 6-32 所示。

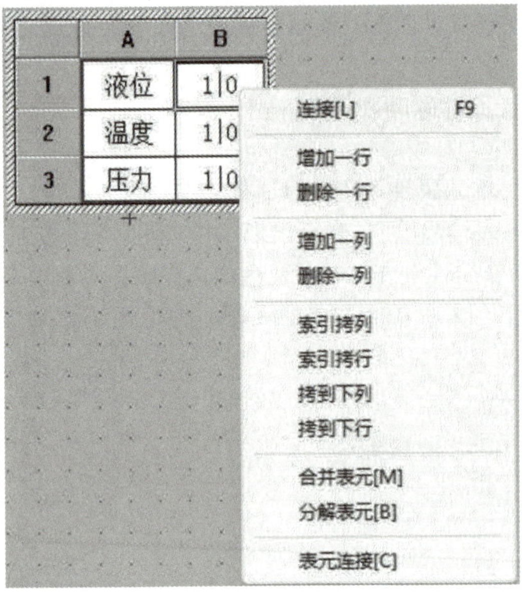

图 6-31　实时报表连接状态

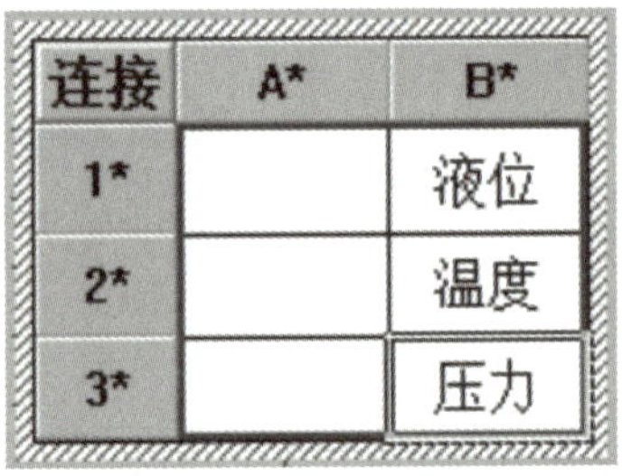

图 6-32　建立单元格与相应数据对象的连接

（5）建立历史报表的动画连接。

历史报表通常用于从历史数据库中提取数据记录，并以一定的格式显示历史数据。实现历史报表有两种方式，一种是用动画构件中的“历史表格”构件，另一种是用策略构件中的“存盘数据浏览”构件。

① 利用动画构件中的“历史表格”构件实现历史报表。

a. 双击窗口中“历史表格”构件图标，进入编辑状态。如要改变单元格大小，需把光标移到 C1 与 C2 或 R1 与 R2 之间，光标呈分隔线形状时，拖动单元格至所需大小。

b. 双击历史表格，进入编辑状态。使用右键菜单中的“增加一行”“删除一行”命令，或者单击菜单栏中的按钮，使用编辑条中的按钮编辑表格，制作一个 4 行 4 列的表格。列表头分别为采集时间、液位、温度、压力；数值输出格式都为“1|0”，如图 6-33 所示。

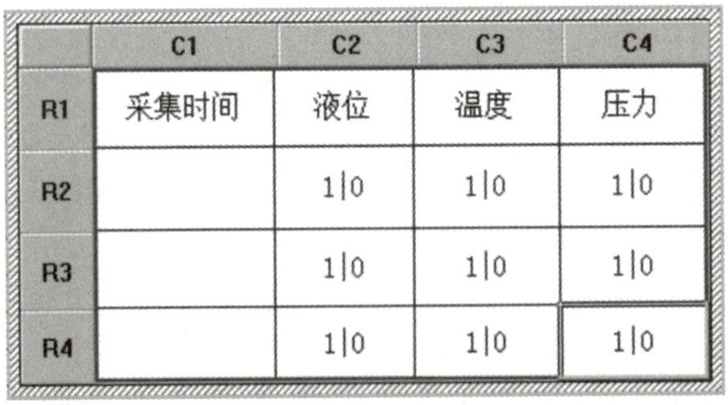

图 6-33　输入列表名的历史表格

c. 保持编辑状态，选中第 2～4 行，单击右键，在弹出的快捷菜单中选择“连接”命令，如图 6-34 所示。然后单击菜单栏中的“表格”菜单，选择“合并表元”命令，所选区域会出现反斜杠，如图 6-35 所示。

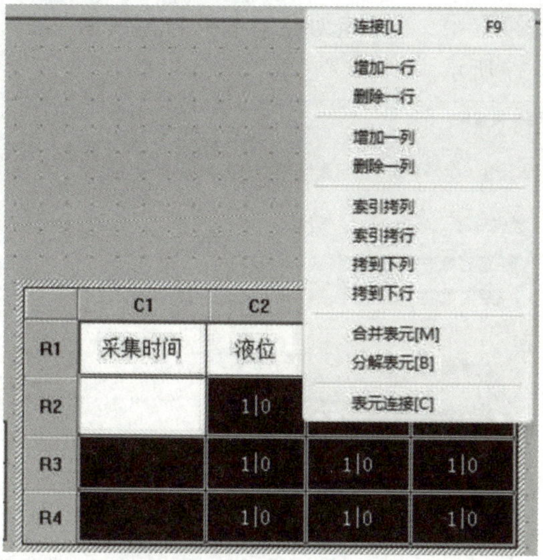

图 6-34　历史报表连接状态

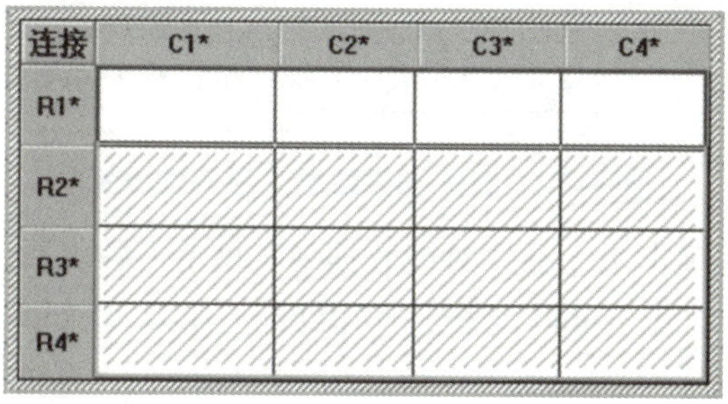

图 6-35　历史表格斜杠显示

d. 双击该斜杠区域，弹出“数据库连接设置”对话框。在“基本属性”选项卡中，选择“显示多页记录”，如图 6-36 所示。

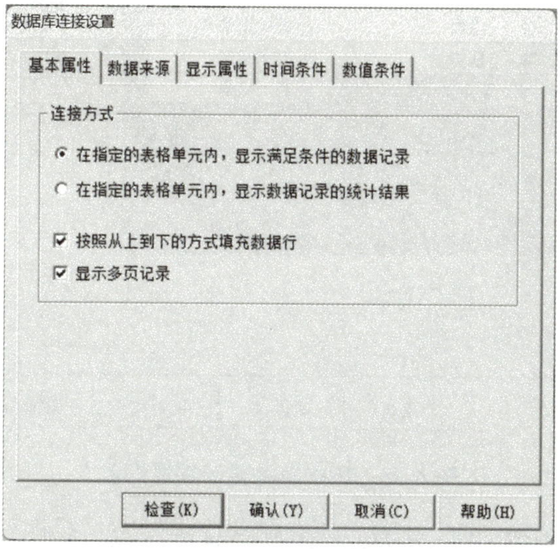

图 6-36　历史表格基本属性设置

e. 在“数据来源”选项卡中，在“组对象对应的存盘数据”的“组对象名”下拉列表中，选择“数据组”，如图 6-37 所示。

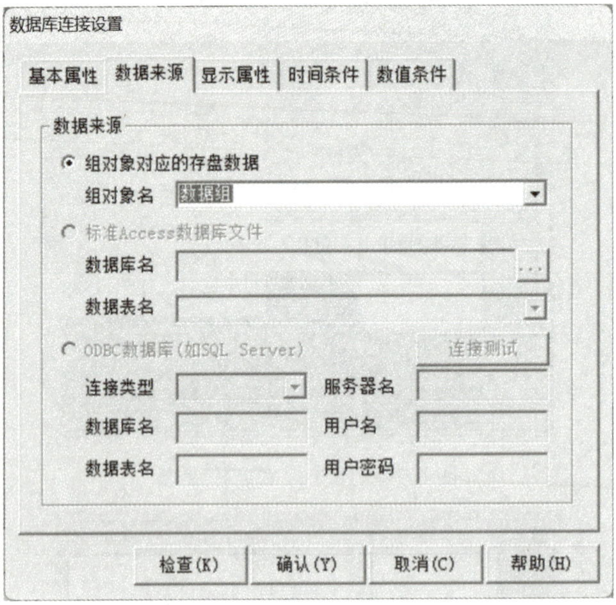

图 6-37　历史表格数据来源属性设置

f. 在“显示属性”选项卡中，在“对应数据列”里单击各表元，分别在其后面的下拉列表中选择对应的列名“MCGS_Time”“液位”“温度”“压力”，如图 6-38 所示。

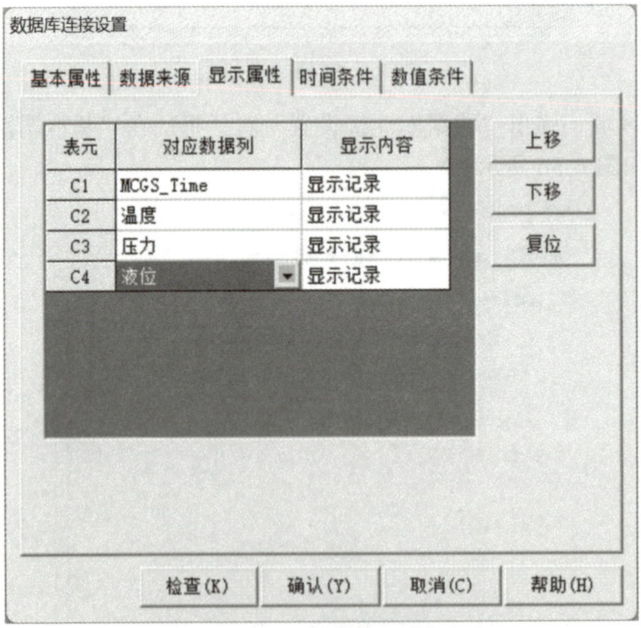

图 6-38　历史表格显示属性设置

g. 在“时间条件”选项卡中，选择“所有存盘数据”，在“排序列名”后面的下拉列表中选择报表显示的排列顺序，如图 6-39 所示。

h. 设置完毕后，单击“确认”按钮退出。

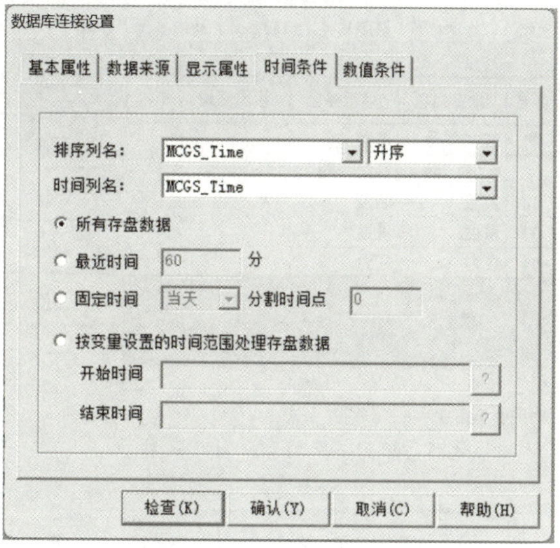

图 6-39　历史表格时间条件属性设置

② 利用“存盘数据浏览”构件实现历史报表。

a. 单击绘图工具箱中的“存盘数据浏览”按钮图标 ，在窗口合适位置拖放鼠标便可出现“存盘数据浏览”构件表格，调整单元格大小。

b. 双击表格进入“存盘数据浏览构件属性设置”对话框。在“数据来源”选项卡中，在“组对象对应的存盘数据”下拉列表中选择“数据组”，如图 6-40 所示。

c. 在“显示属性”选项卡中，单击“数据列名”，在出现的下拉列表中选择对应的数据对象，从上到下依次是“MCGS 序号”“MCGS_Time”“液位”“温度”“压力”，如图 6-41 所示。

d. 在“时间条件”选项卡中，选择“所有存盘数据”，其他采用默认设置，如图 6-42 所示，单击“确认”按钮退出。

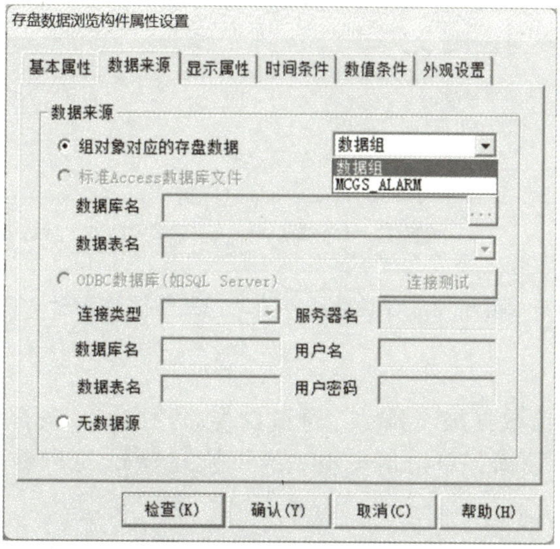

图 6-40　存盘数据浏览数据来源属性设置

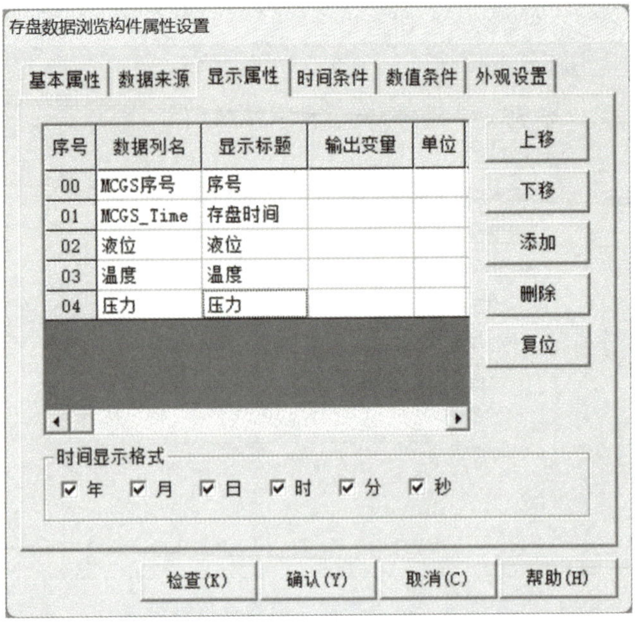

图 6-41　存盘数据浏览显示属性设置

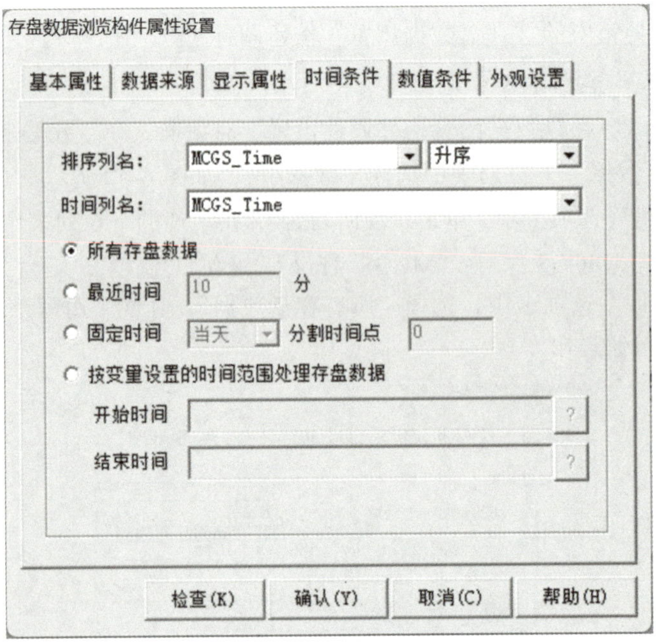

图 6-42　存盘数据浏览时间条件属性设置

6）下载运行

保存工程，将“液位数据报表显示”窗口设为启动窗口，运行工程。实时报表显示液位、温度、压力的实时数据；单击历史报表的下拉键，可以看到液位、温度、压力的历史数据。

系统运行界面如图 6-43 所示。

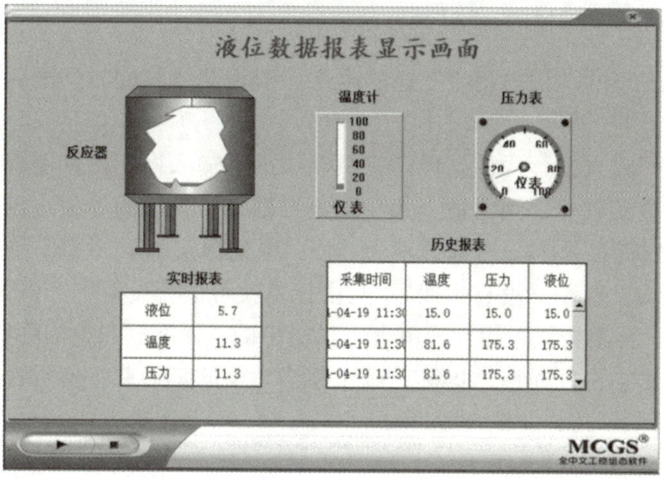

图 6-43 “液位数据报表显示”运行界面

巩固练习 12：配方设计操作

1. 学习目标

掌握组态软件配方的设计与操作方法。

2. 练习内容

建立一个配方库，从配方库中装载 3 种饮料（如可乐、雪碧、橙汁）的配方参数，把当前变量的值保存到配方库中，对指定配方号的配方参数进行编辑。

3. 实施步骤

1）建立新工程

建立“饮料配方”的工程文件以及“饮料配方”的用户窗口。

2）建立实时数据库

在工作台中单击“实时数据库”，单击“新增对象”，添加“水”“白砂糖”“果葡糖浆”“食品添加剂”四个数值型数据。本任务建立的实时数据库如图 6-44 所示。

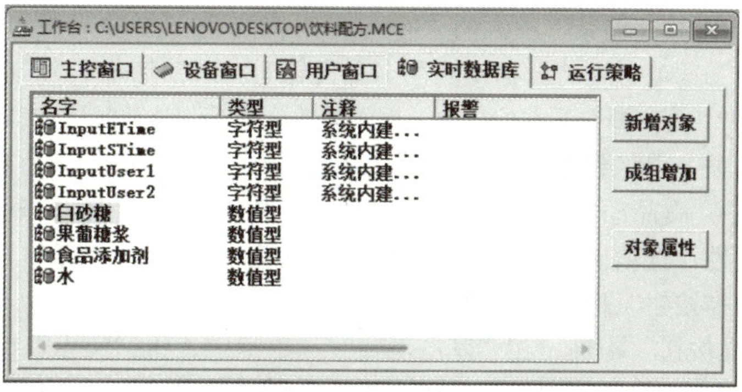

图 6-44 建立完成的“实时数据库”

3）制作图形界面

（1）在工作台窗口的“用户窗口”选项卡中，双击“饮料配方”图标，进入“动画组态饮料配方”窗口。

（2）添加4个“输入框”构件。单击工具箱中的“输入框”构件图标，将鼠标移动到窗口上单击空白处并拖动鼠标，画出适当大小的矩形框，所设计的界面出现“输入框”构件。

（3）添加4个“标签”构件，名称分别为“水”“果葡糖浆”“白砂糖”和“食品添加剂”，所有标签的边线颜色均设置为“没有边线”（双击标签就可进行设置）。

（4）添加1个“标准按钮”构件。单击工具箱中的“标准按钮”构件图标 ，然后将鼠标移动到窗口上单击空白处并拖动鼠标，画出适当大小的矩形框，所设计的界面出现“标准按钮”构件。

制作完成的界面如图6-45所示。

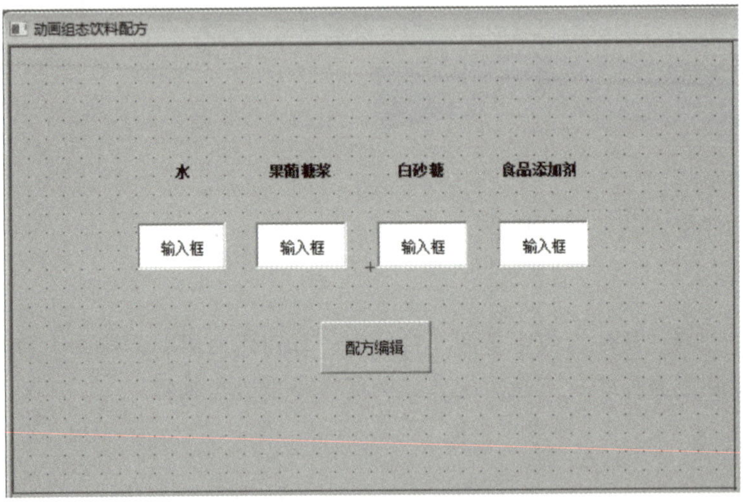

图6-45　饮料配方图形界面

4）建立动画连接

（1）建立“输入框”构件动画连接。

① 双击窗口中“水”下方的“输入框”构件，出现“输入框构件属性设置”对话框。在“操作属性”选项卡中将数据对象的名称设置为“水”，其余设置不变。

② 双击窗口中“果葡糖浆”下方的“输入框”构件，出现“输入框构件属性设置”对话框。在“操作属性”选项卡中将数据对象的名称设置为“果葡糖浆”，其余设置不变。

③ 双击窗口中“白砂糖”下方的“输入框”构件，出现“输入框构件属性设置”对话框。在“操作属性”选项卡中将数据对象的名称设置为“白砂糖”，其余设置不变。

④ 双击窗口中“食品添加剂”下方的“输入框”构件，出现“输入框构件属性设置”对话框。在“操作属性”选项卡中将数据对象的名称设置为“食品添加剂”，其余设置不变。

（2）建立“标准按钮”构件动画连接。

① 双击“标准按钮”构件，在“基本属性”选项卡中，将“文本”设为“配方编辑”。

② 切换至“脚本程序”选项卡，在脚本程序编辑区域内输入以下脚本程序：

!RecipeLoad（"饮料配方"）

!RecipeLoadByDialog ("饮料配方""配方选择")

如图 6-46 所示，函数“!RecipeLoad（"饮料配方"）”表示装载配方；函数“!RecipeLoadByDialog ("饮料配方""配方选择")”表示弹出配方选择对话框，让用户选择要装入的配方，正确选择后配方变量的值会输出到对应的数据变量上。

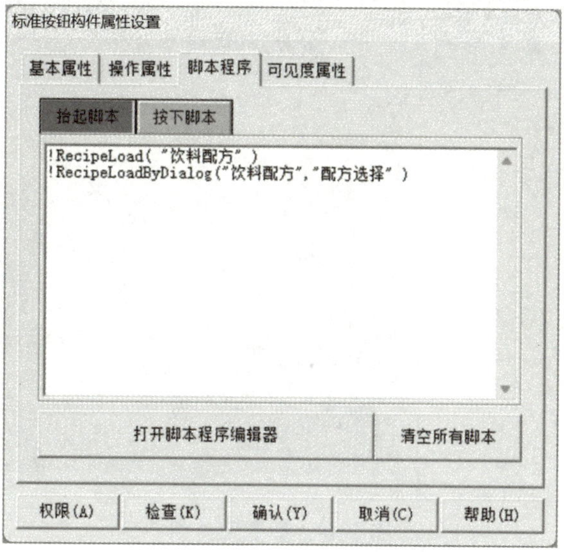

图 6-46 “配方编辑”按钮脚本程序设置

5）配方组态设计

单击“工具”菜单下的“配方组态设计”菜单项，进入 MCGS 嵌入版配方组态窗口，如图 6-47 所示。

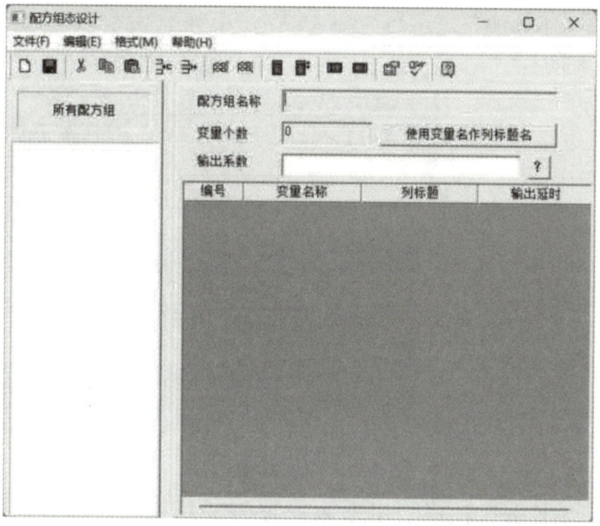

图 6-47 “配方组态设计”窗口

（1）新建配方组：单击“文件”菜单中的“新增配方组”菜单项，建立一个缺省的配方组。缺省的配方组名称为“配方组 0”，没有任何成员变量，输出系数为空，如图 6-48 所示。

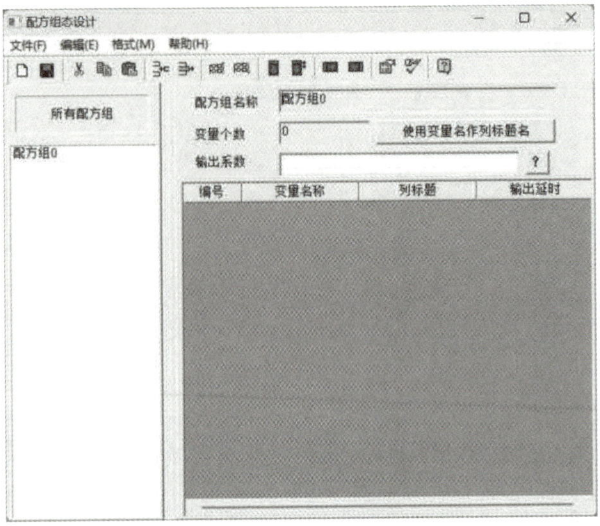

图 6-48　新建配方组

（2）修改配方组名字：选中左边列表中的“配方组 0”，单击鼠标右键在下拉菜单中选中“配方组改名”，在输入对话框中输入“饮料配方”，单击“OK”键完成配方组名字的修改，如图 6-49 所示。

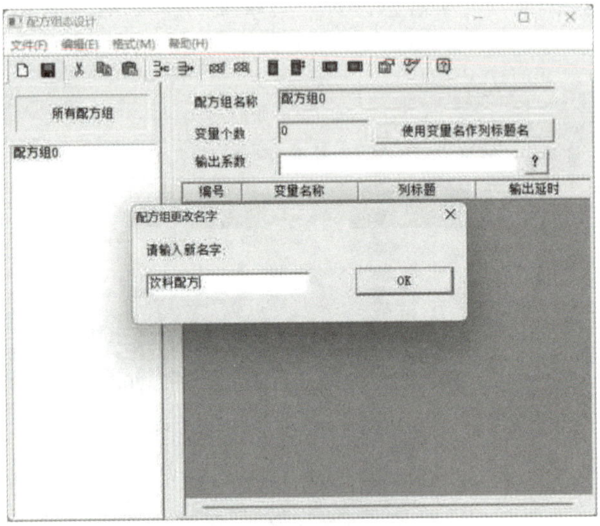

图 6-49　配方组改名

（3）修改配方组输出系数：将输出系数设置为“1”。

（4）编辑配方组成员变量：选中配方组“饮料配方”后，单击上方工具栏列表中的变量添加图标 ，增加四个变量，对“变量名称”“列标题”“输出延时”进行设置，如图 6-50 所示。

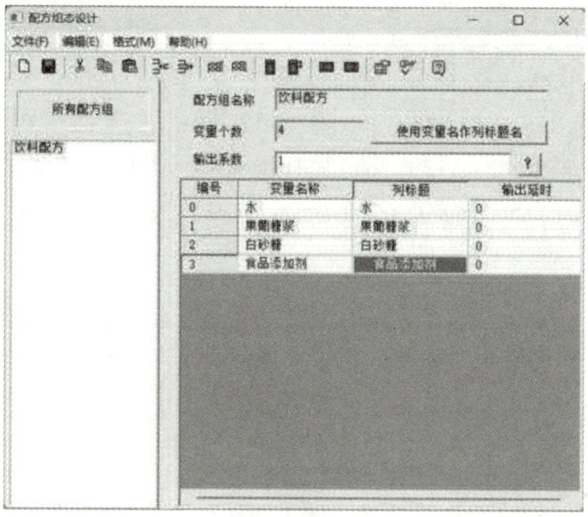

图 6-50　编辑配方组成员变量

（5）编辑配方：在左边配方组列表中双击“饮料配方”或者选择“编辑”菜单中的“编辑配方”菜单项，打开“配方修改”窗口，如图 6-51 所示。单击右方的“增加”按钮，增加 3 个配方，每个配方分别命名为“可乐”“雪碧”“橙汁”，并为每个配方设置不同的变量值，如图 6-52 所示。

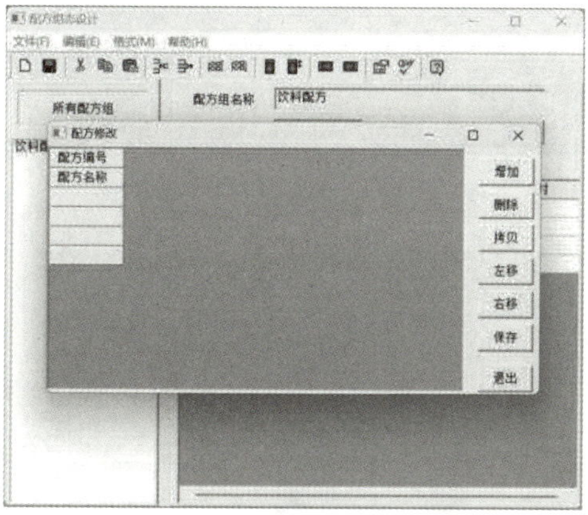

图 6-51　“配方修改“窗口

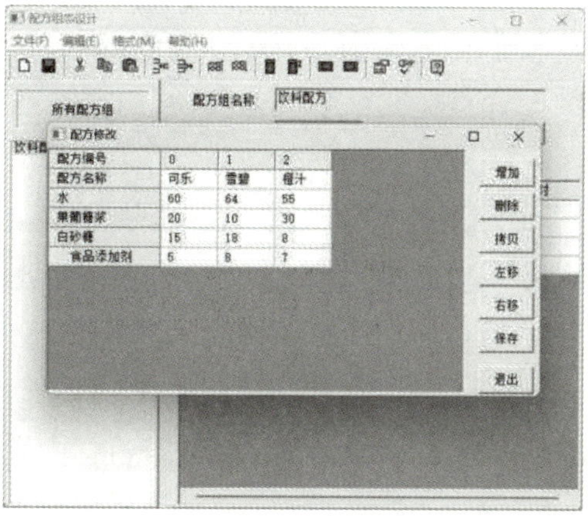

图 6-52　设置配方变量值

6）下载运行

保存工程，将“饮料配方”窗口设为启动窗口，运行工程。在运行界面中按下“配方编辑”按钮，会弹出“配方选择”对话框，如图 6-53 所示。选择“可乐”，单击“确认”按钮，这时“可乐”配方所对应的数据变量的值就出现输入框中，运行效果如图 6-54 所示。若在运行中选择“雪碧”或“橙汁”，则在输入框中就会显示“雪碧”或“橙汁”所对应的数据变量值。

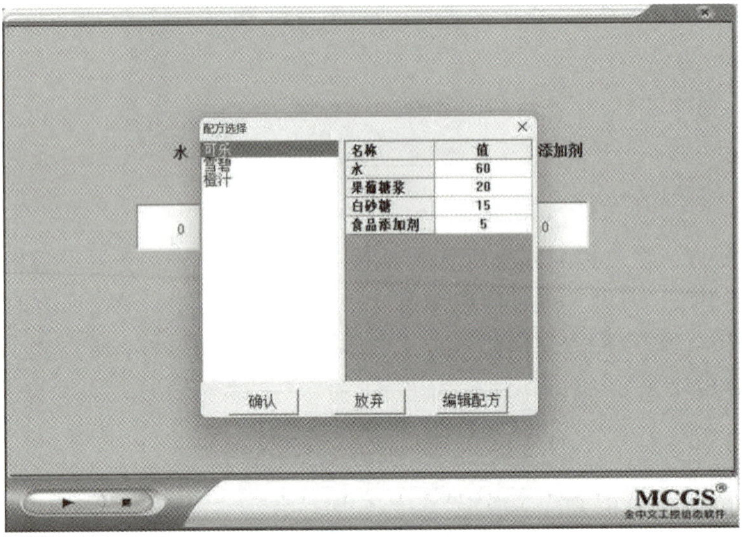

图 6-53 “配方选择”对话框

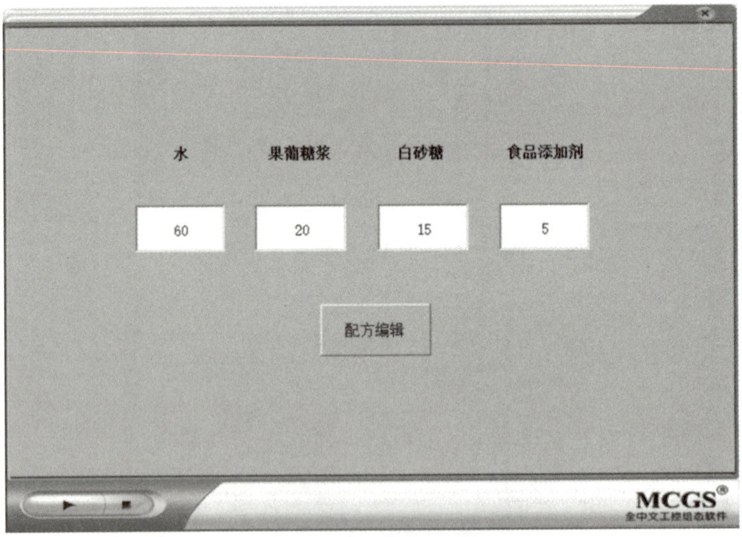

图 6-54 “可乐”配方运行效果图

第 7 章 工程应用实例 电机拖动监控系统设计

1. 学习目标

（1）熟悉用 MCGS 建立监控系统的整个过程。

（2）掌握 MCGS 建立组态控制工程的方法和步骤。

（3）掌握 TPC7062K 与主流 PLC 的通信连接方法。

2. 项目要求

某拖动系统由一台三相异步电动机和一台单相风机组成，均由各自的启动和停止按钮进行控制。其中电动机为正反转循环运行，正转运行时间为10 s，反转运行时间为6 s。为了防止电动机因频繁正反转启动造成过热，在电动机正转结束后间歇2 s再反转，同样，在反转结束后也间歇2 s再正转。风机为运行、停止断续运行，运行时间为8 s，间歇时间为5 s。

利用 MCGS 和 PLC 设计电机拖动监控系统。具体的控制要求主要包括：

（1）MCGS 监控画面能够实时监控电动机和风机的运行状态。

（2）电动机和风机均能够用按钮和触摸屏进行异地控制。

（3）电动机正反转运行时间以及风机的运行、间歇时间能够在上位机（或触摸屏）调节 、显示，所有时间的调整范围均为 5 ~ 60 s。

7.1 系统监控画面设计

7.1.1 建立新工程

建立“电机拖动监控系统设计”的工程文件以及“电机拖动监控系统设计”的用户窗口。

7.1.2 创建实时数据库

根据电机拖动监控系统设计要求，本项目所需的数据对象共 24 个，按照表 7-1 在工作台的实时数据库中创建各个变量（数据对象）。

表 7-1 电机拖动监控系统设计数据对象（变量）

序号	变量名称	类型	初值	注释
1	电动机启动	开关型	0	电动机启动变量
2	电动机停止	开关型	0	电动机停止变量
3	电动机正转	开关型	0	电动机正转显示变量
4	电动机反转	开关型	0	电动机反转显示变量

续表

序号	变量名称	类型	初值	注释
5	电动机正转时间	数值型	0	电动机正转时间显示变量
6	电动机反转时间	数值型	0	电动机反转时间显示变量
7	电动机正转时间调节	数值型	10	电动机正转时间调节变量
8	电动机反转时间调节	数值型	6	电动机反转时间调节变量
9	风机启动	开关型	0	风机启动变量
10	风机停止	开关型	0	风机停止变量
11	风机	开关型	0	风机运行显示变量
12	风机旋转	开关型	0	风机运行标志变量
13	风机运行时间	数值型	0	风机运行时间显示变量
14	风机间歇时间	数值型	0	风机间歇时间显示变量
15	风机运行时间调节	数值型	8	风机运行时间调节变量
16	风机间歇时间调节	数值型	5	风机间歇时间调节变量
17	电动机正转时间启动	开关型	0	电动机正转时间启动变量
18	电动机反转时间启动	开关型	0	电动机反转时间启动变量
19	风机运行时间启动	开关型	0	风机运行时间启动变量
20	风机间歇时间启动	开关型	0	风机间歇时间启动变量
21	电动机正转间歇时间	数值型	0	电动机正转间歇时间变量
22	电动机反转间歇时间	数值型	0	电动机反转间歇时间变量
23	电动机正转间歇时间启动	开关型	0	电动机正转间歇时间启动变量
24	电动机反转间歇时间启动	开关型	0	电动机反转间歇时间启动变量

7.1.3　系统主画面设计

电机拖动系统主画面整体效果如图 7-1 所示。

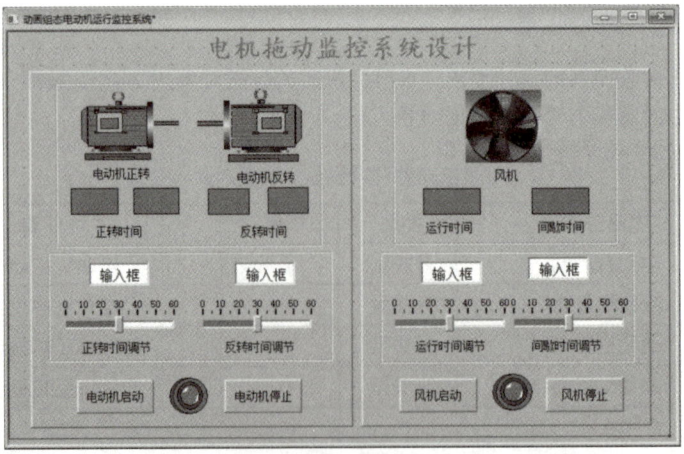

图 7-1　电动机运行监控系统画面

1. 标题文字的闪烁效果设计

1）输入标题文字

单击绘图工具箱中的“标签”按钮，鼠标呈十字形后在窗口顶端中心位置拖拽鼠标，根据需要拉出一个一定大小的矩形。

在光标闪烁位置输入文字“电动机运行监控系统”，按回车键或在窗口任意位置用鼠标单击一下，文字输入完毕。双击文字框（或右键单击文字框，在弹出的快捷菜单中选择“属性”选项），在弹出的“标签动画组态属性设置”对话框中进行设置：“填充颜色”设为“没有填充”；“边线颜色”设为“没有边线”；单击“字符字体”按钮，文字“字体”设为“楷体”，“字形”设为“粗体”，“大小”设为“小一”，“字符颜色”设为蓝色。设置完成后，单击“确认”按钮。

2）闪烁效果设置

参照巩固练习 3 讲述方法，将标题文字“电机拖动监控系统设计”设计为闪烁效果。

2. 电机的制作及动画连接

1）电动机的制作

（1）单击绘图工具箱中的“插入元件”按钮，弹出“对象元件库管理”对话框。单击对话框左侧“对象元件列表”中的“马达”选项，右侧列表框出现如图 7-2 所示的图形。

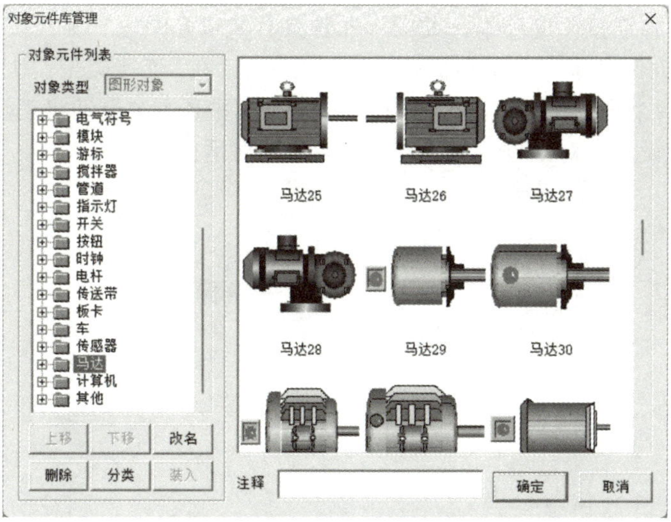

图 7-2 马达元件库

（2）从“马达”类中选取“马达 25”图形，单击“确定”按钮，此时画面左上角会出现刚刚选择的“马达”图形，调整其大小并移动到画面适当位置，如图 7-3 所示，此图形便是表示正转电动机的图形。

（3）用同样的方法，从“马达”类中选取“马达 26”图形，作为表示反转电动机的图形，如图 7-3 所示。

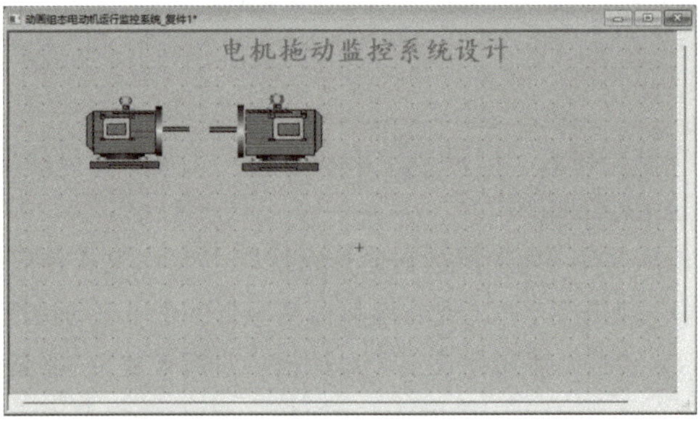

图 7-3　电动机正反转图形构件

2）电动机的动画连接

由图形对象组合而成的图形画面是静止不动的，需要对这些图形对象进行动画设计，真实地描述外界对象的状态变化，达到过程实时监控的目的。MCGS 实现图形动画设计的主要方法是将用户窗口中图形对象与实时数据库中的数据对象建立相关性连接，并设置相应的动画属性。在系统运行过程中，图形对象的外观和状态特征，由数据对象的实时采集值驱动，从而实现了图形的动画效果。

电动机的动画效果是颜色变化，是通过设置数据对象“填充颜色”连接类型实现的，具体操作方法主要包括：

（1）双击正转电动机图形，弹出“单元属性设置”对话框。

（2）单击“动画连接”选项卡，此图形元件具有“填充颜色”和“按钮输入”两种动画功能，选择用其填充颜色来表示电动机是否运行的状态。在“连接类型”中选择“填充颜色”，在右端出现 ? > 两个小按钮，单击 ? 按钮，从数据库中选择“电动机正转”，退出数据库后返回至“单元属性设置”对话框，显示如图 7-4 所示对话框。

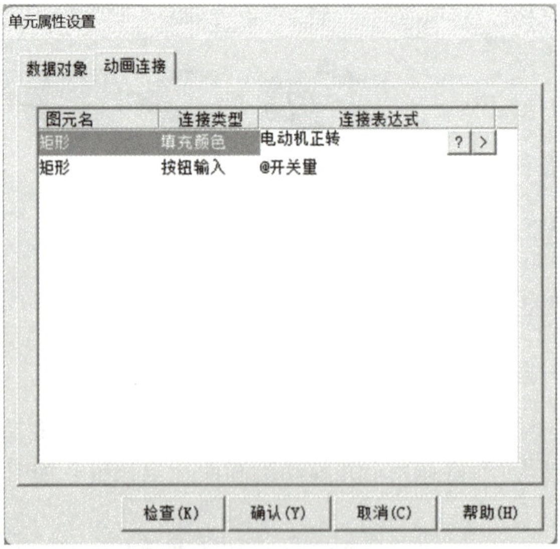

图 7-4　电动机构件填充颜色动画连接

（3）单击按钮可进入“动画组态属性设置”对话框，如图 7-5 所示，可以看到电动机停止时对应的颜色为红色，运行时对应的颜色为绿色。如果修改颜色，可直接双击对应的颜色，将其改为其他颜色即可。这里采用默认的颜色设置。

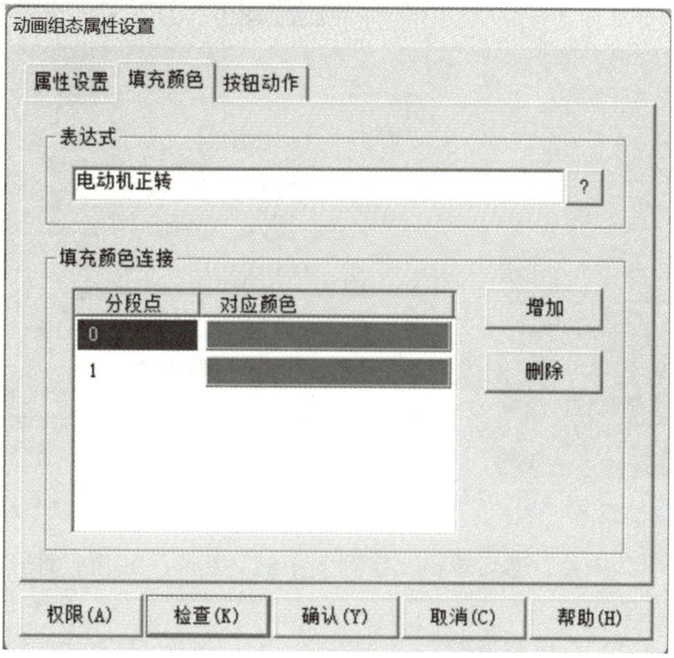

图 7-5　电动机填充颜色的属性设置

（4）单击“确认”按钮，正转电动机图形动画属性设置完毕。

（5）按照上述步骤（1）～（4），对反转电动机图形进行动画连接。反转电动机“填充颜色”动画连接中的数据对象应选择“电动机反转”。

3. 风机的制作及动画连接

为了更形象地显示风机的动画效果，采用事先准备好的风扇照片作为风机图形（照片格式为“.bmp”），利用 MCGS 的动画显示功能将扇叶位置不同的两张风扇照片进行“放映”，从而产生旋转效果。设置的方法主要包括：

（1）准备好两张“.bmp”格式的风扇照片，保存在计算机中。

（2）单击绘图工具箱中的“动画显示”按钮，在画面窗口适当位置绘制一个适当大小的矩形区域作为“动画显示”构件，如图 7-6 所示。

（3）双击“动画显示”构件，弹出“动画显示构件属性设置”对话框，如图 7-7 所示。

（4）在“基本属性”选项卡中选择分段点“0”，在“外形”卡片中单击“加载图像”中的“位图”按钮，则弹出“对象元件库管理”对话框，选择装载风扇照片。如果列表框中没有风扇照片，则单击“装入”按钮，按照存放风扇照片的路径找到风扇照片，将其添加到图库中，如图 7-8 所示。选择“风扇 401”，单击“确定”按钮，则“风扇 401”被装载到分段点 0 所对应的图像列表中。

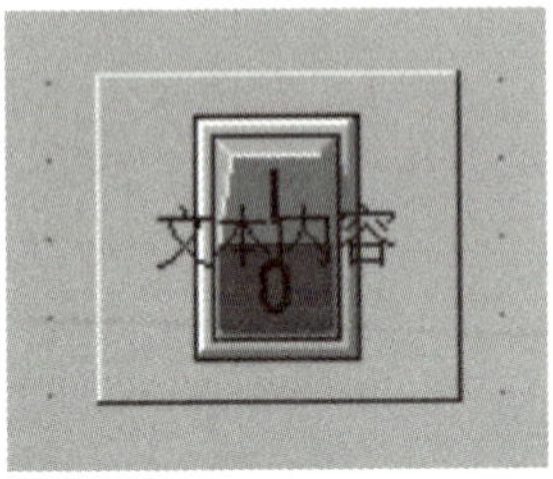

图 7-6 “动画显示”构件

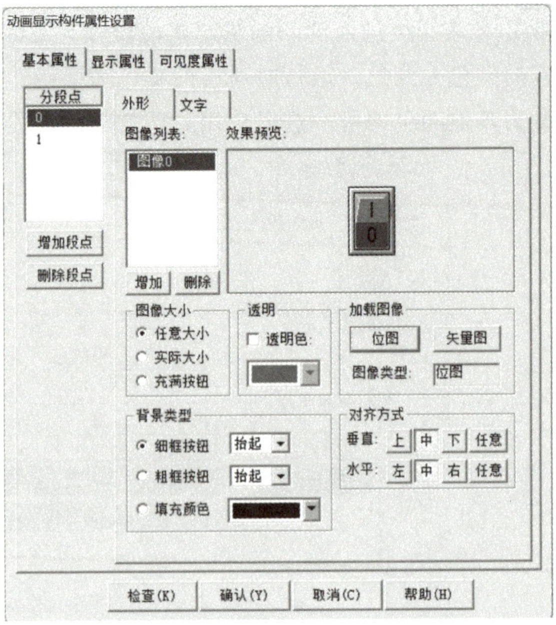

图 7-7 “动画显示构件属性设置”对话框

（5）单击“文字”卡片，然后单击文字列表中的“删除”按钮，将分段点 0 文本列表中的文字删除。

（6）选择分段点“1”，按照步骤（4）的方法，将“风扇 411”装载到分段点 1 所对应的图像列表中；按照步骤（5）的方法将分段点 1 文本列表中的文字也删除。

（7）在“显示属性”选项卡的“显示变量”中将“类型”选为“开关，数值型”，对应的变量选为“风机旋转”，“动画显示的实现”选为“当显示变量非零时，自动切换显示各幅图像”，其他为默认，如图 7-9 所示。

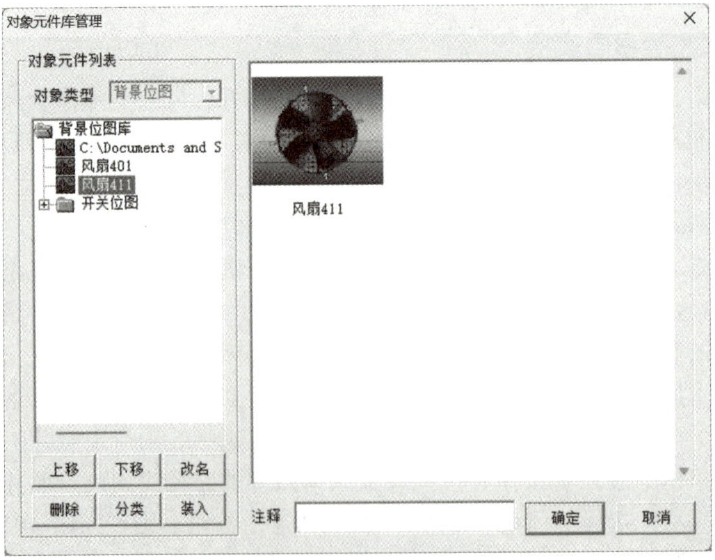

图 7-8 选择装载风扇照片

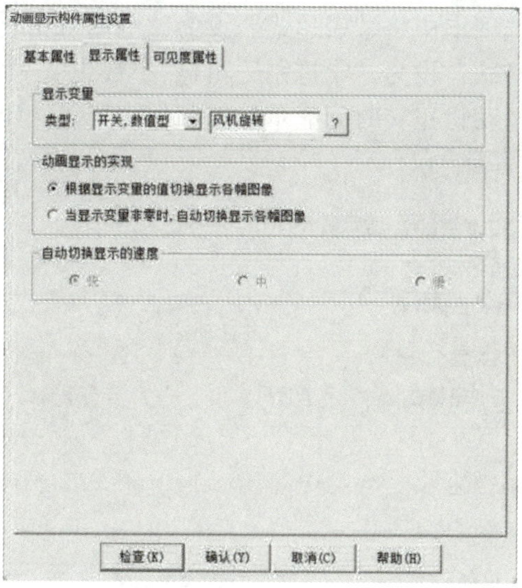

图 7-9　风机动画显示属性设置

（8）单击“确认”按钮返回画面窗口，则在窗口上就会看到刚刚装载的风扇图形。

4.时间显示标签的制作及动画连接

可以通过设置“标签”按钮A的“显示输出”属性来显示运行时间的数值，具体操作主要包括：

（1）单击绘图工具箱中的“标签”按钮A，绘制一个标签，调整其大小并放在正转电动机图形下部适当位置，作为电动机正转时间显示标签，如图 7-10 所示。

（2）双击标签，进入“标签动画组态属性设置对话框”，将“填充颜色”设为深灰色，“边线颜色”设为黑色，“字符颜色”设为白色，“字符字体”设为“宋体”“小四”。

（3）在“输入输出连接”中选择“显示输出”，在“标签动画组态属性置”对话框中出现“显示输出”选项卡，如图 7-10 所示。

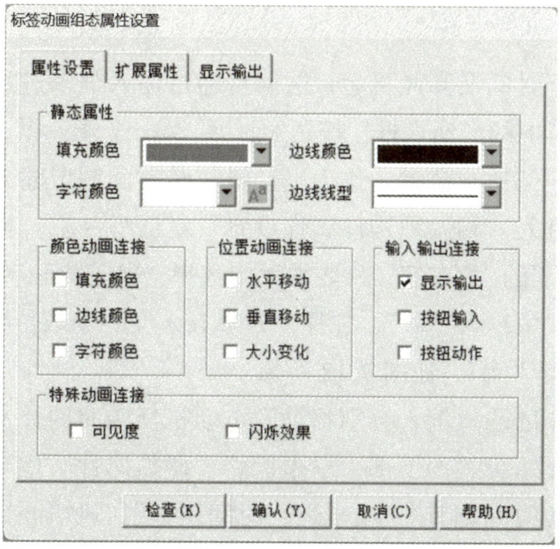

图 7-10　电动机正转时间显示标签属性设置

（4）在“显示输出”选项卡中将“表达式”设为“电动机正转时间”，“输出值类型”设为“数值量输出”，“输出格式”设为“十进制”“自然小数位”，如图 7-11 所示。

单击“确认”按钮，电动机正转时间显示标签制作完毕。

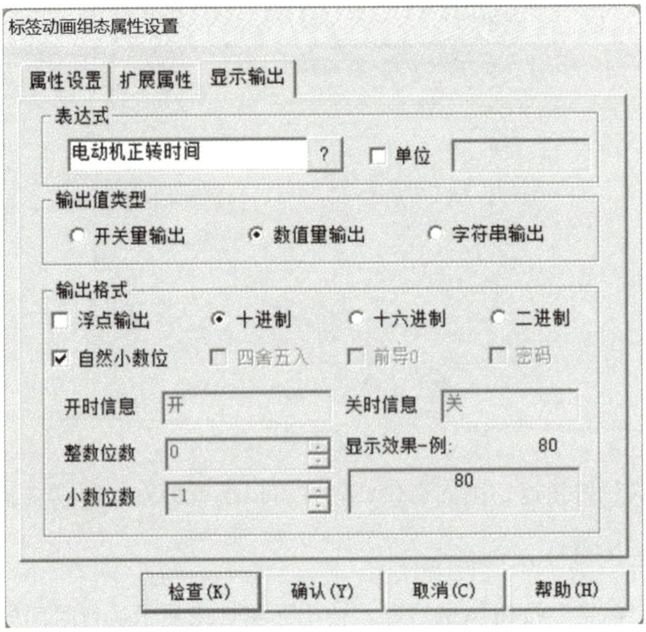

图 7-11　电动机正转时间显示标签显示输出属性设置

（5）其他时间显示标签的制作可以通过复制、修改的方法完成。按住键盘的“Ctrl”键，选择刚刚制作的电动机正转时间显示标签，同时按住鼠标左键拖动，移动后放开左键则复制好一个新的标签。按照同样的方法共复制三个时间显示标签，分别移动到反转电动机和风扇图形下部，如图 7-1 所示。然后将“显示输出”中的“表达式”分别改为“电动机反转时间”“风机运行时间”和“风机间歇时间”。

5. 输入框的制作及动画连接

电动机的正反转运行时间及其风机运行时间可通过输入框来进行调节。

（1）单击绘图工具箱中的“输入框”按钮 abl，绘制一个输入框，调整大小，将其放在电动机正转时间显示标签下部适当位置，作为电动机正转时间调节输入框如图 7-12 所示。

（2）双击输入框，进入“输入框构件属性设置”对话框。在“操作属性”选项卡中单击“对应数据对象的名称”下的 ? 按钮，从数据库中选择“电动机正转时间调节”，选择“使用单位”并在其下的空白框中输入“秒”，选择“四舍五入”，“小数位数”设为“0”，最小值中输入“0”，最大值中输入“60”，如图 7-12 所示。

（3）复制 3 个刚制作的输入框，分别移动到电动机反转时间显示标签、风机运行时间显示标签和风机间歇时间显示标签的下部，双击后将“操作属性”中“对应数据对象的名称”分别更改为“电动机反转时间调节”“风机运行时间调节”“风机间歇时间调节”。

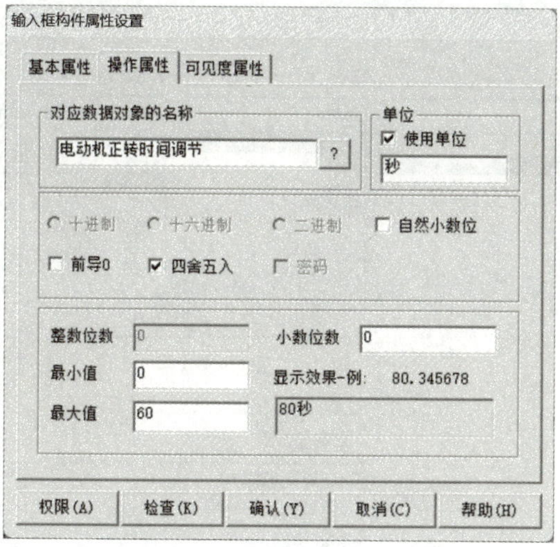

图 7-12　电动机正转时间调节输入框操作属性设置

6. 滑动输入器的制作及动画连接

滑动输入器是为了调节电动机正反转运行时间和风机运行及间歇时间。滑动输入器的制作及动画连接主要包括：

（1）单击绘图工具箱中的“滑动输入器”按钮，鼠标呈十字形后拖动鼠标到适当大小，调整滑动块到适当的位置，作为电动机正转时间调节滑动输入器，如图 7-1 所示。

（2）双击滑动输入器，进入“滑动输入器构件属性设置”对话框。参数值的设置主要包括：

① 在“基本属性”选项卡中将“滑块高度”设为“20”，“滑块宽度”设为“10”，“滑道高度”设为“6”，如图 7-13 所示。

② 在“刻度与标注属性”选项卡中将“主划线数目”设为“6”，即能被 60 整除；单击“标注属性”中的“标注字体”按钮，将字体设置为“宋体”“常规”“小五”，如图 7-14 所示；将“小数位数”设为“0”，其他设置如图 7-15 所示。

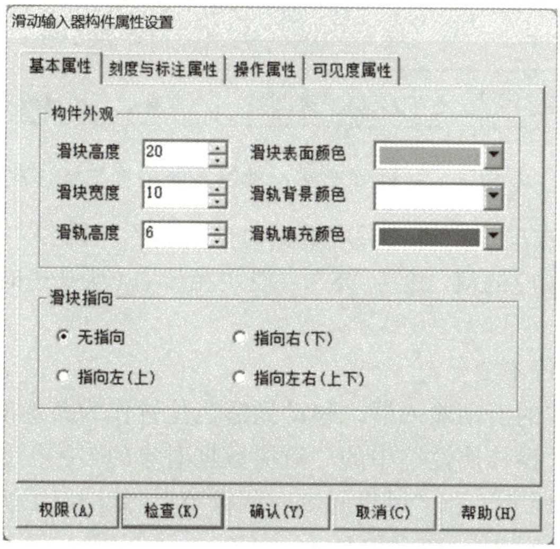

图 7-13　电动机正转时间调节滑动输入器基本属性设置

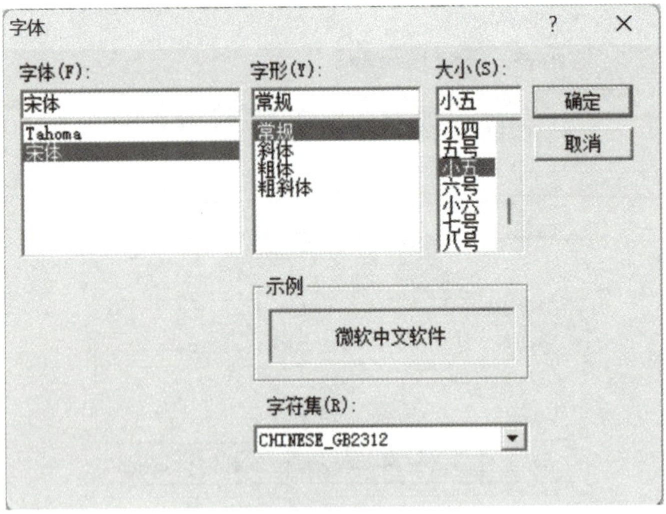

图 7-14　字体设置

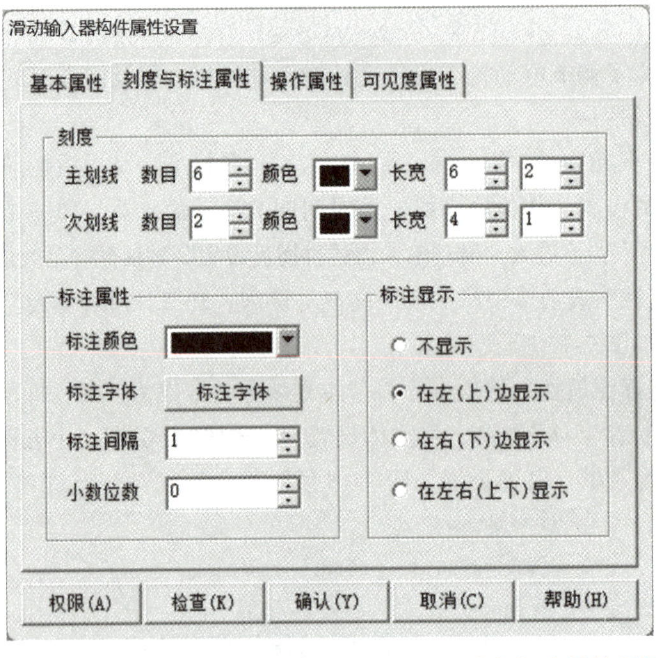

图 7-15　电动机正转时间调节滑动输入器刻度与标注属性设置

③ 在“操作属性”选项卡中将“对应数据对象的名称”设为“电动机正转时间调节”，“滑块在最左（下）边时对应的值”设为“5”，“滑块在最右（上）边时对应的值”设为“60”，如图 7-16 所示。

④ 其他参数的设定值不变。

（3）复制 3 个刚制作的滑动输入器，移动到适当位置作为其他的时间调节滑动输入器，并将各个滑动输入器的“操作属性”中的“对应数据对象的名称”分别改为“电动机反转时间调节”“风机运行时间调节”和“风机间歇时间调节”，如图 7-1 所示。

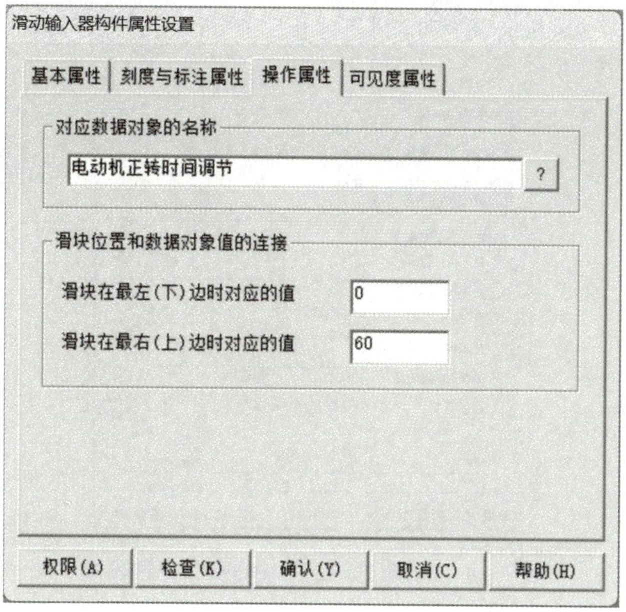

图 7-16　电动机正转时间调节滑动输入器操作属性设置

7. 控制按钮的制作及连接

控制按钮的制作及连接方法主要包括：

（1）在绘图工具箱中选择“标准按钮”工具，绘制一个适当大小的按钮图形，双击后将其“基本属性”选项卡中的“文本”设为“电动机启动”。

（2）将“操作属性”选项卡的“抬起功能”设为“数据对象值操作”，并选择“按 1 松 0”操作，操作对象选择“电动机启动”，如图 7-17 所示。

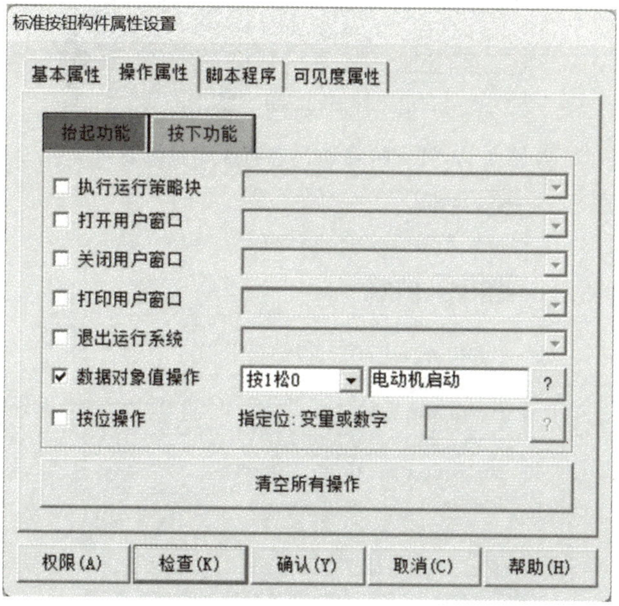

图 7-17　“电动机启动”按钮操作属性设置

（3）“电动机停止”“风机启动”和“风机停止”三个按钮的操作属性设置分别如图 7-18～图 7-20 所示。

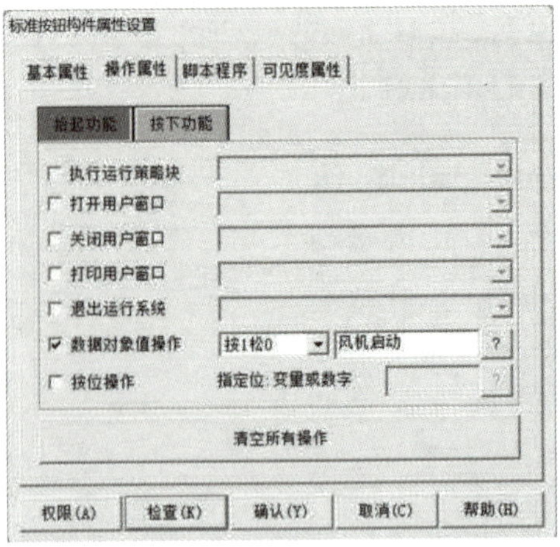

图 7-18 “电动机停止”按钮操作属性设置

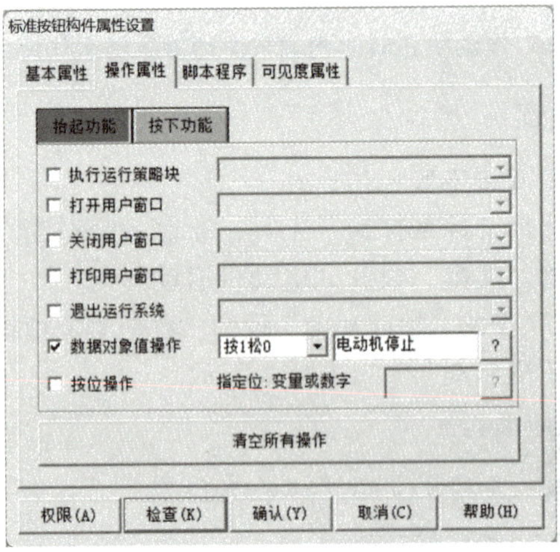

图 7-19 “风机启动”按钮操作属性设置

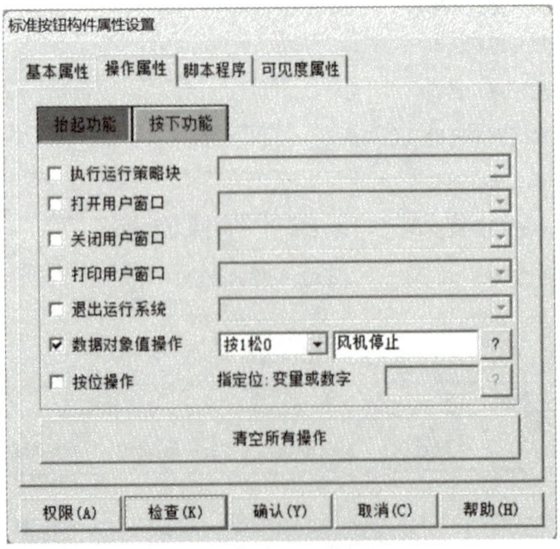

图 7-20 “风机停止”按钮操作属性设置

8. 启动指示灯的制作及动画连接

画面中有两个指示灯分别表示电动机和风机是否启动。如果启动了，指示灯变为绿色；否则，指示灯为红色。启动指示灯的制作及动画连接主要包括：

（1）单击绘图工具箱中的“插入元件”按钮，弹出“对象元件库管理”对话框。单击对话框左侧“对象元件列表”中的“指示灯”选项，右侧列表框出现所有指示灯图形。

（2）从“指示灯”类型中选取“指示灯 14”图形，单击“确定”按钮，此时画面左上角会出现刚刚选择的“指示灯”图形，调整其大小并移动到画面底部“电动机启动”按钮右边位置，作为电动机启动指示灯，如图 7-1 所示。再次从“指示灯”类中选取“指示灯 14”图形，调整其大小并移动到画面底部“风机启动”按钮右边位置，作为风机启动指示灯。

（3）双击电动机启动指示灯，在“数据对象”选项卡中单击“可见度”，在“数据对象连接”中输入“电动机正转=1 OR 电动机反转=1”，如图 7-21 所示，单击“确认”按钮。

（4）双击风机启动指示灯，在“数据对象”选项卡中单击“可见度”，在“数据对象连接”中输入“风机启动标志”，如图 7-22 所示，单击“确认”按钮。

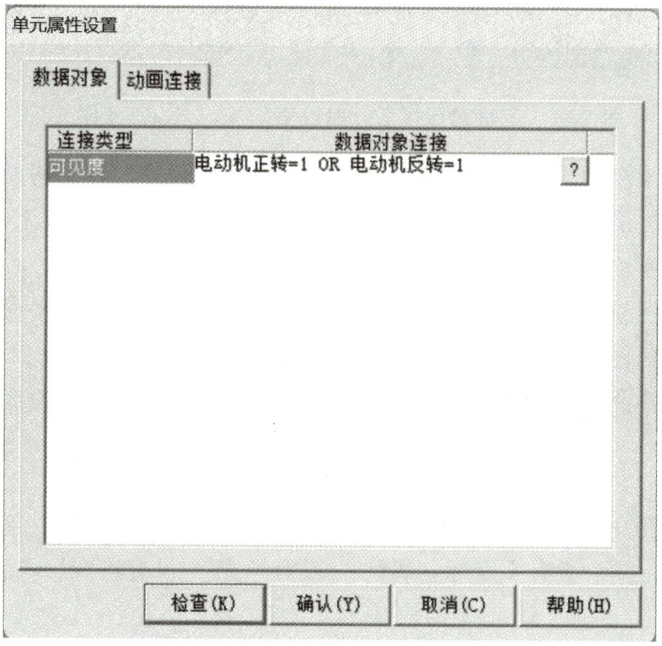

图 7-21　电动机运行指示灯属性设置

9. 凹槽和凸平面装饰框的制作

凹槽和凸平面装饰框的制作方法主要包括：

（1）单击绘图工具箱中的“常用符号”按钮，弹出“常用图箱”工具箱，如图 7-23 所示。

（2）从“常用图符”工具箱中选择“凹槽平面”按钮，绘制四个凹槽平面，调整大小保证能包围住其他要包围的图形即可，如图 7-1 所示。双击后将其“填充颜色”设为“没有填充”。

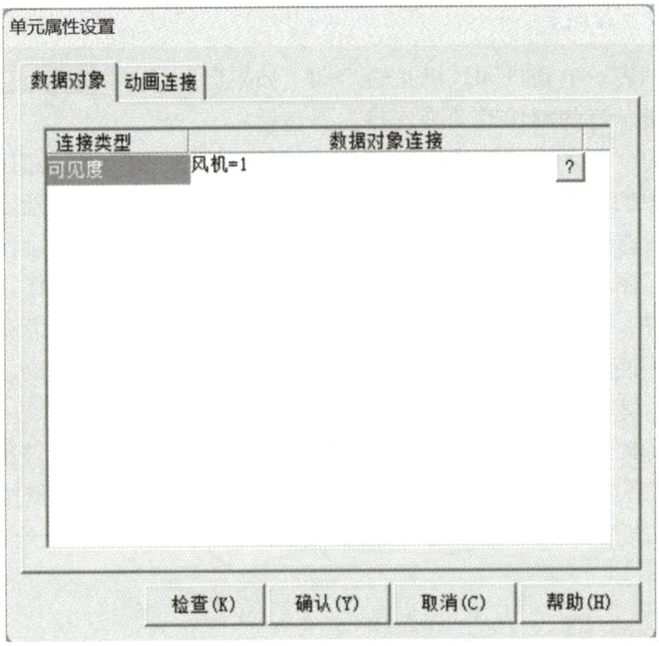

图 7-22 风机运行指示灯属性设置

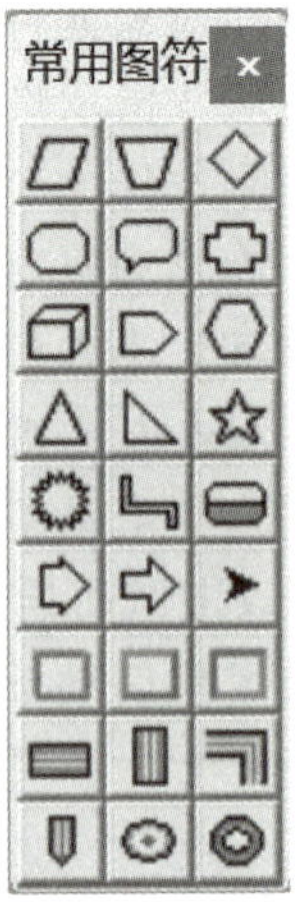

图 7-23“常用图符”工具箱

（3）为了避免 4 个凹槽平面影响其所包围的图形元件操作，可以将凹槽平面的层次设置为最底层，设置方法是右键单击凹槽平面图形，在弹出的快捷菜单中选择“排列” →“最后面”选项，将凹槽平面均设为最底层。

（4）从“常用图符”工具箱中选择“凸平面”按钮，绘制两个凸平面，调整大小保证能包围住其他要包围的图形即可，如图 7-1 所示。双击后将其“填充颜色”设为“没有填充”。

（4）调整好大小之后，用上述同样的方法，将两个凸平面均设为最底层。

10. 文字注释

单击绘图工具箱中的“标签”按钮A，仿照标题文字的输入方法，如图 7-1 所示，分别对各名称进行文字注释。所有文字标签属性：“没有填充”“没有边线”；“字符字体”为黑色、宋体、常规、五号。

至此，电动机运行监控系统画面组态工作将全部结束。选择“文件”菜单中的“保存窗口”选项，保存画面，然后通过模拟运行检查运行效果。

7.1.4 运行策略设计

运行策略的设计主要包括：

（1）在工作台的“运行策略”选项卡中新建一个“循环策略”。

（2）设置新建循环策略的属性，将“策略名称”设为“电机拖动监控系统设计”，将定时循环周期设为“100” ms，如图 7-24 所示，单击“确认”按钮。

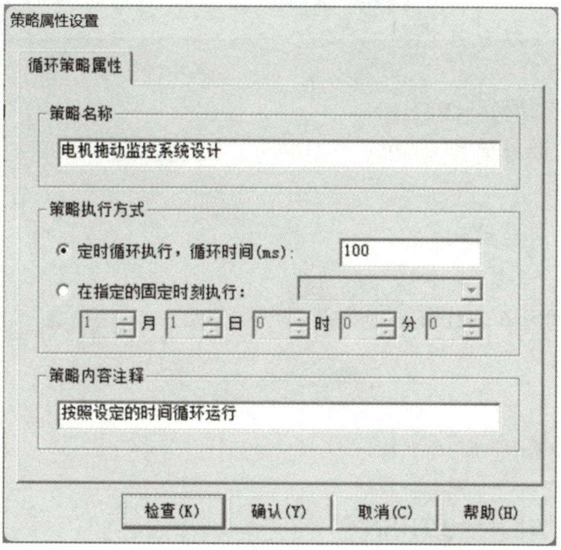

图 7-24 “电机拖动监控系统设计”策略属性设置

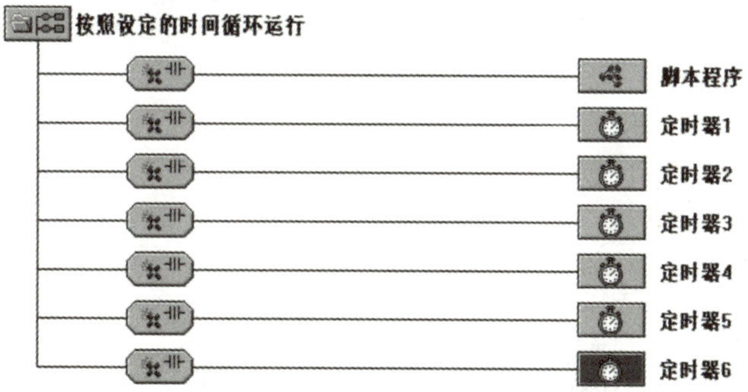

图 7-25 脚本程序和定时器策略行

（3）双击“电机拖动监控系统设计”策略，进入策略组态环境。在策略组态环境中的空白处单击鼠标右键，选择“新增策略行”选项，增加七个策略行，即一个脚本程序策略行、六个定时策略行，如图 7-25 所示。

（4）在策略工具箱中分别选择“脚本程序”“定时器”构件，将鼠标移到策略块右端的图标上，添加一个“脚本程序”构件和六个“计数器”构件，如图 7-25 所示。

（5）双击 **脚本程序** 进入脚本程序编辑环境，输入如下的脚本程序：

```
'电动机运行'
IF 电动机启动=1  THEN
    电动机正转=1
    电动机正转时间启动=1
ENDIF
IF 电动机正转时间>=10 THEN
    电动机正转=0
    电动机正转时间启动=0
```

```
    电动机正转间歇时间启动=1
ENDIF
IF 电动机正转间歇时间>=2 THEN
    电动机正转间歇时间启动=0
    电动机反转=1
    电动机反转时间启动=1
ENDIF
IF 电动机反转时间>=6 THEN
    电动机反转=0
    电动机反转时间启动=0
    电动机反转间歇时间启动=1
ENDIF
IF 电动机反转间歇时间>=2 THEN
    电动机反转间歇时间启动=0
    电动机正转=1
    电动机正转时间启动=1
ENDIF
'风机运行'
IF 风机启动=1 THEN
    风机=1
    风机运行时间启动=1
ENDIF
IF 风机运行时间>=8 THEN
    风机=0
    风机运行时间启动=0
    风机间歇时间启动=1
ENDIF
IF 风机间歇时间>=5 THEN
    风机=1
    风机运行时间启动=1
    风机间歇时间启动=0
ENDIF
IF 风机=1 THEN
    风机旋转=1-风机旋转
ENDIF
'电动机停止运行'
IF 电动机停止=1 THEN
    电动机正转=0
    电动机反转=0
```

```
        电动机正转时间启动=0
        电动机反转时间启动=0
        电动机正转间歇时间启动=0
        电动机反转间歇时间启动=0
        电动机正转时间=0
        电动机反转时间=0
        电动机正转间歇时间=0
        电动机反转间歇时间=0
    ENDIF
    '风机停止运行'
    IF 风机停止=1 THEN
        风机=0
        风机运行时间启动=0
        风机间歇时间启动=0
        风机运行时间=0
        风机间歇时间=0
    ENDIF
```

（6）双击图标，进入定时器基本属性对话框，对六个定时器分别按照图 7-26 ~ 图 7-31 所示进行设置。

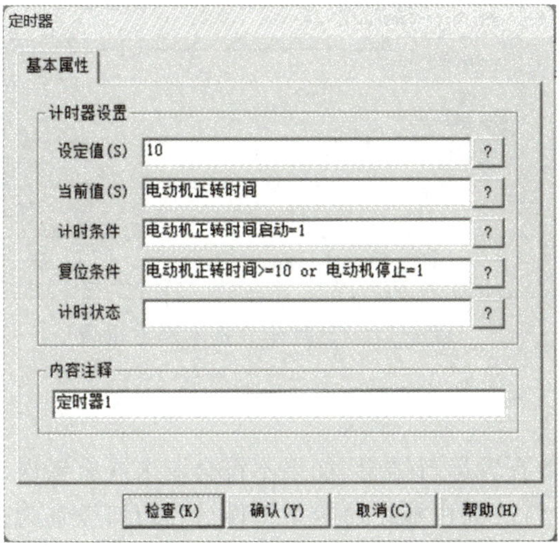

图 7-26　定时器 1 基本属性设置

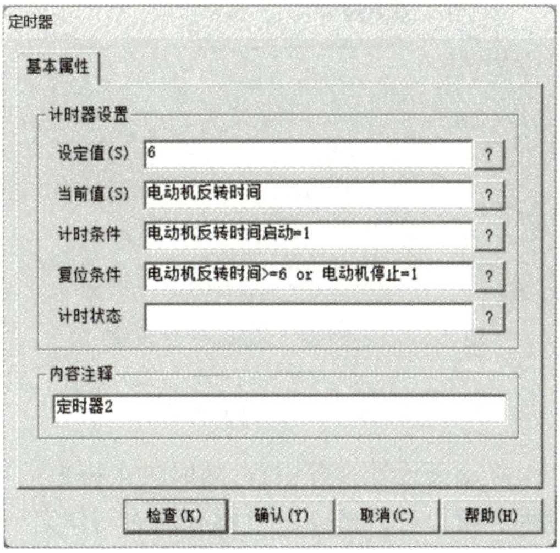

图 7-27　定时器 2 基本属性设置

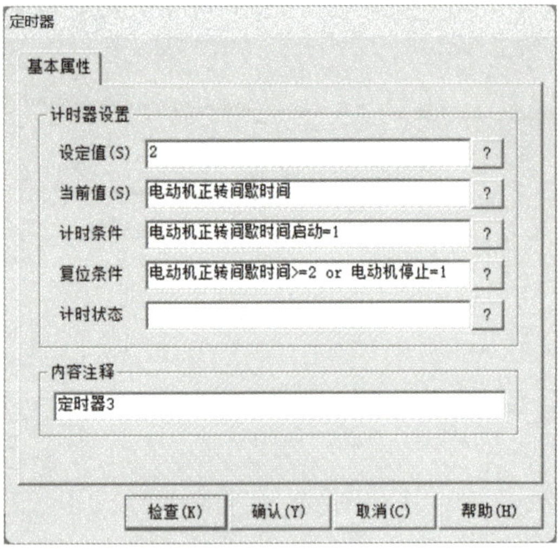

图 7-28　定时器 3 基本属性设置

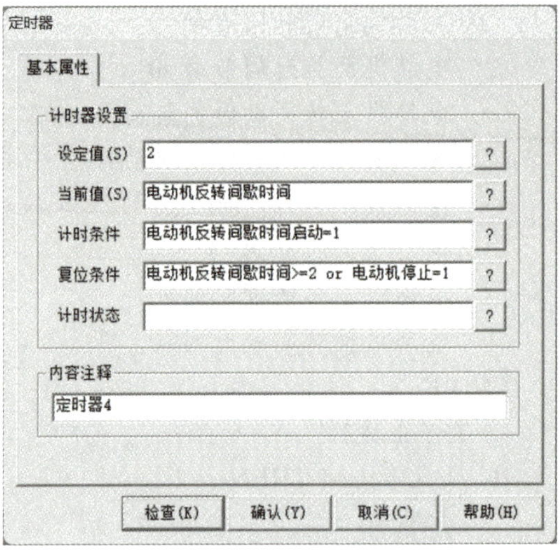

图 7-29　定时器 4 基本属性设置

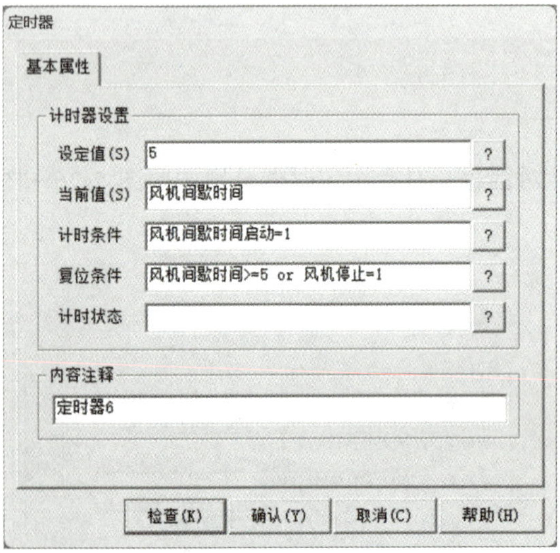

图 7-30　定时器 5 基本属性设置

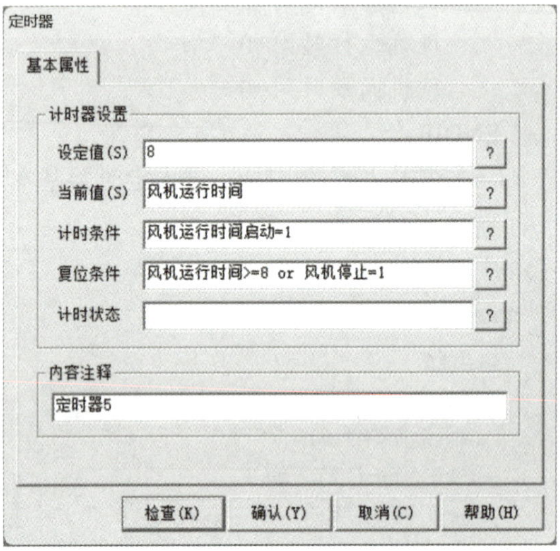

图 7-31　定时器 6 基本属性设置

7.1.5　离线模拟运行调试

在动画设计过程中,可随时进入模拟运行环境查看运行结果,如果不符合要求或有错误,返回到窗口进行修改。当所有画面制作完毕后，将“电机拖动监控系统设计”窗口设置为初始运行窗口，然后可以进行运行或模拟调试了。

如果标题文字在闪烁，按下“电动机启动”按钮，电动机图形由红色变成绿色，表示电机已经运行，电动机正转时间开始显示，电动机运行期间对应指示灯变成绿色；按下“风机启动”按钮，风机开始运行，风机时间开始显示，风机运行期间对应指示灯变成绿色。按下“电动机停止”按钮，电动机停止工作，其填充颜色变成红色，时间显示均为“0”，指示灯熄灭；按下“风机停止”按钮，风机停止工作，时间显示均为“0”，指示灯熄灭。“电动机正转时间调节”为“10 秒”，“电动机反转时间调节”为“6 秒”，“风机运行时间调节”为“8 秒”，“风机间歇时间调节”为“5 秒”。

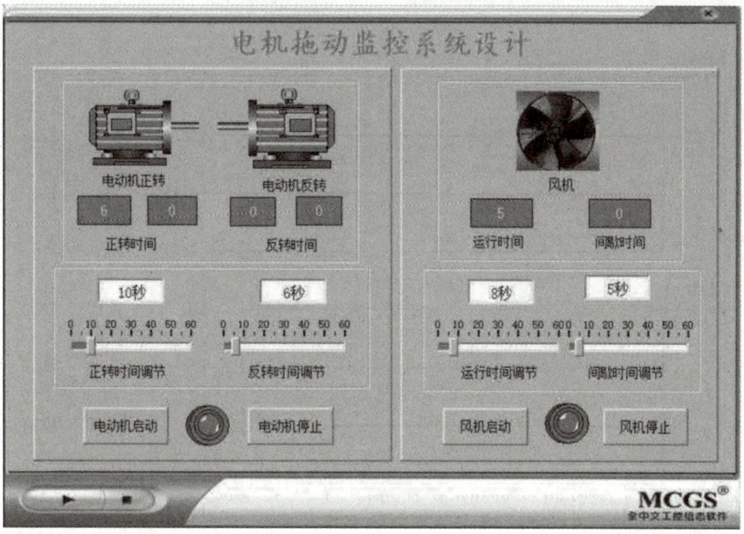

图 7-32　系统模拟运行效果图

当鼠标移动到时间调节输入框或滑动输入器时，鼠标会变为小手形状，表示可进行手动操作。单击输入框，可改变其数值；调节滑动输入器，对应的输入框中的数值也会相应地发生变化。系统模拟运行效果如图 7-32 所示。

7.2　PLC 控制程序设计

7.2.1　触摸屏数据对象与 PLC 寄存器分配

触摸屏数据对象与 PLC 寄存器分配见表 7-2。

表 7-2　触摸屏数据对象与 PLC 寄存器分配表

序号	触摸屏数据对象	PLC 地址	序号	触摸屏数据对象	PLC 地址
1	电动机启动	M0	10	电动机正转时间调节	D0
2	电动机停止	M1	11	电动机反转时间调节	D1
3	风机启动	M2	12	风机运行时间调节	D2
4	风机停止	M3	13	风机间歇时间调节	D3
5	电动机启动指示灯	M10	14	电动机正转时间	T0
6	风机启动指示灯	M11	15	电动机反转时间	T1
7	电动机正转	Y000	16	风机运行时间	T2
8	电动机反转	Y001	17	风机间歇时间	T3
9	风机	Y002			

7.2.2　PLC 控制程序

电机拖动监控系统设计 PLC 梯形图程序如图 7-33 所示。

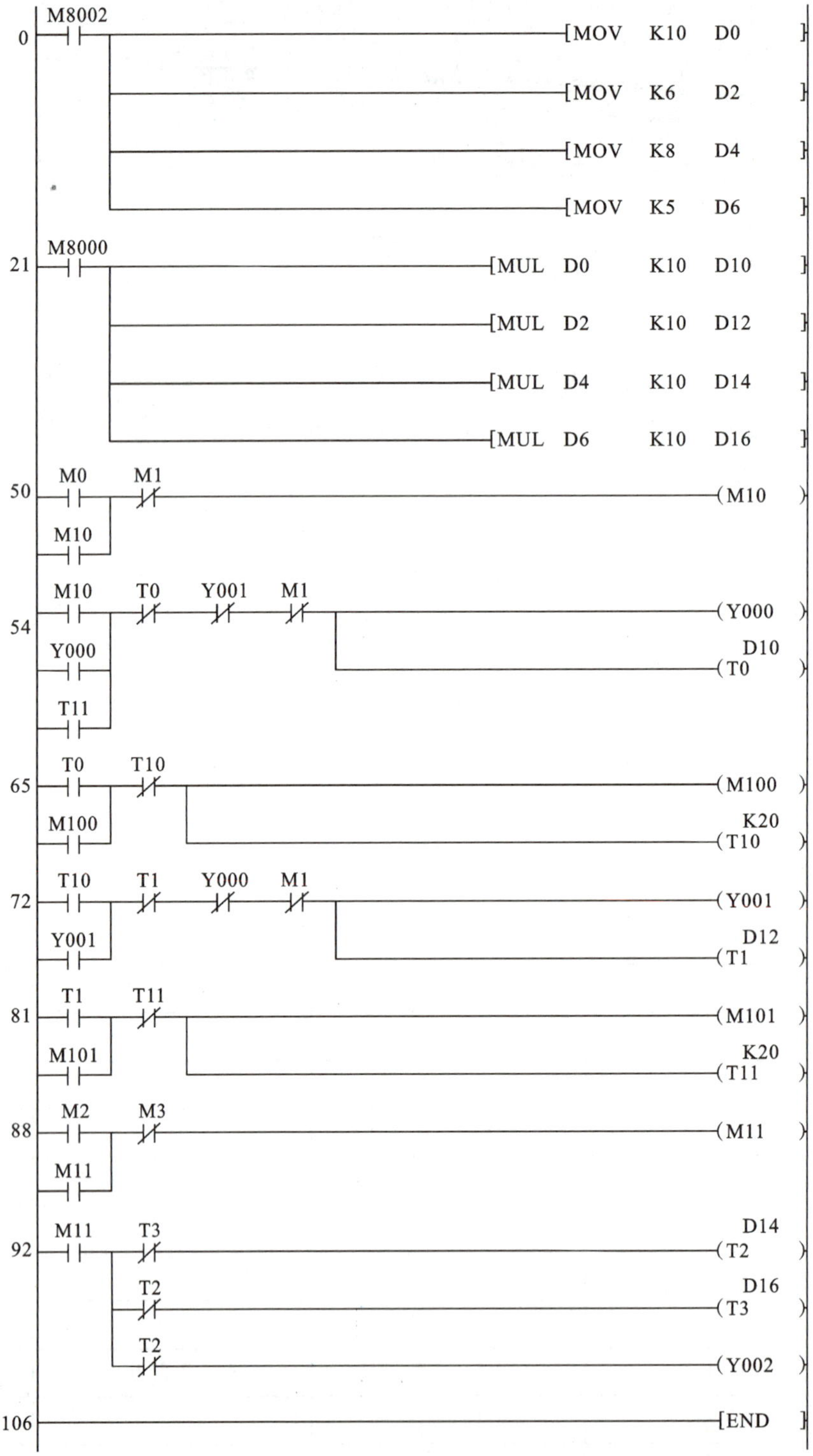

图 7-33　电机拖动监控系统 PLC 梯形图程序

7.3 MCGS 设备组态与在线调试

在 MCGS 中，由设备窗口负责建立系统与外部设备的连接，使得 MCGS 能从外部设备读取数据并控制外部设备的工作状态，实现对工业过程的实时监控。首先进行设备组态，即通过 MCGS 的设备窗口建立 MCGS 组态系统与三菱 FX3U-32MR 系列 PLC 之间的通信连接，进而实现实时监控的目的。

7.3.1 设备组态

1. 添加 PLC 设备

添加 PLC 设备的方法主要包括：

（1）打开前面已建立的“电机拖动监控系统设计”工程，切换至工作台窗口中的“设备窗口”选项卡，鼠标双击 设备窗口 图标进入设备组态画面，弹出设备组态窗口，窗口内为空白，没有任何设备。

（2）单击工具条中的按钮，打开设备工具箱。单击设备工具箱中的“设备管理”按钮，弹出“设备管理”对话框。在左边的“可选设备”列表中选择“通用串口父设备”，然后单击“增加”按钮，将其添加到“选定设备”列表中。用同样的方法选择“三菱 FX 系列编程口”，将其添加到“选定设备”列表中，如图 7-34 所示。单击“确认”按钮后返回到设备组态窗口，此时，设备工具箱列表中已有刚刚定制的两个设备工具，如图 7-35 所示。

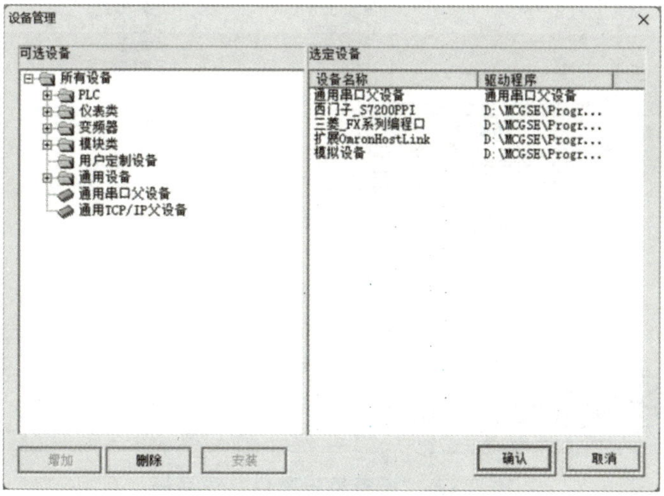

图 7-34 “设备管理”对话框

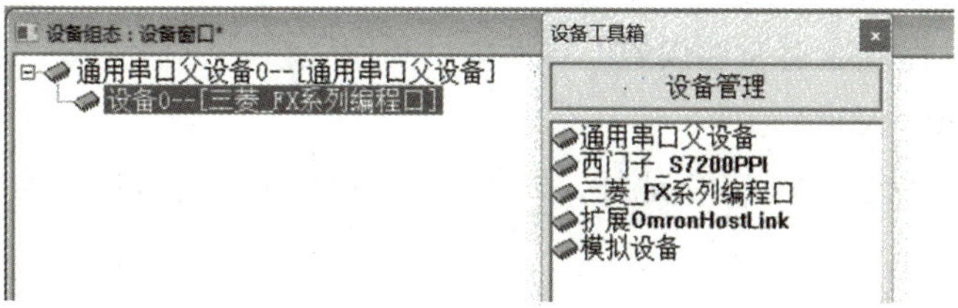

图 7-35 设备组态窗口

（3）在设备工具箱中按先后顺序双击“通用串口父设备”“三菱 FX 系列编程口”添加至设备组态画面，如图 7-36 所示。提示“是否使用‘三菱 FX 系列编程口’驱动的默认通信参数设置串口父设备参数？”，选择“是”，如图 7-36 所示。单击“存盘”按钮，设备添加结束。

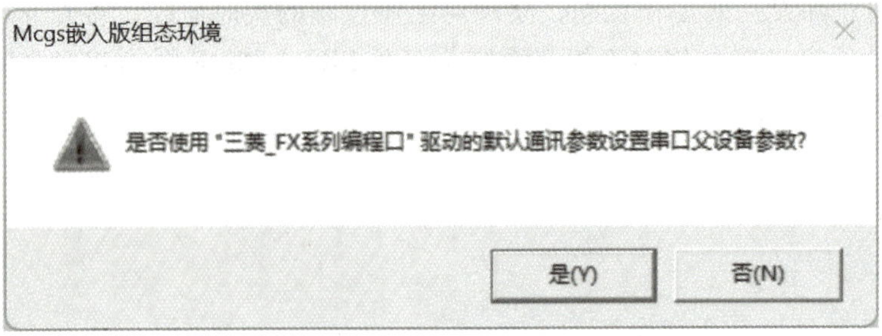

图 7-36　提示对话框

2. PLC 设备属性设置及通道连接

PLC 设备属性设置及通道连接的设置方式主要包括：

（1）双击“设备 0-[三菱 FX 系列编程口]”，弹出“设备编辑窗口”对话框，如图 7-37 所示。

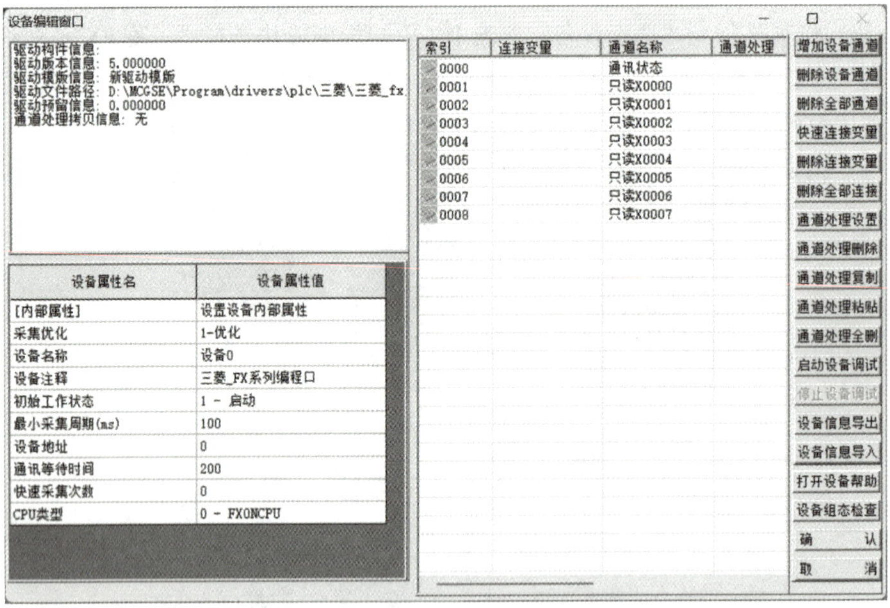

图 7-37　“设备编辑窗口”对话框

（2）单击“内部属性”，则其右边出现“设置设备内部属性”按钮 ...，单击该按钮后弹出“三菱 FX 系列编程口通道属性设置”对话框。利用“删除一个”或“全部删除”按钮，删除不用的通道 X0000 ~ X0007。

（3）按照表 7-2 所分配的 PLC 地址，添加所需要的 PLC 通道。以辅助寄存器 M 为例来说明通道的添加方法：

①由于 M0 ~ M3 是号码连续的同一类寄存器，所以可将这 4 个通道一次添加。单击“三菱 FX 系列编程口通道属性设置”对话框中的“增加通道”按钮，在“寄存器类型”下拉列表中选择“M 辅助寄存器”，将“寄存器地址”设为“0”，“通道数量”设为“4”，“操作方式”设为“读写”，如图 7-38 所示。单击“确认”按钮，此时可以看到 M0 ~ M3 已经出现在“三菱 FX 系列编程口通道属性设置”列表中。

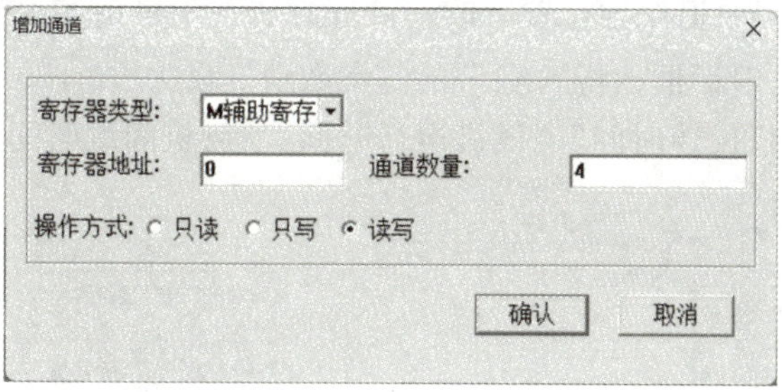

图 7-38　添加 M0 ~ M3 通道

② 再次单击“增加通道”按钮，在“寄存器类型”下拉列表中选择“M 辅助寄存器”，将“寄存器地址”设为“10”，“通道数量”设为“2”，“操作方式”设为“读写”，单击“确认”按钮，将 M10 添加到通道列表中。

③ 按照同样的方法将表 7-2 中其他类型的寄存器添加到“三菱 FX 系列编程口通道属性设置”列表中。通道添加完后单击“确认”按钮，返回到设备编辑窗口。

（4）选择 PLC 类型。单击“设备编辑窗口”对话框中的“CPU 类型”，从右边的下拉列表中选择“4-FX3UCPU”。

（5）通道连接。“设备编辑窗口”对话框的右边为 PLC 通道与 MCGS 数据对象进行连接的列表，双击图 7-38 右边的“连接变量”列对应的表格后弹出数据库，从数据库中选择所要连接的数据对象，实现各通道与对应的数据变量之间的连接。如在“读写 Y0000”通道左边的“连接变量”对应表格中双击，从数据库中选择“电动机正转”变量，则表示 PLC 的通道“Y0000”与 MCGS 的数据变量“电动机正转”相连接。本项目所有通道连接后的情况如图 7-39 所示。

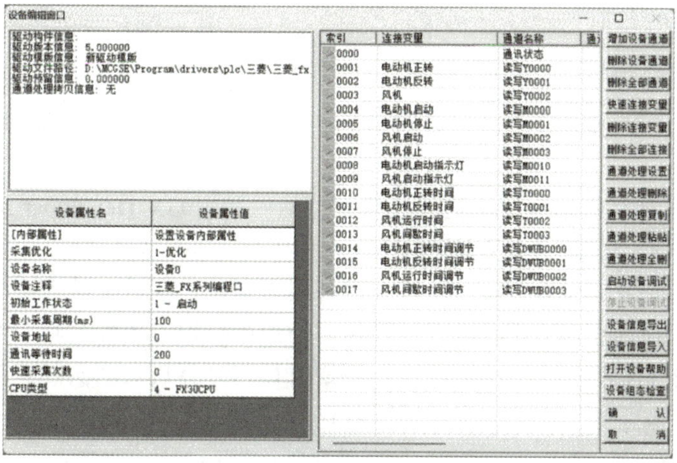

图 7-39　电机拖动监控系统设计 PLC 通道连接

（6）通道处理。在 PLC 控制程序中电动机正转、电动机反转、风机运行、风机间歇时间选用的是 100 ms 定时器（如 T0、T1、T2、T3），而在组态画面中实时显示的时间单位为秒，所以需要对来自定时器的时间进行数据处理，数据处理方法主要包括：

① 双击图 7-39 所示“设备编辑窗口”右侧列表中的“电动机正转时间”行与“通道处理”列对应的单元格，弹出“通道处理设置”对话框，如图 7-41 所示。

② 在图 7-40 所示“通道处理设置”的“处理方法”中单击 ① 按钮，弹出图 7-41 所示“设置多项式处理参数”对话框，将“K1”的“参数值”设为“0.1”，单击“确认”按钮。按照同样的方法对“电动机反转时间”“风机运行时间”“风机间歇时间”进行通道处理设置。

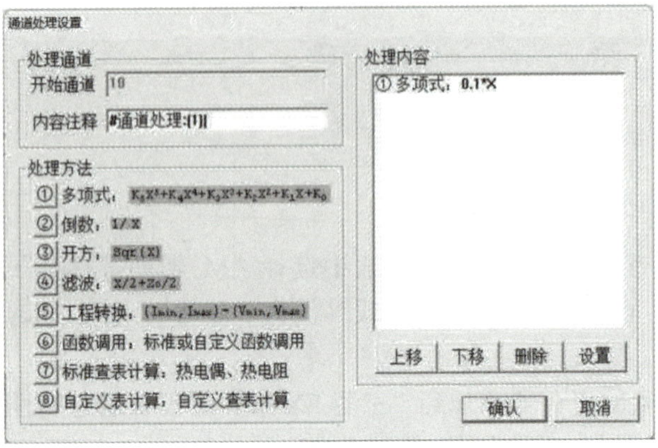

图 7-40　通道处理设置

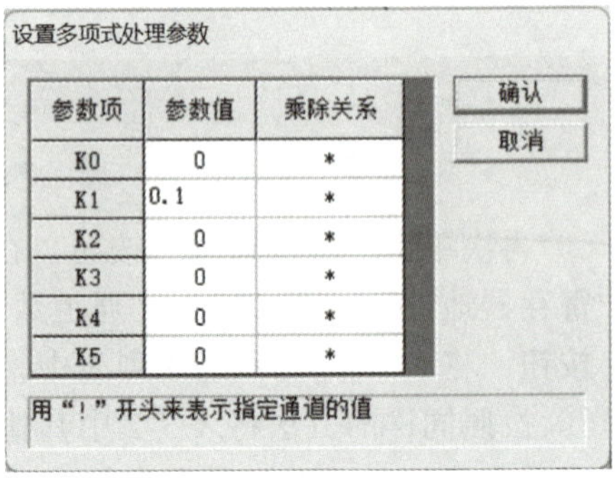

图 7-41　多项式处理参数设置

完成所有变量连接后，单击设备编辑窗口中的“确认”按钮，返回设备组态窗口，保存后关闭设备窗口，返回工作台。

7.3.2　MCGS 触摸屏的硬件连接

参照“3.3 **TPC**7062K 与 PLC 的硬件连接”将 MCGS 触摸屏 TPC7062K 与三菱 FX 系列 PLC 进行连接。

7.3.3　在线运行调试

1. 在线模拟运行调试

如果没有 MCGS 触摸屏，也可以在计算机上进行在线模拟运行调试，调试方法主要包括：

（1）将 PLC 与计算机用专用通信线连接好，然后利用 GX Developer 编程软件将图 7-34 所示程序写入到 PLC，下载结束后将 PLC 置于“RUN”运行状态。

（2）设置好通信端口和通信参数。打开设备组态窗口，在设备组态窗口中双击已添加的“通用串口父设备 0-[通用串口父设备]”，弹出“通用串口设备属性编辑”对话框。在“基本属性”选项卡中进行设置，其中串口端口号应按 PLC 与计算机之间实际连接的端口号进行设置，如图 7-42 所示。

（3）通信参数必须设置成与 PLC 的设置一样，否则就无法通信。三菱 FX 系列 PLC 的通信参数：通信波特率 6～9600，数据位位数 0～7 位，停止位位数 0～1 位，数据校验方式 2-偶校验。

（4）设置好通信参数后单击“确认”按钮返回，保存后关闭设备组态窗口。

（5）按键盘中的“F5”键或单击工具条中的按钮，弹出“下载配置”对话框。

（6）选择“模拟运行”，单击“工程下载“开始下载，数秒钟后下载结束。

（7）单击“启动运行”，系统会进入模拟运行环境，运行“电机拖动监控系统设计工程”。

（8）操作相关图形元件，检查各项功能是否满足设计要求。

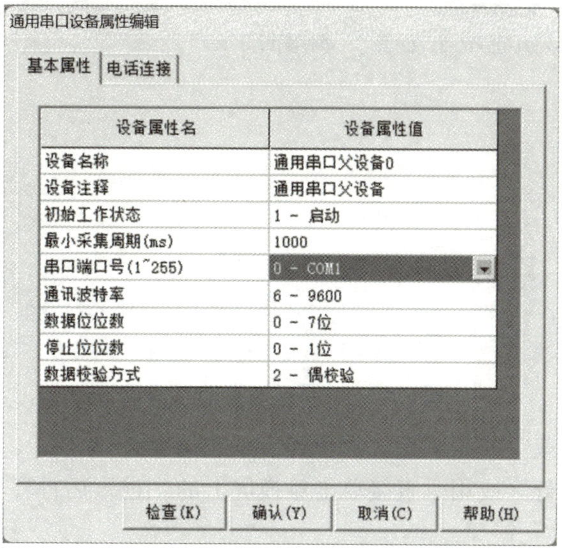

图 7-42　通用串口设备属性编辑

2. 在线连机运行调试

如果有 MCGS 触摸屏，进行在线连机运行调试的内容主要包括：

（1）利用 GX Developer 编程软件将图 7-34 所示的程序写入 PLC 中，下载结束后将 PLC 置于“RUN”运行状态。

（2）利用专用的通信线连接 MCGS 触摸屏与 FX3u-32MR PLC。

（3）将普通 USB 线的扁平接口端插到计算机的 USB 口，微型接口端插到 TPC（触摸屏）的 USB2 口。

（4）下载 MCGS 工程前一定要将“通用串口父设备”的通信端口设置为“COM1”（此为触摸屏的默认通信端口），然后按键盘中的“F5”键或单击工具条中的按钮，弹出“下载配置”对话框。

（5）选择“连机运行”，连接方式选择“USB 通信”，然后单击“通信测试”按钮，测试通信是否正常，如图 7-43 所示。如果通信成功，在“返回信息”中将提示“通信测试正常”，同时弹出“演示运行环境”窗口；如果通信失败，在“返回信息”中将提示“通信测试失败”。

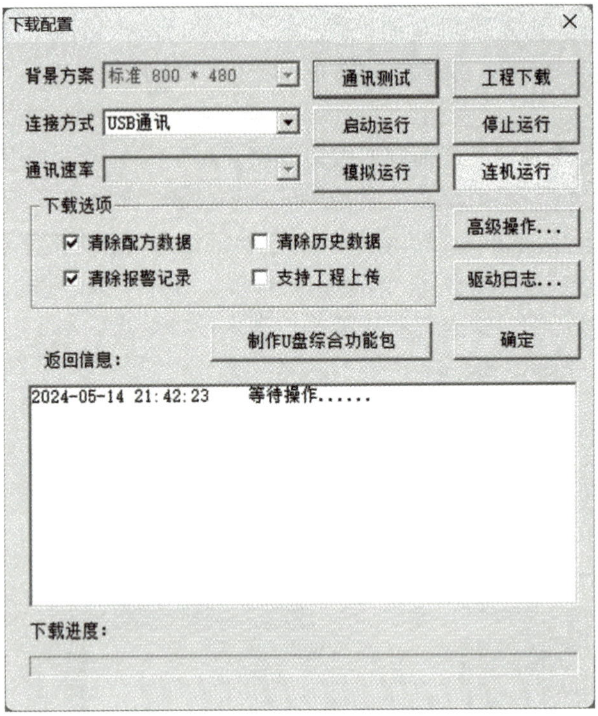

图 7-43 “下载配置”对话框

（6）单击“工程下载”开始下载，数秒钟后下载结束。

（7）单击“启动运行”或用手直接单击触摸屏上的“进入运行环境”按钮，系统会运行“电机拖动监控系统设计”窗口。

（8）单击“电动机启动”按钮，电动机开始按照设定的运行时间开始正转→反转→正转→……不断循环运行，同时电动机启动指示灯变成绿色；单击“电动机停止”按钮，则电动机停止运行，电动机启动指示灯变成红色。

（9）单击“风机启动”按钮，风机开始按照设定的运行、间歇时间开始运行→间歇→运行→……不断循环运行，同时风机启动指示灯变成绿色；单击“风机停止”按钮，则风机停止运行，风机启动指示灯变成红色。

第 8 章　工程应用实例 —— 运料小车控制系统设计

1. 学习目标

（1）熟悉 MCGS 子窗口及其函数的调用方法。

（2）熟悉脚本程序及运行策略的设计方法。

（3）掌握日期、时间、星期等显示功能。

（4）会使用 MCGS 与 PLC 设计运料小车仿真系统。

2. 项目要求

某生产车间需要一个小车自动运料系统，如图 8-1 所示。此系统的工作任务就是将 A 料斗中的料粒和 B 料斗中的料粒同时运送到卸料处的储料罐内，以备使用。在 A 装料处、B 装料处和卸料处均装有限位开关。小车的运行轨道为直线，右行由接触器 KM1 控制，左行由接触器 KM2 控制，装料和卸料动作均由电磁阀控制，具体工作过程主要包括：

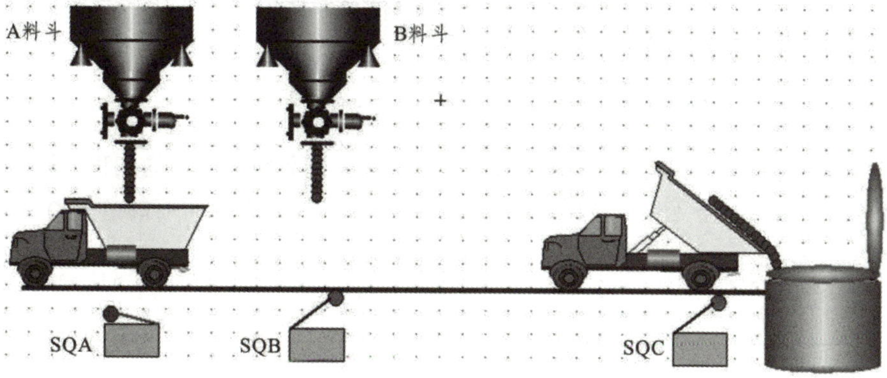

图 8-1　小车自动运料系统

（1）原点位置。

小车空车停在 A 装料处，此时限位开关 SQA 被小车压下，各阀门关闭。按下启动按钮系统运行，首先 A 料斗装料阀打开并且开始装 A 料粒，8 s 后 A 料斗装料阀关闭，小车慢速右行；当小车运行到 B 装料处时；限位开关 SQB 被压下，小车停止，B 料斗装料阀打开并且开始装 B 料粒，6 s 后 B 料斗装料阀关闭，小车快速右行；当小车运行到卸料处时，限位开关 SQC 被压下，小车停止，同时卸料阀打开，使液压缸推动料斗翻起开始卸料；10 s 后卸料阀关闭，结束卸料，小车快速左行返回；当小车返回至 A 装料处时，限位开关 SQA 再次被压下使小车停止，完成一次运料循环。

（2）控制要求。

系统运行时，首先应根据实际需求情况设定小车运料的次数。当完成设定的运料次数后，系统自动停止在原点。如果中途按了暂停按钮，小车不能立即停止，而是在完成当前运料循环后返回原点停止；再次按暂停按钮后，系统继续运行，将剩余的运料次数完成后自动停止。只有当本次设定的运料次数完成后才能设定下次的运料任务。

利用 MCGS 和 PLC 设计运料小车控制系统，具体要求主要包括：

（1）系统要有登录界面。登录界面为启动画面，即系统运行时首先进入登录界面。单击登录按钮，输入正确的密码才能进入主画面；若密码不正确，则不能进入主画面。

（2）系统应具有演示运行和仿真运行两种运行方式。演示运行方式是指完全由 MCGS 的动画功能模拟运料小车工作过程；仿真运行是指由 MCGS 与 PLC 连接共同完成运料小车工作过程，即由 MCGS 运料小车画面中的图形元件模拟现场设备，按照 PLC 控制程序进行动作实现小车运料过程，同时图形元件模拟发出相应的现场信号反馈给 PLC，作为下一动作执行的条件。

（3）画面中应有运料次数设定、运料次数及日期、时间和星期等显示功能。

（4）系统要有必要的提示窗口，如次数设定超限、系统正忙、运料完成等提示窗口。

（5）系统要有必要的工程安全设置。

8.1 系统监控画面设计

根据系统设计要求分析，运料小车运行系统应该由能够显示小车工作过程的主画面和各种信息提示子窗口画面组成。

8.1.1 创建实时数据库

在 MCGS 组态环境中创建一个名为“运料小车控制系统设计”的工程，然后进行实时数据库创建以及画面组态工作。根据设计要求，运料小车控制系统所需的数据对象共 40 个，见表 8-1。

表 8-1 运料小车控制系统数据对象（变量）

序号	变量名称	类型	初值	注释
1	SQA	开关	0	A 装料处限位开关变量
2	SQB	开关	0	B 装料处限位开关变量
3	SQC	开关	0	卸料处限位开关变量
4	车移动	数值	0	车位置变化变量
5	A 装料阀	开关	0	A 装料阀开关变量
6	B 装料阀	开关	0	B 装料阀开关变量
7	卸料阀	开关	0	卸料阀开关变量
8	右行	开关	0	右行控制变量
9	左行	开关	0	左行控制变量

续表

序号	变量名称	类型	初值	注 释
10	启动	开关	0	启动控制变量
11	暂停	开关	0	暂停控制变量
12	循环	开关	0	演示运行循环标志变量
13	次数设定	数值	1	次数设定变量，默认次数为 1
14	模式	开关	0	仿真/演示控制变量，0 为演示有效，1 为仿真有效
15	仿真	开关	0	仿真控制变量
16	演示	开关	1	演示控制变量
17	仿真运行	开关	0	仿真运行状态变量
18	演示运行	开关	0	演示运行状态变量
19	日期	字符	0	日期显示用变量
20	时间	字符	0	时间显示用变量
21	星期	字符	0	星期显示用变量
22	计时启动 1	开关	0	定时器构件 1 用变量
23	计时时间 1	数值	0	定时器构件 1 用变量
24	计时启动 2	开关	0	定时器构件 2 用变量
25	计时时间 2	数值	0	定时器构件 2 用变量
26	计时启动 3	开关	0	定时器构件 3 用变量
27	计时时间 3	数值	0	定时器构件 3 用变量
28	计时复位	开关	0	定时器构件用变量
29	计时到	开关	0	定时器构件用变量
30	完成次数	数值	0	计数器构件用变量
31	计数复位	开关	0	计数器构件用变量
32	次数到	开关	0	计数器构件用变量
33	PLCC0	数值	0	PLC 计数器 C0 连接变量
34	PLCT0	数值	0	PLC 定时器 T0 的显示变量
35	PLCT1	数值	0	PLC 定时器 T1 的显示变量
36	PLCT2	数值	0	PLC 定时器 T2 的显示变量
37	A 料粒	数值	0	装料 A 料粒显示控制变量
38	B 料粒	数值	0	装料 B 料粒显示控制变量
39	C 料粒	数值	0	卸料料粒显示控制变量
40	垂直移动	数值	0	登录界面控制垂直移动字的变量

按照表 8-1，在工作台的实时数据库中创建各个变量（数据对象）。本书已介绍开关型、数值型和组对象型等数据对象的创建方法，此处仅以“日期”为例介绍字符型数据对象的定

义方法和步骤：

（1）在工作台的“实时数据库”选项卡中单击“新增对象”按钮，在数据对象列表中增加新的数据对象。

（2）选中对象，按“对象属性”按钮或双击选中对象，打开“数据对象属性设置”对话框。将“对象名称”设为“日期”，“对象类型”设为“字符”，在“对象内容注释”中输入“当前日期显示变量”，单击“确认”按钮，如图 8-2 所示。

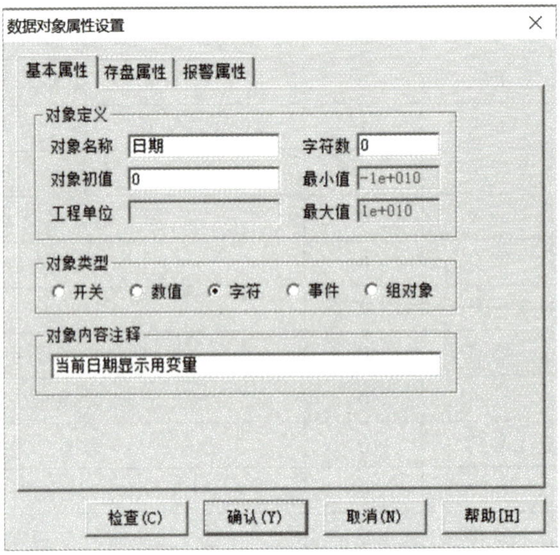

图 8-2 “日期”数据变量的设置

（2）按照表 8-1 中其他数据对象的要求进行设置。在创建“演示”数据对象时，一定要将其“对象初值”设为“1”，因为本系统运行方式选择开关的初始位置为“演示”位置，为了对应则默认的运行方式应设置为“演示运行方式”，所以“演示”的初始值设为“1”。

8.1.2 登录界面设计

根据项目任务和控制要求设计制作的登录界面如图 6-3 所示，该图形画面是欢迎界面，主要由中部的闪烁文字、两侧上下垂直移动的文字、登录按钮图形元件等组成。

1. 新建窗口

在工作台的“用户窗口”选项卡中新建两个窗口：一个名为“登录界面”，另一个名为“主画面”。

2. 闪烁文字制作

打开“登录界面”窗口，将其背景颜色设为蓝色。利用绘图工具箱中的“标签”按钮 A，在窗口中、上位置处输入文字“欢迎光临”。“填充颜色”设为“没有填充”，“边线颜色”设为“没有边线”，“字符颜色”设为红色，“字体”设为“黑体”，“字形”设为“粗体”，“大小”设为“72 号”。然后参照巩固练习 3 中的内容将其制作成闪烁效果。

3. 垂直移动文字的绘制及动画连接

垂直移动文字的绘制及动画连接的方法主要包括：

（1）在登录界面中，单击绘图工具箱中的“矩形”图标▭，在画面两侧分别绘制适当宽度的矩形条，作为垂直移动文字的背景，矩形条的“填充颜色”“边线颜色”均设为灰色，如图 8-3 所示。

图 8-3　登录界面

（2）单击绘图工具箱中的“标签”按钮A，在画面左侧绘制一个垂直矩形，双击该矩形，弹出“标签动画组态属性设置”对话框，在“扩展属性”选项卡的“文本内容输入”框中输入垂直排列的文字“运料小车控制系统”，如图 8-4 所示。

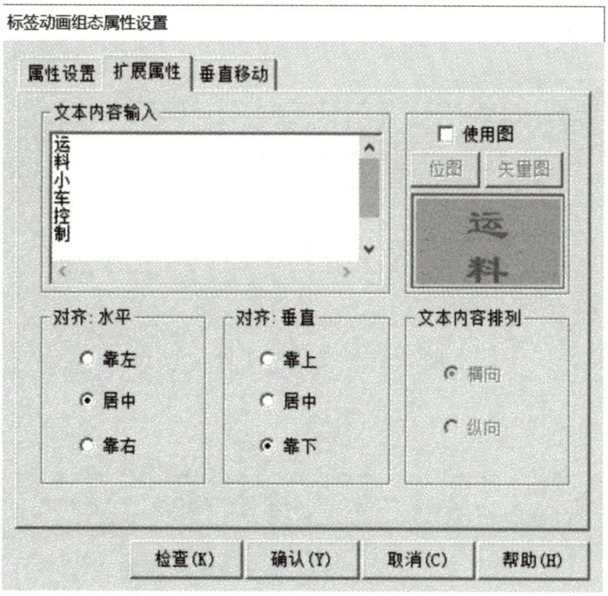

图 8-4　垂直移动文字的输入

（3）在“属性设置”选项卡中，“填充颜色”设为“没有填充”，“边线颜色”设为“没有边线”，“字符颜色”设为紫色，“字体”设为“隶书”，“字形”设为“粗体”，“大小”设为“小一”。选择“位置动画连接”中的“垂直移动”，出现“垂直移动”选项卡，如图 8-5 所示。

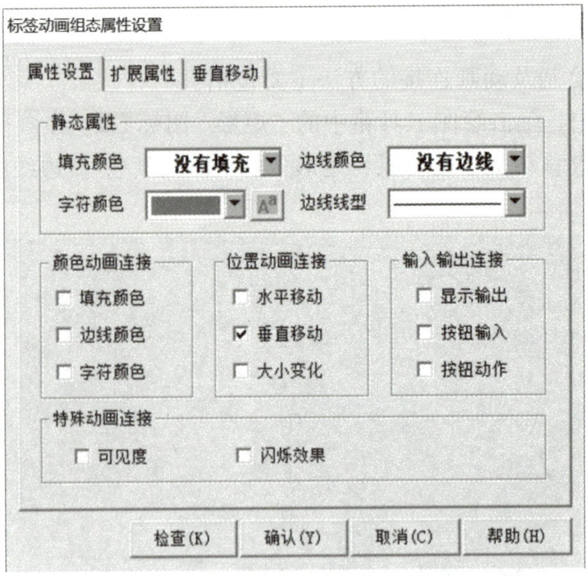

图 8-5　垂直移动文字的属性设置

（4）在“垂直移动”选项卡中，“表达式”选为“垂直移动”数据对象，“最大移动偏移量”设为“100”，其“表达式的值”设为“100”（表示移动方向为垂直向下），如图 8-6 所示。将该文本框移动到画面左侧顶端，参见图 8-3。

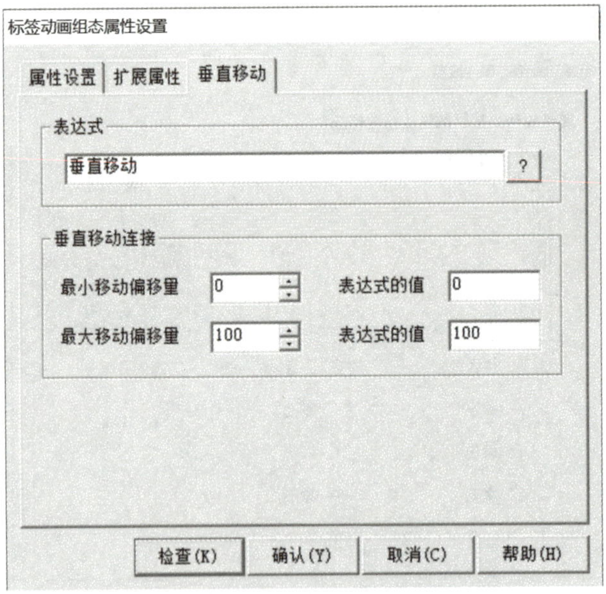

图 8-6　左侧垂直移动文字的动画连接

（5）复制刚制作的垂直文字输入框，将其移动到画面右侧底端，如图 8-3 所示。双击该文本框，在“扩展属性”选项卡中将“文本内容”输入框中的文字改为“工控组态应用技术”；在“垂直移动”选项卡中将“最大移动偏移量”的“表达式的值”改为“-100”（表示移动方向为垂直向上），如图 8-7 所示。

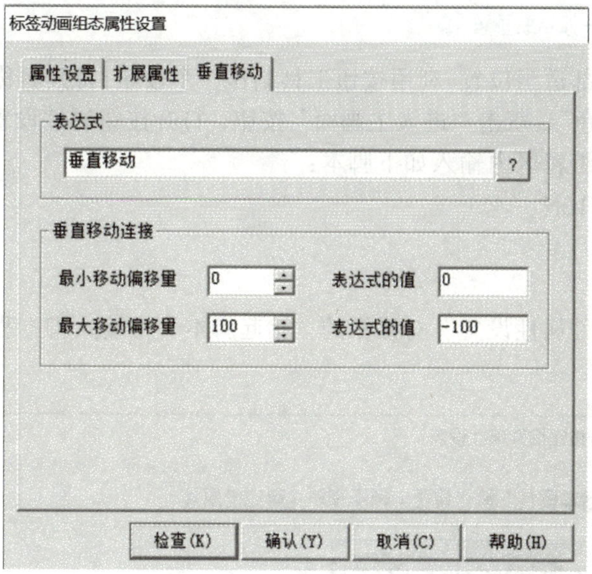

图 8-7　右侧垂直移动文字的动画连接

（6）双击登录界面空白处弹出“用户窗口属性设置”对话框，在“循环脚本”选项卡中将“循环时间（ms）”设为“100”，然后在其下方的脚本编辑区中输入以下脚本程序：

```
垂直移动=垂直移动+10
IF 垂直移动>=450 THEN
    垂直移动=-270
ENDIF
```

在“用户窗口属性设置”对话框中输入脚本程序后如图 8-8 所示，单击“确认”按钮。

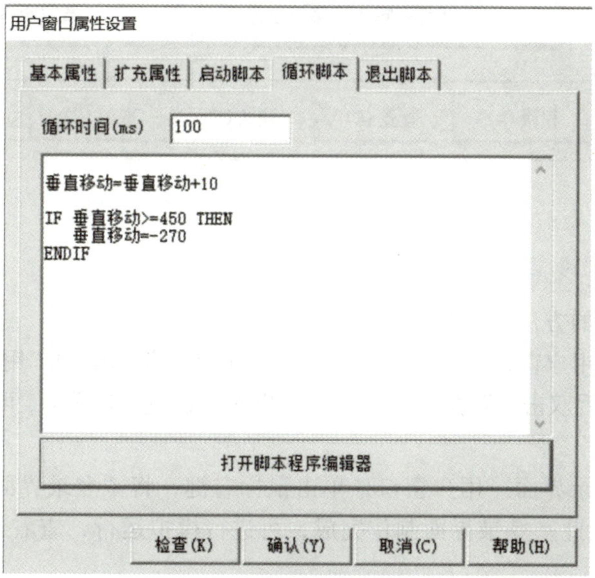

图 8-8　文字垂直移动的脚本

4. 登录按钮制作及动画连接

在登录窗口的中部适当位置，利用按钮工具制作一个按钮，将其名称改为“进入主画面”，按钮背景色改为“红色”。双击“进入主画面”按钮，打开按钮属性设置对话框，选择“脚本程序”属性页，在其编辑区内输入如下脚本：

```
IF !LogOn()=0 THEN
    主画面.open()
ENDIF
```

在“标准按钮构件属性设置”对话框的“抬起脚本”中输入脚本程序后如图 8-9 所示，单击“确认”按钮。

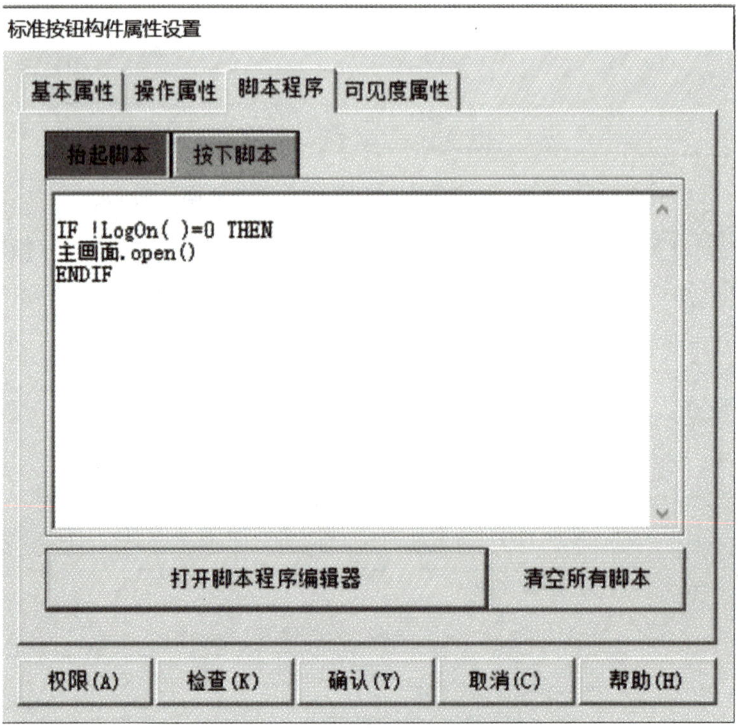

图 8-9　登录按钮的属性设置

5. 登录密码的设置

登录密码设置的方法主要包括：

（1）关闭所有用户窗口，在工作台上选择“工具”菜单中的“用户权限管理”，打开“用户管理器”对话框后双击“负责人”，打开“用户属性设置”对话框，可进行用户密码的设置，如图 8-10 所示。

（2）选中“登录界面”用户窗口，单击鼠标右键，将“登录界面”设置为“启动窗口”，如图 8-11 所示。至此，登录界面制作完成，可进行模拟运行，查看制作效果。

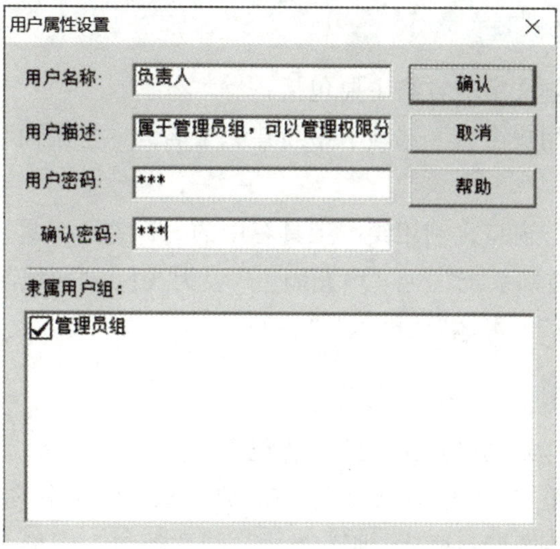

图 8-10　用户密码设置

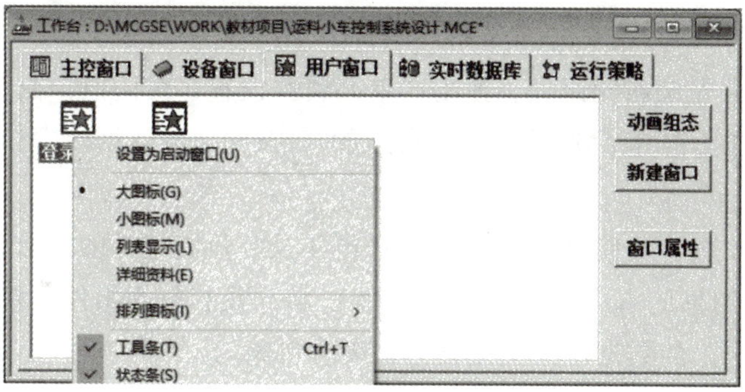

图 8-11　启动窗口的设置

8.1.3　主画面设计

根据项目任务和控制要求设计制作的主画面如图 8-12 所示，该图形画面主要由标题文字、控制与显示、运料小车图形元件等组成。

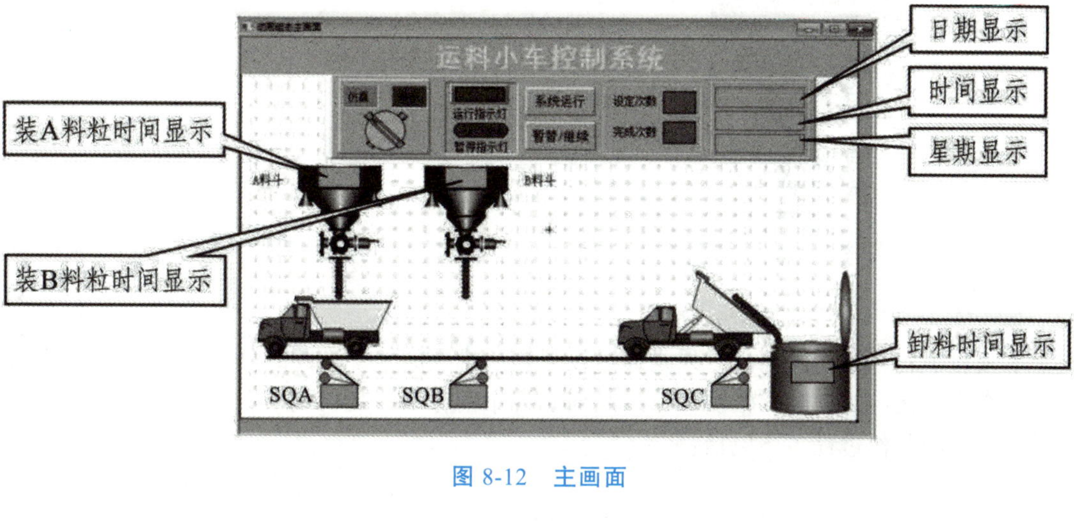

图 8-12　主画面

1. 新建窗口并输入标题文字

新建窗口并输入标题文字的方法主要包括：

（1）在工作台的“用户窗口”选项卡中新建一个名为“主画面”的窗口，将其背景颜色设为橙色。

（2）打开“主画面”窗口，利用绘图工具箱中的“标签”工具，在窗口顶端中心位置输入标题文字“运料小车控制系统”，将“填充颜色”设为灰色，“边线颜色”设为“没有边线”，“字符字体”设为“黄色”“黑体”“粗体”“一号”。

2. 料斗图形元件的制作及动画连接

料斗图形元件的制作及动画连接方法主要包括：

（1）单击绘图工具箱中的“插入元件”按钮，从元件库中的“反应器”类中选择“反应器 1”图形作为 A 料斗图形；再从“阀”类中选择“阀 20”图形，将其向右旋转 90° 后移动到 A 料斗的下方，调整反应器和阀的大小比例，并同时框选，单击鼠标右键，选择“排列”，再选择“合成单元”，作为 A 料斗及装料阀组件，如图 8-13 所示。

（2）双击 A 料斗及装料阀组件，弹出“单元属性设置”对话框，在“数据对象”选项卡的“连接类型”中选择“填充颜色”，单击右边的 ? 按钮，从数据库中选择“A 装料阀”，如图 8-14 所示。

（3）通过复制 A 料斗及装料阀组件制作 B 料斗及装料阀组件的图形，将复制的图形移动到 A 料斗及装料阀组件的右边适当位置，作为 B 料斗及装料阀组件。双击 B 料斗及装料阀组件，将“填充颜色”的数据对象连接设为“B 装料阀”。

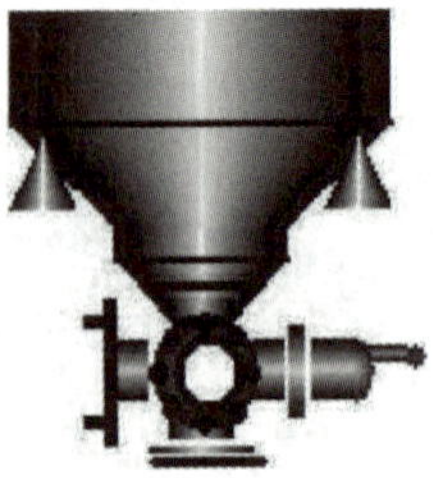

图 8-13　A 料斗及装料阀组件

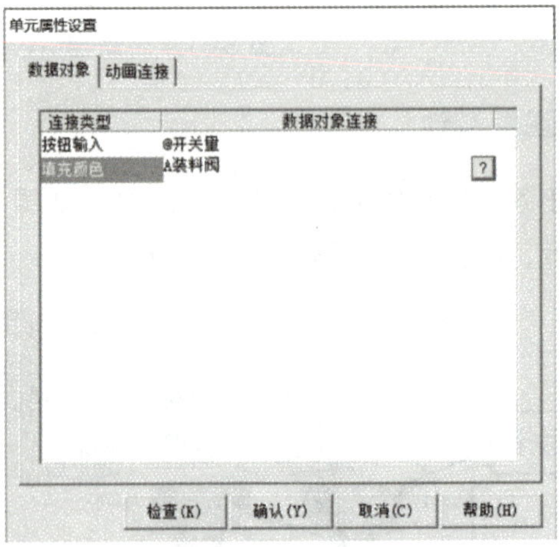

图 8-14　A 装料阀数据对象属性设置

3. 料粒串的制作及动画连接

本项目中料粒移动的动画效果是通过设置连续排列的三个小圆的可见度属性来实现的，即让三个小圆按照时间顺序依次可见，从而实现小圆移动的装料效果。

料粒串的制作过程主要包括：

（1）单击绘图工具箱中的“椭圆”按钮，在窗口空白处绘制一个直径为 10 的小圆（通过边绘制小圆边观察窗口右下角的状态栏的数据变化情况，从而控制小圆的直径大小），作为 A 料粒的图形。

（2）双击小圆，将“属性设置”选项卡中的“填充颜色”设为红色，选择“特殊动画 连接”中的“可见度”，出现相应的“可见度”选项卡，如图 8-15 所示。

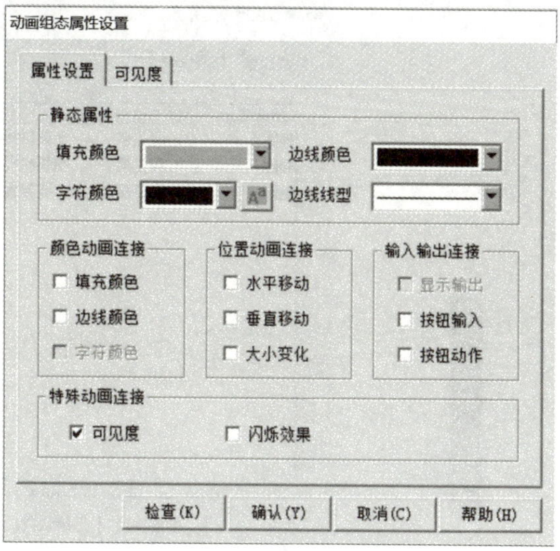

图 8-15　A 料粒属性设置

（3）在“可见度”选项卡中，在“表达式”中输入“A 装料阀=1 AND A 料粒=1”，如图 8-16 所示。

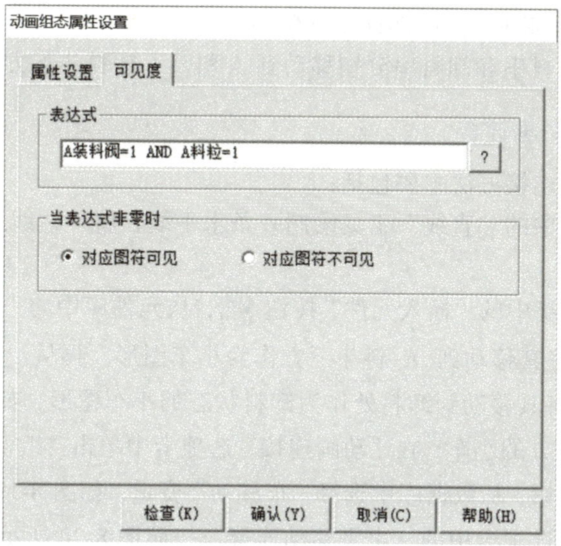

图 8-16　A 料粒可见度属性设置

（4）复制 2 个 A 料粒小圆，分别将其“可见度”选项卡中的“表达式”改为“A 装料阀=1 AND A 料粒=2”和“A 装料阀=1 AND A 料粒=3”。将 3 个小圆垂直排列成一串，如图 8-17 左图所示，然后用鼠标拖选的方法同时选择三个小圆，在选中的小圆图形上单击鼠标右键，在弹出的快捷菜单中选择“排列”→“合成单元”选项，将其合并成一个料粒组。再复制 2 个料粒组，然后将三个料粒组垂直排列起来并合成一个单元，即 A 料粒串，如图 8-17 右图所示。

（5）B 料粒串可通过复制的方法制作。复制一个 A 料粒串，双击后，在“数据对象”选项卡中，按照图 8-18 所示进行设置。

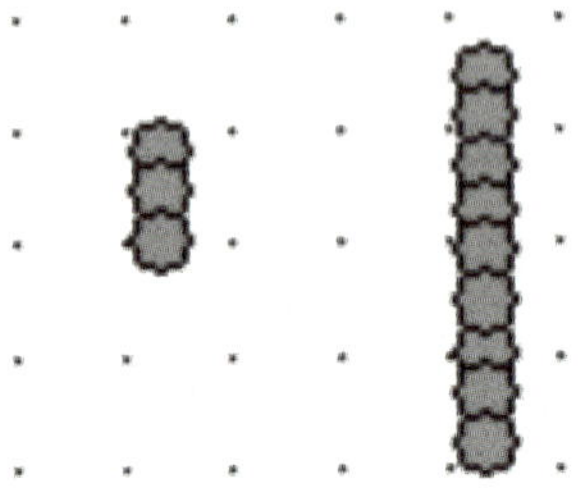

图 8-17　A 料粒组和 A 料粒串

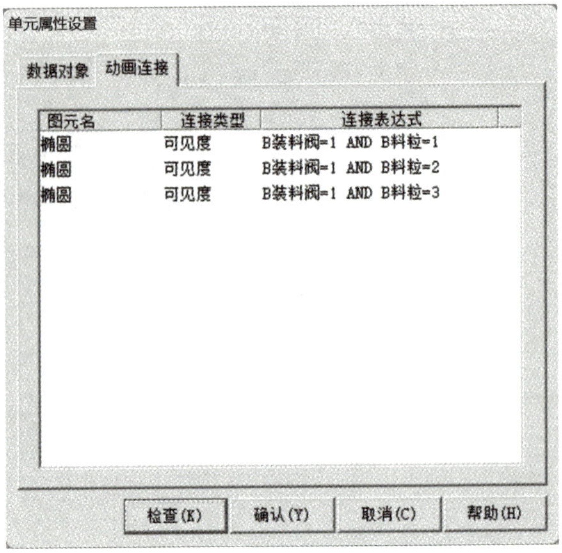

图 8-18　B 料粒可见度属性设置

（6）卸料串的制作方法与上述方法相似，只是卸料串的排列不是垂直的，而是曲线状的，如图 8-12 所示；另外，卸料串的可见度连接变量分别为“卸料阀=1 AND C 料粒=l”“卸料阀=1 AND C 料粒=2”和“卸料阀=1 AND C 料粒=3”。

（7）将 A 料串、B 料串和卸料串分别移动到 A 料斗、B 料斗下方和卸料处。

4. 小车的制作及动画连接

小车的制作及动画连接方法主要包括：

（1）用绘图工具箱中的“直线”工具绘制一条水平线，将“边线线型”设为粗型，作为公路图形。

（2）单击绘图工具箱中的“插入元件”按钮，从元件库中的“车”类中选择“翻斗车 2”图形，调整大小并将其移动到 A 料斗下方作为小车图形。再从“车”类中选择“翻斗车 3”图形，调整大小并将其移动到卸料处作为卸料状态的小车图形，如图 8-12 所示。

（3）双击 A 料斗下方的小车，在“动画连接”选项卡中单击“组合图符”，右边出现两个 ? > 按钮。单击 ? 按钮，从数据库中选择“车移动”变量，如图 8-19 所示。然后再单击 > 按钮，将“水平移动”选项卡中的“水平移动连接”按照图 8-20 所示进行设置 。

（4）在“属性设置”选项卡中，选择“可见度”，出现“可见度”选项卡，如图 8-21 所示。在“可见度”选项卡中将“表达式”设为“卸料阀”，“当表达式非零时”选择“对应图符不可见”，如图 8-22 所示。

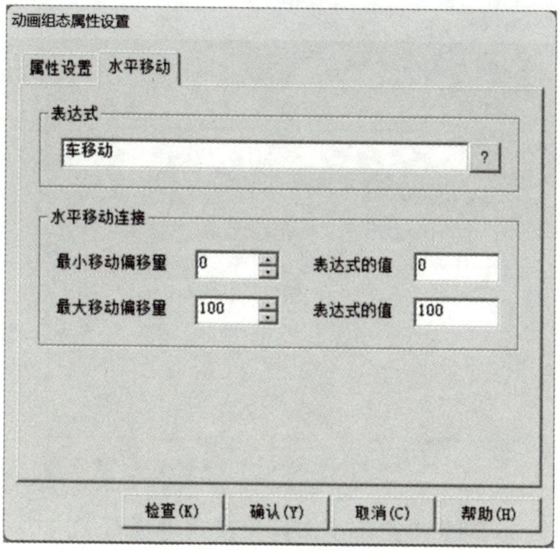

图 8-19　小车动画连接属性设置

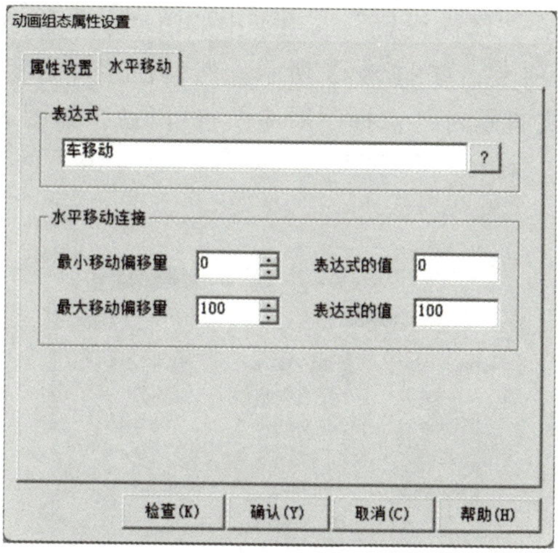

图 8-20　小车水平移动属性设置

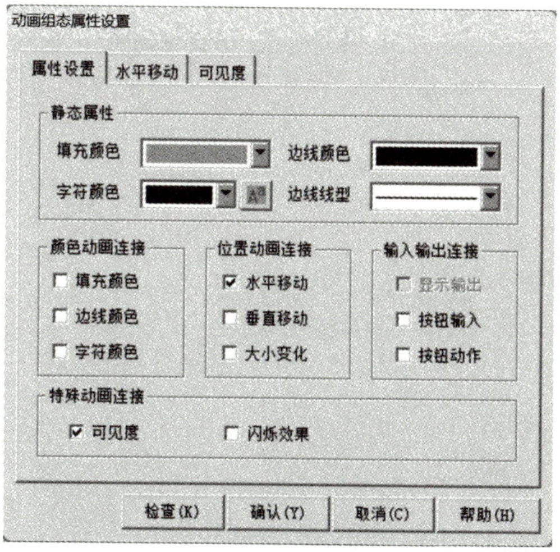

图 8-21　小车属性设置

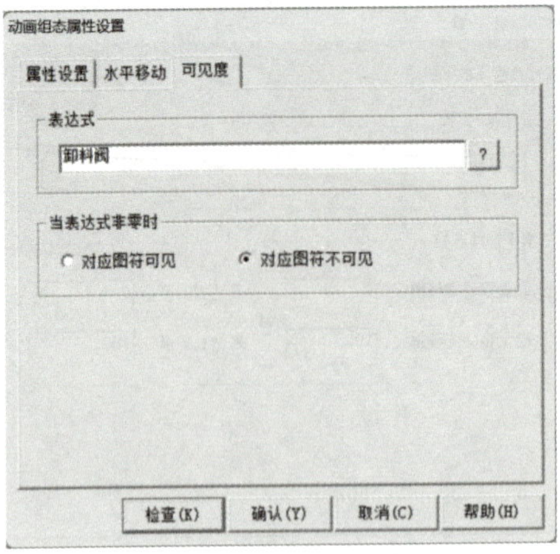

图 8-22　小车可见度属性设置

（5）双击卸料处的小车，在“动画连接”选项卡中单击“组合图符”，右边出现 ? > 两个小按钮。单击 > 按钮，在“属性设置”选项卡中取消“水平移动”动画功能，选择“可见度”，则出现“可见度”选项卡，如图 8-23 所示。然后在“可见度”选项卡中将“表达式”设为“卸料阀”，“当表达式非零时”选择“对应图符可见”，如图 8-24 所示。

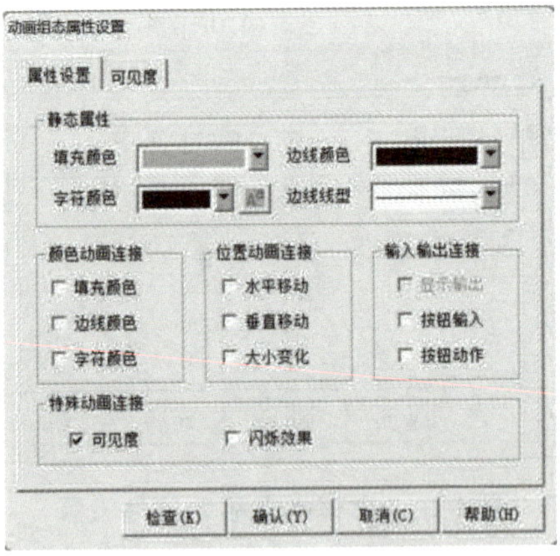

图 8-23　卸料处小车属性设置

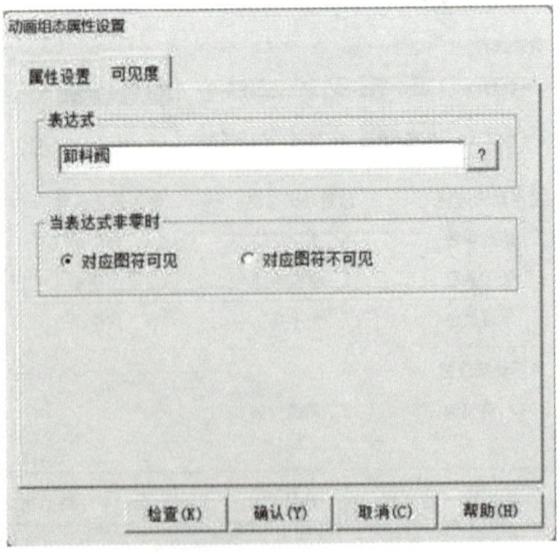

图 8-24　卸料处小车可见度属性设置

5. 卸料罐的制作及动画连接

卸料罐的制作及动画连接方法主要包括：

（1）利用绘图工具箱中的“椭圆”工具和“常用图符”工具箱中的“三维圆球”“竖管道”工具绘制卸料罐图形，如图 8-25 所示。

（2）双击打开状态的盖子图形，选择“可见度”，将可见度的“表达式”设为“卸料阀”，“当表达式非零时”选择“对应图符可见”，如图 8-26 所示 。

（3）双击关闭状态的盖子图形，选择“可见度”，将可见度的“表达式”设为“卸料阀”，“当表达式非零时”选择“对应图符不可见”，如图 8-27 所示。

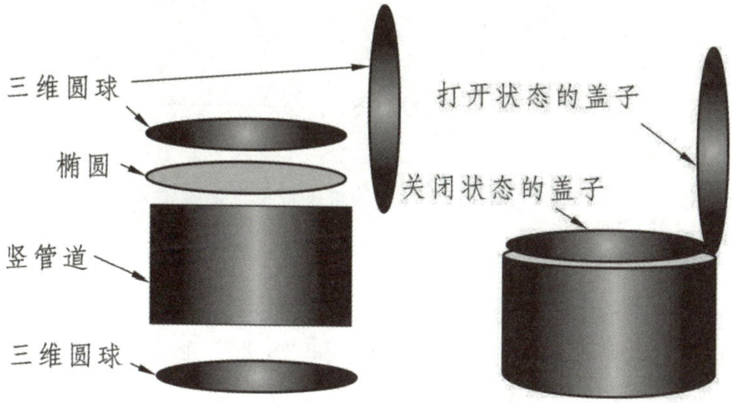

图 8-25　绘制卸料罐图形

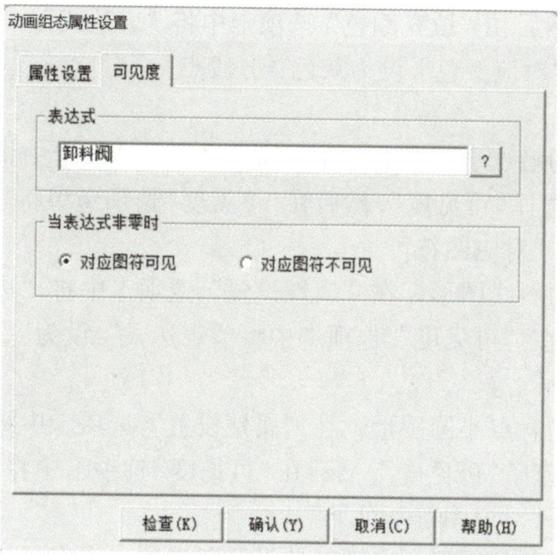

图 8-26　打开状态的盖子可见度属性设置

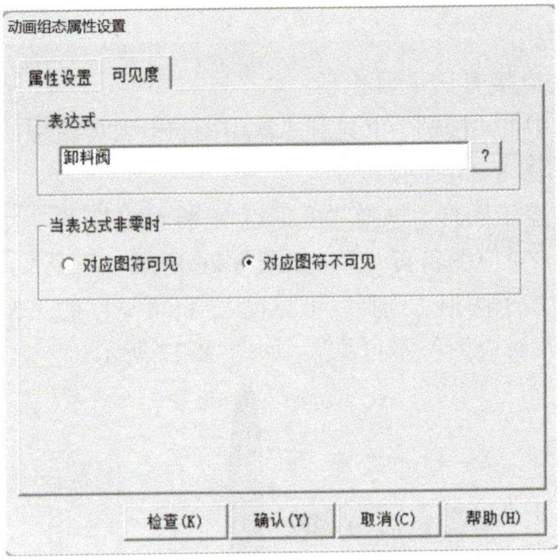

图 8-27　关闭状态的盖子可见度属性设置

6. 限位开关的制作及动画连接

限位开关的制作及动画连接方法主要包括：

（1）利用绘图工具箱中的“直线”“椭圆”和“矩形”工具，绘制如图 8-28 所示的限位开关图形。

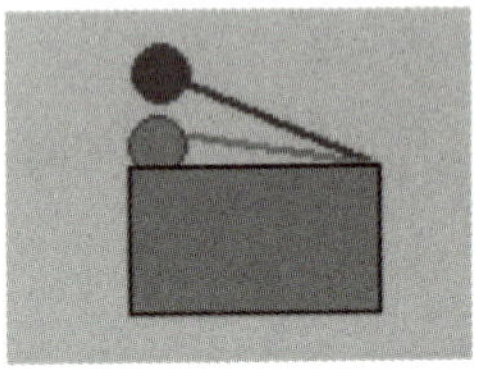

图 8-28　限位开关图形

（2）双击矩形图形，在“属性设置”选项卡中选择“颜色动画连接”的“填充颜色”，然后在“填充颜色”选项卡中将“表达式”设为“SQA”，分段点 0“对应颜色”设为灰色，分段点 1“对应颜色”设为红色。

（3）双击压下状态的触点小圆图形，在“属性设置”选项卡中将“静态属性”下的“填充颜色”设为红色，同时选择“可见度”，然后在“可见度”选项卡中将“表达式”设为“ SQA”，“当表达式非零时”选择“对应图符可见”。

（4）双击压下状态的斜线图形，在“属性设置”选项卡中将“边线颜色”设为红色，同时选择“可见度”，然后在“可见度”选项卡中将“表达式”设为“ SQA”，“当表达式非零时”选择“对应图符可见”。

（5）双击弹起状态的触点小圆图形，在“属性设置”选项卡中将“静态属性”下的“填充颜色”设为灰色，同时选择“可见度”，然后在“可见度”选项卡中将“表达式”设为“SQA”，“当表达式非零时”选择“对应图符不可见”。

（6）双击弹起状态的斜线图形，在“属性设置”选项卡中将“边线颜色”设为灰色，同时选择“可见度”，然后在“可见度”选项卡中将“表达式”设为“SQA”，“当表达式非零时”选择　“对应图符不可见”。

（7）将限位开关组件合并成一个图元。

（8）通过复制、修改的方法可以完成 SQB、SQC 的制作，复制后将所有的动画连接分别改为“SQB”和“SQC”即可 。

7. 装卸料时间显示标签的制作及动画连接

本项目中，演示运行装卸料时间选用了运行策略中的定时器构件。为了不与仿真运行时 PLC 中的定时器相互影响，时间显示设置了 2 个显示标签，分别与不同的变量进行连接，利用可见度属性实现演示运行和仿真运行时的显示。装卸料时间显示标签的制作及动画连接的方法主要包括：

（1）单击绘图工具箱中的“标签”按钮 A，在 A 料斗旁边绘制一个小矩形作为装 A 料粒时间显示标签。双击此标签，在其“属性设置”选项卡中选择“显示输出”和“可见度”，将出现“显示输出”选项卡和“可见度”选项卡，如图 8-29 所示。

（2）在“显示输出”选项卡中单击“表达式”下的 ? 按钮，从数据库中选择“计时时间 1”，“输出值类型”选择“数值量输出”，“输出格式”选择“十进制”和“自然小数位”，如图 8-30 所示。

（3）在“可见度”选项卡中将“表达式”设为“模式”，“当表达式非零时”选择“对应图符不可见”，如图 8-31 所示。

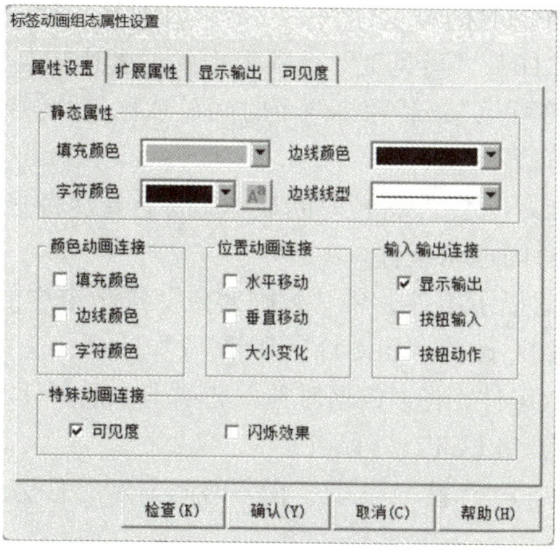

图 8-29 时间显示标签属性设置

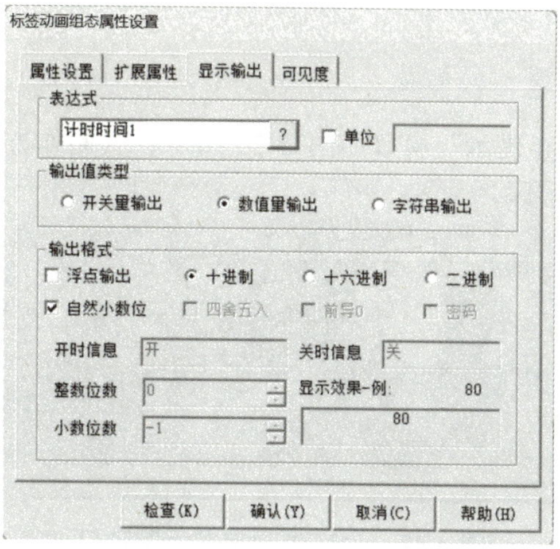

图 8-30 时间显示标签显示输出属性设置

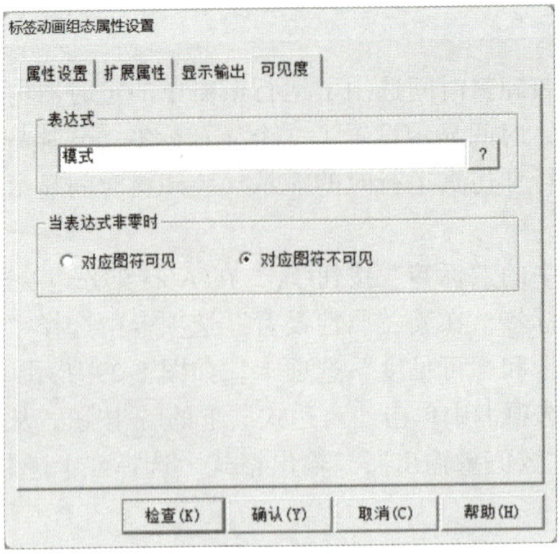

图 8-31　时间显示标签可见度属性设置

（4）复制 1 个刚设置好的时间显示标签，双击新时间显示标签后将“显示输出”选项卡中的“表达式”改为“PLCT0”，“可见度”选项卡中的“表达式”仍为“模式”，但“当表达式非零时”改为“对应图符可见”，最后将两个时间显示标签叠放在一起（中心对齐），并合成单元，作为装 A 料粒时间显示组件。

（2）复制 2 个上述制作好的装 A 料粒时间显示组件，分别将它们移动到 B 料斗旁边和卸料处作为装 B 料粒和卸料时间显示组件。

（3）双击装 B 料粒时间显示组件，将“数据对象”选项卡中的“计时时间 1”改为“计时时间 2”，同时将“PLCT0”改为“PLCTl”即可。

（4）双击卸料时间显示组件，将“数据对象”选项卡中的“计时时间 1”改为“计时时间 3”，同时将“PLCT1”改为“PLCT2 ”即可。

（5）选择绘图工具箱中的“标签” 工具，在各时间显示组件旁边输入注释文字，保存 、关闭“主画面”窗口。

8.1.4　各种提示子窗口设计

1.“启动/放弃提示”窗口的制作

需要制作的“启动/放弃提示”窗口如图 8-32 所示，其制作方法主要包括：

图 8-32　“启动/放弃提示”窗口

（1）创建新窗口。

在工作台的“用户窗口”选项卡中新建一个名为“启动/放弃提示”的窗口，将其背景颜色设为黄色。

（2）制作凹槽平面。

打开“启动/放弃提示”窗口，利用“常用图符”工具箱中的“ 凹槽平面”工具，在窗口顶部偏左位置绘制一个长方形凹槽平面，作为放置启动按钮和停止按钮的边框。凹槽平面的“填充颜色”设为绿色。

（3）制作“启动”按钮。

① 选择绘图工具箱中的“标准按钮”工具，绘制一个正方形按钮，双击后弹出“标准按钮构件属性设置”对话框。

② 在“基本属性”选项卡中，将“文本”中的内容设为“启动”，“文本颜色”设为藏青色，“字符字体”设为“黑体”“小二号”。

③ 在“操作属性”选项卡中 ，选择“打开用户窗口”选项，从右边的下拉列表中选择“主画面”窗口。选择“关闭用户窗口”选项，从右边的下拉列表中选择“启动/放弃提示”窗口。选择“数据对象值操作”选项，从下拉列表中选择“按 1 松 0”，单击右边的 ? 按钮，从数据库中选择“启动”，如图 8-33 所示。

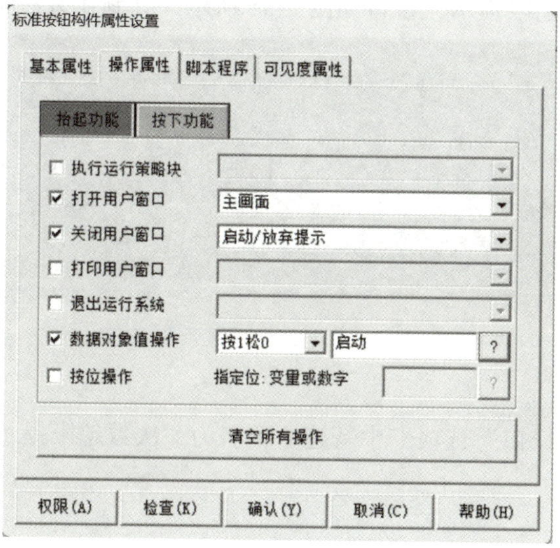

图 8-33 “启动”按钮操作属性设置

（4）制作“放弃”按钮。

① 选择绘图工具箱中的“标准按钮”工具，绘制一个与“启动”按钮大小相同的按钮，双击后弹出“标准按钮构件属性设置”对话框。

② 在“基本属性”选项卡中将“文本”中的内容设为“放弃”，“文本颜色”设为红色，“字符字体”设为“黑体”“小二号”。

③ 在“操作属性”选项卡中选择“打开用户窗口”选项，从右边的下拉列表中选择“主画面”窗口。选择“关闭用户窗口”选项，从右边的下拉列表中选择“启动/放弃提示”窗口，如图 8-34 所示。

④ 保存、关闭“启动/放弃提示”窗口。

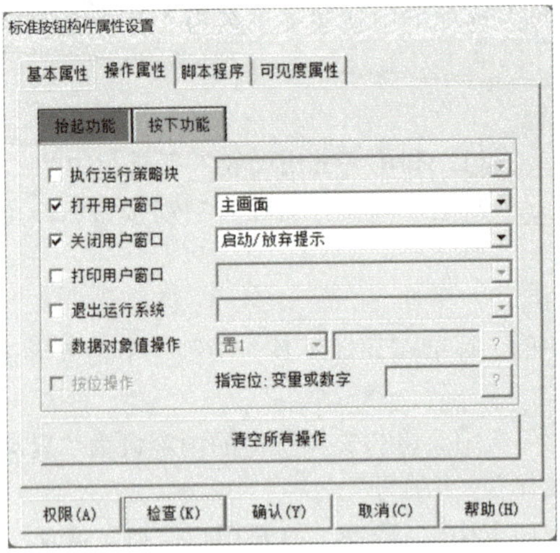

图 8-34 “放弃”按钮操作属性设置

2.“次数超限提示”窗口的制作

需要制作的“次数超限提示”窗口如图 8-35 所示，其制作方法主要包括：

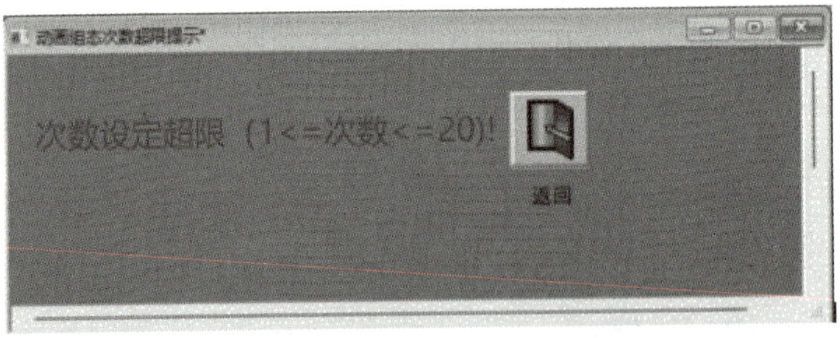

图 8-35 “次数超限提示”窗口

（1）创建新窗口。

在工作台的“用户窗口”选项卡中新建一个名为“次数超限提示”的窗口，将其背景颜色设为黄色。

（2）输入提示文字。

选择绘图工具箱中的“标签”工具，在窗口顶部左边位置输入提醒文字“次数设定超限（1<=次数<=20)!”。将“填充颜色”设为“没有填充”，“边线颜色”设为“没有边线”，“字符颜色”设为红色，字体设置为“黑体”“粗体”“二号”。

（3）制作“返回”按钮。

① 选择绘图工具箱中的“插入元件”工具，从元件库中的“按钮”类中选择“按钮 40”图形，调整大小并将其移动到提示文字的右边适当位置。

② 双击按钮后弹出“单元属性设置”对话框，在“动画连接”选项卡中单击“标准按钮”，再单击右边 > 按钮，在“操作属性”选项卡中，选择“打开用户窗口”选项，从其右边的下拉列表中选择“主画面”窗口，选择“关闭用户窗口”选项，从其右边的下拉列表中选择“次数超限提示”窗口，如图 8-36 所示。

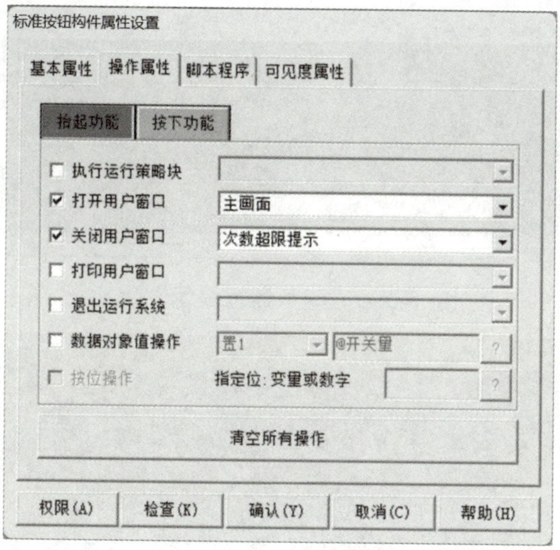

图 8-36 “返回”按钮操作属性设置

③ 利用绘图工具箱中的“标签”工具，在“返回”按钮的下面输入注释文字“返回”，“字符字体”设为“黑体”“小三号”。

④ 保存、关闭“次数超限提示”窗口。

3. 其他提示子窗口的制作

“系统正忙提示”“运料完成提示”“演示运行提示”和“仿真运行提示”窗口分别如图 8-37 ~ 图 8-40 所示，其制作方法与“次数超限提示”窗口的制作方法基本相同，只是提示文字和“返回”按钮的设置不同而已。采用复制、修改的方法制作较为简便，复制后除了将提示文字做相应的修改以外，“返回”按钮操作属性中的“关闭用户窗口”也要做相应修改。具体制作过程这里就不再做详细介绍。

图 8-37 “系统正忙提示”窗口

图 8-38 “运料完成提示”窗口

图 8-39 “演示运行提示”窗口

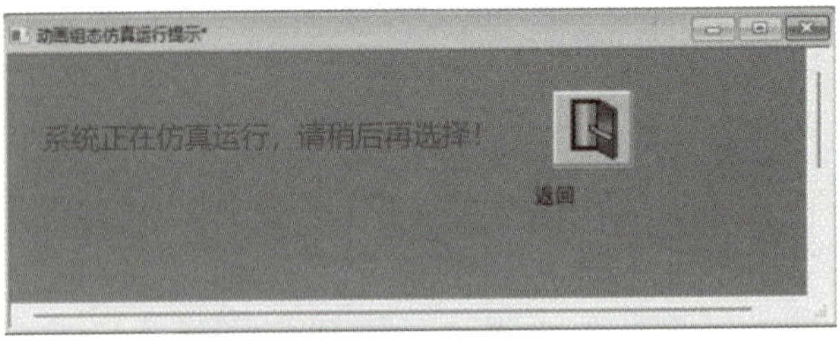

图 8-40 “仿真运行提示”窗口

8.2 运行策略和控制面板设计

8.2.1 运行策略设计

1. 运行判断策略

运行判断策略的设置方法主要包括：

（1）在工作台的“运行策略”选项卡中单击“新建策略”按钮，弹出“选择策略的类型 ”对话框，选择“用户策略”确认后返回。单击“策略属性”按钮，在弹出的“策略属性设置”对话框中将“策略名称”设为“运行判断”，确认后返回。

（2）双击“运行判断”策略，在策略组态环境中的空白处单击鼠标右键，选择“新增策略行”选项，增加一个策略行。选择策略工具箱中的“脚本程序”，将鼠标移到策略块右端的图标上，单击鼠标左键，添加“脚本程序”构件，如图 8-41 所示。

图 8-41 添加“脚本程序”构件后的策略行

（3）双击进入脚本程序编辑环境，输入如下的运行判断脚本程序：

```
IF 次数设定>=20 OR 次数设定<=0 THEN
    ! OpenSubWnd （次数超限提示,100,120,600,130,1）
    EXIT
ELSE
    IF 仿真运行=1 OR 演示运行=1 THEN
        ! OpenSubWnd（系统正忙提示,100,120,600,130,1）
        EXIT
```

```
    ELSE
        ! OpenSubWnd（启动/放弃提示,100,120,600,130,1）
    ENDIF
ENDIF
```

（4）确认后返回，保存、关闭“运行判断”策略窗口。

2. 模式判断策略

模式判断策略的设置方法主要包括：

（1）单击“运行策略”窗口的“新建策略”按钮，弹出“选择策略的类型”对话框，选择“用户策略”，确认后返回。单击“策略属性”按钮，在弹出的“策略属性设置”对话框中将“策略名称”设为“模式判断 ”，确认后返回。

（2）双击“模式判断”策略，在策略组态环境中的空白处单击鼠标右键，选择“新增策略行”选项，增加一个策略行。选择策略工具箱中的“脚本程序”，将鼠标移到策略块右端的图标上，单击鼠标左键，添加“脚本程序”构件 。

（3）双击进入脚本程序编辑环境，输入如下的模式判断脚本程序：

```
IF 仿真运行=1 THEN
    ! OpenSubWnd（仿真运行提示,100,120,600,130,1）
    EXIT
ELSE
    IF 演示运行=1 THEN
        ! OpenSubWnd（演示运行提示,100,120,600,130,1）
        EXIT
    ENDIF
ENDIF
```

（4）确认后返回，保存、关闭“模式判断”策略窗口。

3. 小车运行策略

根据项目要求，系统需要包括演示运行和仿真运行两种运行模式。为了保证两种模式下小车均能正常运行，还需要有演示运行和仿真运行互锁程序。小车运行策略设计方法主要包括：

（1）创建小车运行循环策略。

按照上述方法，新建一个循环策略，在“策略属性设置”对话框中将“策略名称”设为“小车运行”，定时循环时间设为“100”ms，在“策略内容注释”中输入“小车运行控制策略”，确认后返回。

（2）演示运行脚本程序。

① 双击“小车运行”策略，进入策略组态环境，增加一个策略行。单击策略工具箱中的“脚本程序”，给策略行添加“脚本程序”构件，作为演示运行策略行。

② 双击演示运行策略行的执行条件设置图标，在“表达式”中输入“演示=1”，“条件设置”选择“表达式的值非 0 时条件成立”，在“内容注释”中输入“演示=1”，如图 8-42 所示。

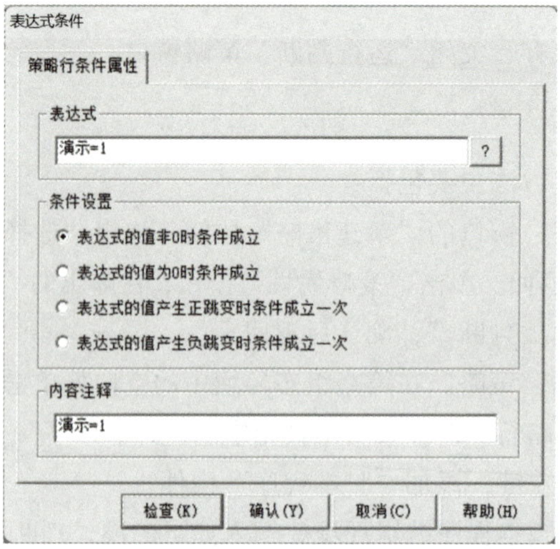

图 8-42　演示运行策略执行条件设置

③ 双击演示运行策略行的进入脚本程序编辑环境，输入如下的演示运行脚本程序：

```
IF 车移动<=0 THEN
    SQA=1
ELSE
    SQA=0
ENDIF
IF 车移动=150 THEN
    SQB=1
ELSE
    SQB=0
ENDIF
IF 车移动>=480 THEN
    SQC=1
ELSE
    SQC=0
ENDIF
IF 启动=1 AND SQA=1 THEN
    演示运行=1
    循环=1
ENDIF
IF 循环=1 AND SQA=1 THEN
```

```
    A装料阀=1
    计时启动 1=1
    IF 计时时间 1>=8 THEN
        右行=1
        A装料阀=0
    ENDIF
ENDIF
IF 右行=1 AND 车移动<150 THEN
    车移动=车移动+2
    计时启动 1=0
    计时复位=1
    IF 车移动>=150 THEN
        计时复位=0
        车移动=150
        右行=0
    ENDIF
ENDIF
IF SQB=1 AND 左行=0 THEN
    B装料阀=1
    计时启动 2=1
    IF 计时时间 2>=6 THEN
        右行=1
        B装料阀=0
    ENDIF
ENDIF
IF 右行=1 AND 车移动>=150 AND 车移动<480 THEN
    车移动=车移动+4
    计时启动 2=0
    计时复位=1
    IF 车移动>=480 THEN
        车移动=480
        计时复位=0
        右行=0
    ENDIF
ENDIF
IF SQC=1 THEN
    卸料阀=1
```

```
    计时启动 3=1
    IF 计时时间 3>=10 THEN
        卸料阀=0
        左行=1
    ENDIF
ENDIF
IF 左行=1 THEN
    车移动=车移动-4
    计时启动 3=0
    计时复位=1
    IF 车移动<=0 THEN
        计时复位=0
        车移动=0
        左行=0
    ENDIF
ENDIF
IF 次数设定<>0 AND 完成次数=次数设定 THEN
    IF 车移动<5 THEN
        循环=0
        演示运行=0
        !OpenSubWnd（运料完成提示,100,120,600,130,1）
    ENDIF
ENDIF
IF 完成次数=次数设定 AND SQA=1 THEN
    计数复位=1
    次数设定=1
ELSE
    计数复位=0
ENDIF
IF 暂停=1 AND 左行=1 THEN
    循环=0
ELSE
    IF 暂停=0 AND 演示运行=1 THEN
        循环=1
    ENDIF
ENDIF
```

④ 在左下角的“标注”输入框中输入“演示运行脚本程序”，确认后返回。

（3）仿真运行脚本程序。

① 在“小车运行”策略的组态环境中再增加一个策略行。单击策略工具箱中的“脚本程序”，给策略行添加“脚本程序”构件，作为仿真运行策略行，如图 8-43 所示。

② 双击演示运行策略行的执行条件设置图标 在“表达式”中输入“仿真=1”，

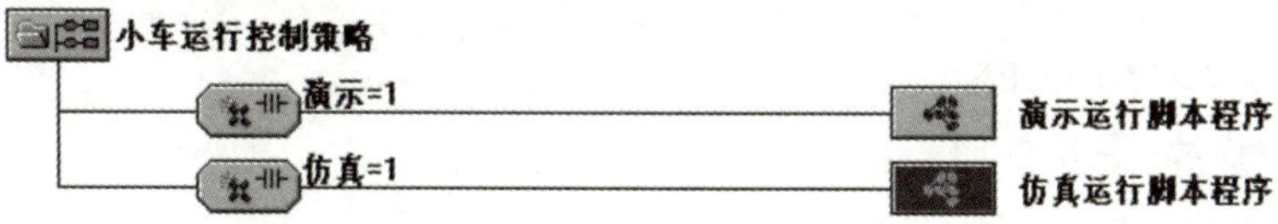

图 8-43 增加仿真运行策略行

③“条件设置”选为“表达式的值非 0 时条件成立”，在“内容注释”中输入“仿真=1”，如图 8-44 所示。

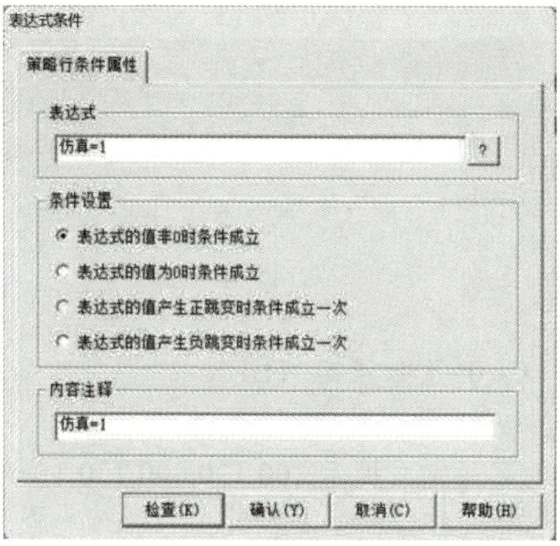

图 8-44 仿真运行策略执行条件设置

④ 双击演示运行策略行的 进入脚本程序编辑环境，输入如下的演示运行脚本程序：

```
IF 车移动<=0 THEN
    SQA=1
ELSE
    SQA=0
ENDIF
IF 车移动>=148 AND 车移动<=150 THEN
    SQB=1
ELSE
    SQB=0
ENDIF
IF 车移动>=480 THEN
    SQC=1
ELSE
    SQC=0
```

```
ENDIF
IF 右行=1 THEN
    IF 车移动<=150 THEN
        车移动=车移动+2
    ENDIF
    IF 车移动>150 THEN
        车移动=车移动+4
    ENDIF
    IF 车移动>=480 THEN
        车移动=480
    ENDIF
ENDIF
IF 左行=1 THEN
    车移动=车移动-4
    IF 车移动<=0 THEN
        车移动=0
    ENDIF
ENDIF
IF 次数设定<>0 AND PLCC0=次数设定 THEN
    IF 车移动<5 THEN
        !OpenSubWnd（运料完成提示,100,120,600,130,1）
    ENDIF
ENDIF
```

⑤ 在左下角的“标注”输入框中输入“仿真运行脚本程序”，确认后返回。

（4）演示运行和仿真运行互锁程序。

① 在“小车运行”策略的组态环境中，增加第三个策略行。单击策略工具箱中的“脚本程序”，给策略行添加“脚本程序”构件，作为演示运行和仿真运行互锁策略行，如图 8-45 所示。

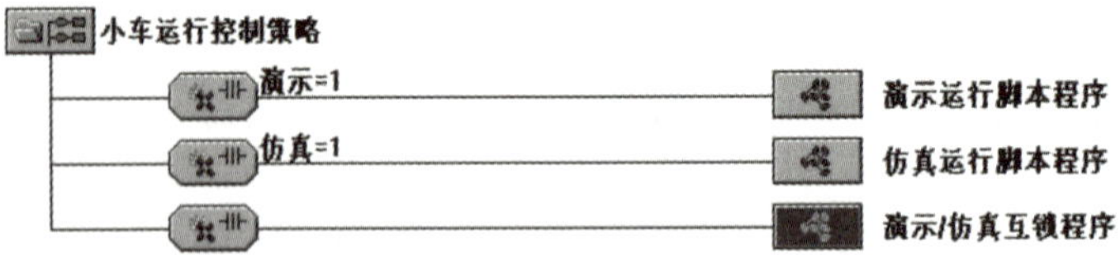

图 8-45 增加演示运行和仿真运行互锁策略行

② 双击演示运行和仿真运行互锁策略行的图标，进入脚本程序编辑环境，输入如下的演示运行和仿真运行互锁脚本程序：

```
IF 模式=0 THEN
    演示=1
    仿真=0
```

```
ELSE
    仿真=1
    演示=0
ENDIF
IF 仿真运行=1 THEN
    模式=1
ENDIF
IF 演示运行=1 THEN
    模式=0
ENDIF
```

③ 在左下角的“标注”输入框中输入“演示/仿真互锁程序”，确认后返回。

④ 保存、关闭“小车运行”策略窗口。

4. 料粒动画策略

料粒动画策略设计方法主要包括：

（1）新建一个循环策略，在“策略属性设置”对话框中将“策略名称”设为“料粒动画”，定时循环周期设为“100” ms，在“策略内容注释”中输入“料粒动画循环策略”，确认后返回。

（2）双击“料粒动画”策略，进入策略组态环境。在策略组态环境中的空白处单击鼠标右键，选择“新增策略行”选项，增加一个策略行。

（3）单击策略工具箱中的“脚本程序”，将鼠标移到策略块右端的图标，添加“脚本程序”构件。

（4）双击进入脚本程序编辑环境，输入如下的料粒动画脚本程序：

```
IF A 装料阀=1 THEN
    A 料粒=A 料粒+1
    IF A 料粒>3 THEN
        A 料粒=1
    ENDIF
ENDIF
IF B 装料阀=1 THEN
    B 料粒=B 料粒+1
    IF B 料粒>3 THEN
        B 料粒=1
    ENDIF
ENDIF
IF 卸料阀=1 THEN
    C 料粒=C 料粒+1
    IF C 料粒>3 THEN
        C 料粒=1
    ENDIF
ENDIF
```

5. 计数和定时策略

计数和定时策略设计方法主要包括：

（1）创建计数和定时策略。

新建一个循环策略，在“策略属性设置”对话框中将“策略名称”设为“计数和定时”，定时循环时间设为“100”ms。在“策略内容注释”中输入“计数和定时循环运行策略”，确认后返回。

（2）增加四个策略行。

双击“计数和定时”策略，进入策略组态环境。在策略组态环境中的空白处单击鼠标右键，选择“新增策略行”选项，共增加四个策略行，即一个计数策略行、三个定时策略行，如图 6-46 所示。

（3）添加计数器和定时器构件。

在策略工具箱中分别选择“计数器”和“定时器”，单击各策略块右端的图标，添加一个“计数器”构件和三个“定时器”构件，如图 8-46 所示。

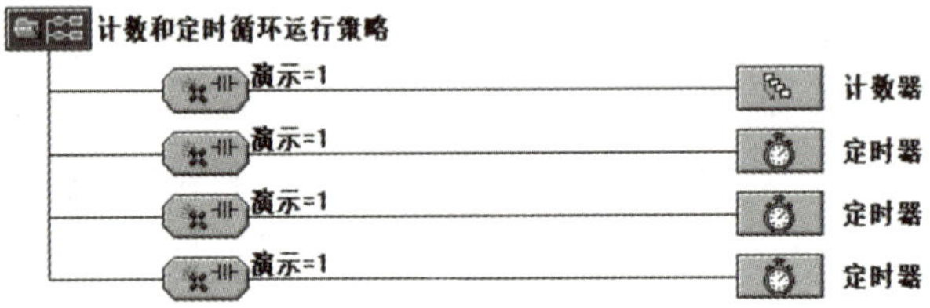

图 8-46　计数器和定时器策略行

（4）设置各策略行的执行条件。

双击各策略行的图标，所有策略行的执行条件的设置内容主要包括：

① 表达式：演示运行=1；

② 表达式的值非 0 时条件成立；

③ 内容注释：演示运行=1。

（5）设置计数器构件。

双击进入计数器基本属性设置对话框，按照图 8-47 所示进行设置。

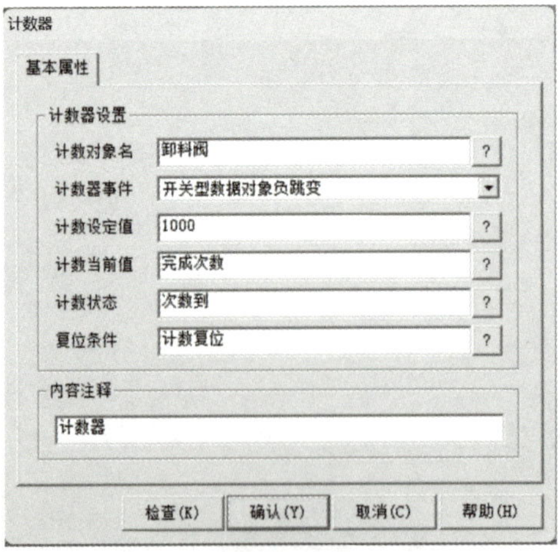

图 8-47　计数器基本属性设置

（6）设置定时器构件。

双击  图标进入定时器基本属性设置对话框，对三个定时器分别按照图 8-48 ~ 图 8-50 所示进行设置。

保存、关闭“计数和定时”策略窗口。

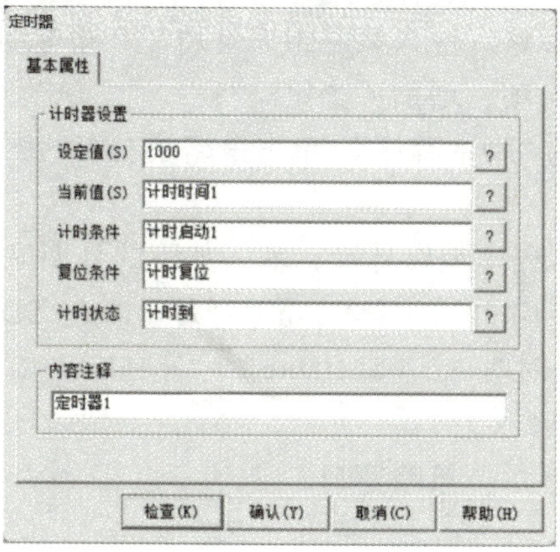

图 8-48　定时器 1 基本属性设置

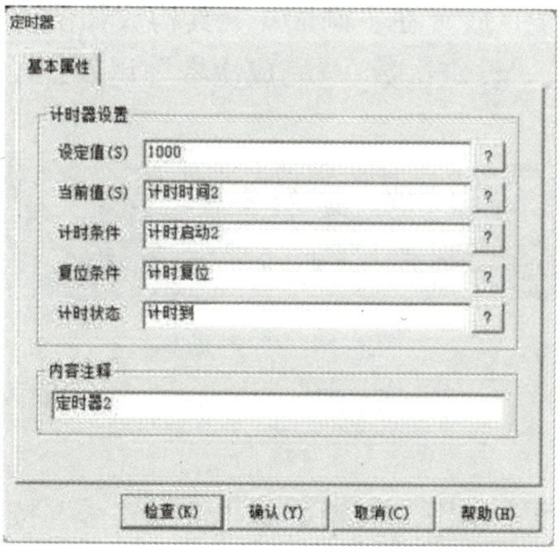

图 8-49　定时器 2 基本属性设置

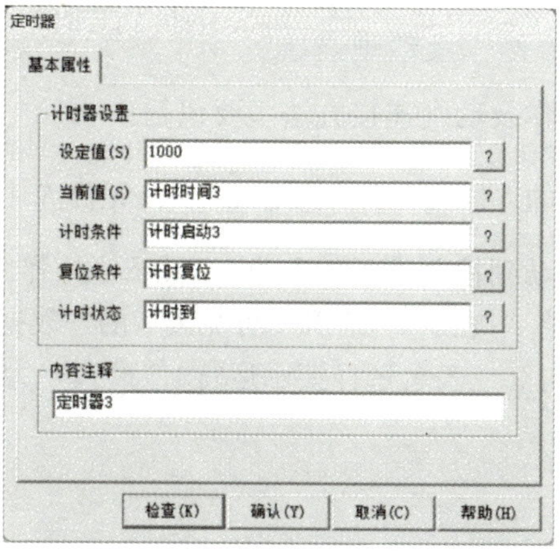

图 8-50　定时器 3 基本属性设置

6. 日期显示策略

日期显示策略的设置方法主要包括：

（1）新建一个循环策略，在“策略属性设置”对话框中将“策略名称”设为“日期显示”，定时循环周期设为“100”ms。

（2）双击“日期显示”策略，进入策略组态环境。在策略组态环境中的空白处单击鼠标右键，选择“新增策略行”选项，增加一个策略行。

（3）选择策略工具箱中的“脚本程序”，单击策略块右端的图标，添加“脚本程序”构件。

（4）双击进入脚本程序编辑环境，输入如下的日期显示脚本程序：

①日期=!Str（$Year）+"年"+!Str（$Month）+"月"+!Str（$Day ）+"日"

②时间=!Str（$Hour）+"时"+!Str（$Minute）+"分"+!Str（$Second）+"秒"

③星期="星期"+!Str（$Week）

（5）保存、关闭“日期显示”策略窗口。

8.2.2 控制面板设计

本系统控制面板较为复杂，放置在主画面中，其构成如图 8-51 所示。控制面板主要由运行方式选择、系统运行控制、“设定次数”“完成次数”以及显示“日期”“时间”“星期”等几部分组成 。

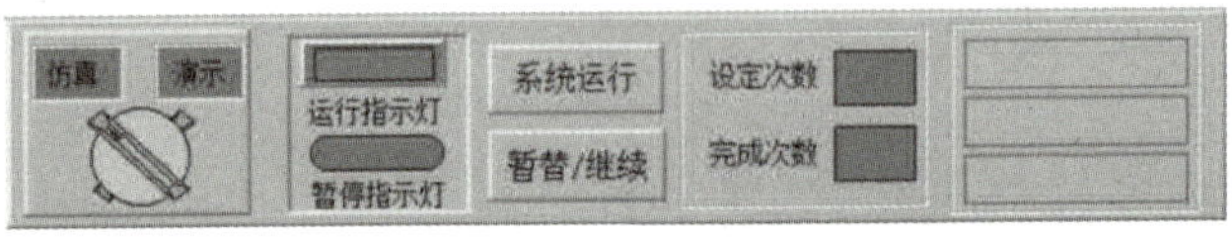

图 8-51 控制面板

1. 控制面板背景制作

打开“主画面”窗口，单击绘图工具箱中的“常用符号”按钮，从“常用图符”工具箱中选择“凸平面”工具，在窗口上部绘制一个适当大小的长方形凸平面。

2. 运行方式选择开关的制作及动画连接

运行方式选择开关的制作及动画连接方法主要包括：

（1）单击绘图工具箱中的“插入元件”按钮，从元件库中的“开关”类中选择“开关6”图形，调整大小并将其移动到控制面板的左边。双击开关，弹出“单元属性设置”对话框，选择“数据对象”选项卡，将“按钮输入”和“可见度”的“数据对象连接”均设为“模式”（即“模式”为 0 时开关指向红色表示选择演示运行，“模式”为 1 时开关指向绿色表示选择仿真运行），如图 8-52 所示。

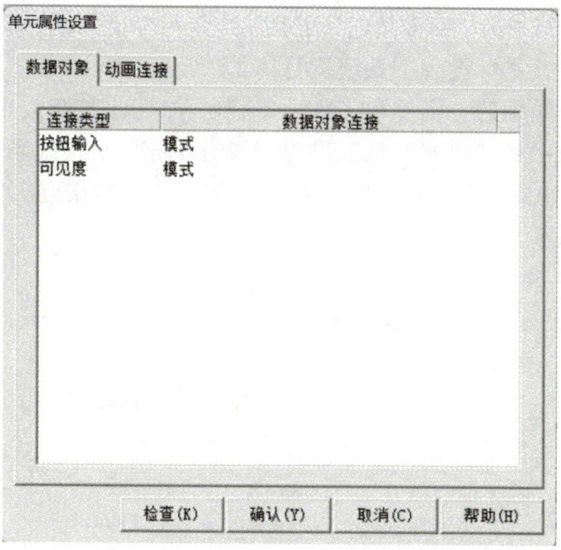

图 8-52　运行方式选择开关数据对象属性设置

（2）在开关的“单元属性设置”对话框中选择“动画连接”，在弹出的对话框中选中“按钮输入”，单击右边的按钮 >。在“按钮动作”选项卡的“按钮对应的功能”中选择“执行运行策略块”，并在右边的下拉菜单列表中选择“模式判断”策略，如图 8-53 所示。

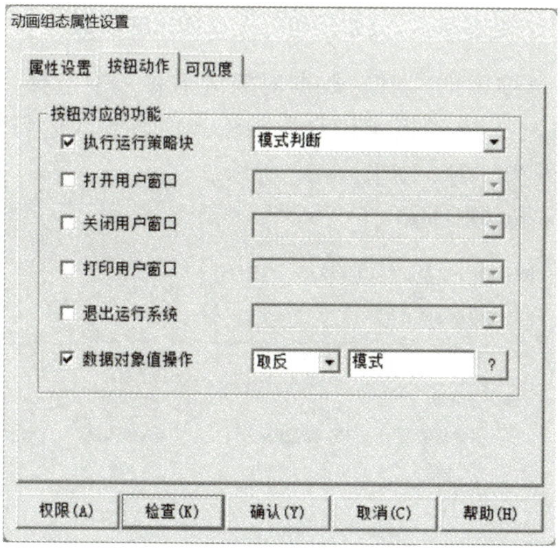

图 8-53　运行方式选择开关按钮动作属性设置

（3）利用“常用图符”工具箱中的“凹槽平面”工具绘制一个绿色小凹槽平面和一个红色小凹槽平面，分别移动到开关图形的绿色凹槽和红色凹槽位置上覆盖原凹槽，然后利用“标签”工具分别在绿色凹槽和红色凹槽上输入“仿真”和“演示”的注释文字，如图 8-51 所示。

3.“系统运行”按钮的制作及动画连接

“系统运行”按钮的制作及动画连接方法主要包括：

（1）选择绘图工具箱中的“标准按钮”工具，绘制一个小按钮。双击该小按钮后，在“基本属性”选项卡中将“文本”设为“系统运行”。

（2）选择绘图工具箱中的“标签”工具，绘制一个与小按钮大小相同的标签。双击后，在“属性设置”选项卡中将“填充颜色”设为“没有填充”，“边线颜色”设为“没有边线”；选择“输入输出连接”中的“按钮输入”和“按钮动作”，此时相应出现“按钮输入” 和“按钮动作”选项卡，如图 8-54 所示。

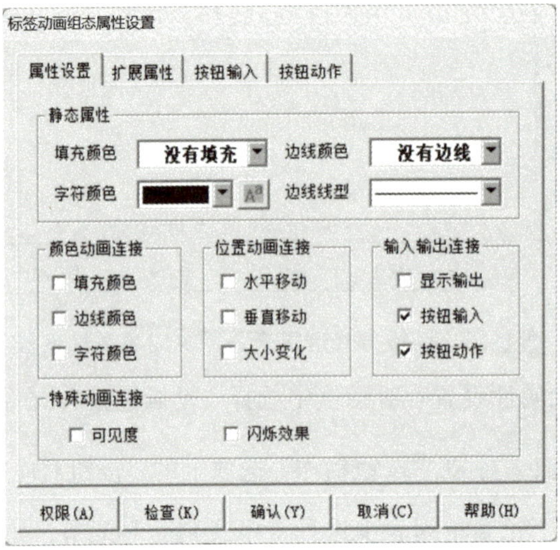

图 8-54 “系统运行”标签属性设置

（3）在“按钮输入”选项卡的“对应数据对象的名称”中选择“次数设定”，在“输入值类型”中选择“数值量输入”，在“提示信息”中输入“请输入运料次数”，“输入最小值”设为“0”，“输入最大值”设为“2”，如图 8-55 所示。

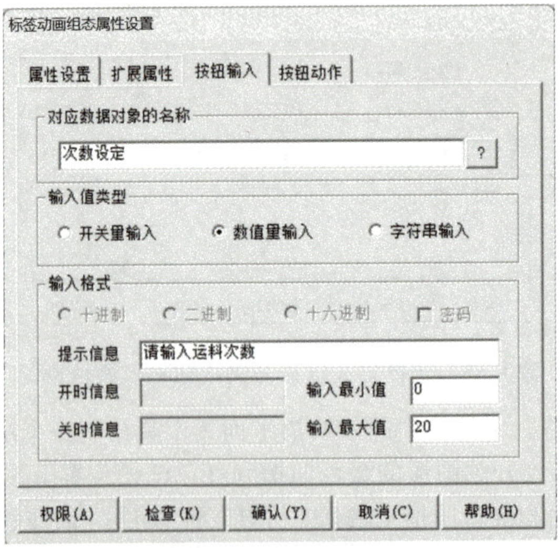

图 8-55 “系统运行”标签按钮输入属性设置

（4）在“按钮动作”选项卡的“按钮对应的功能”中选择“执行运行策略块”，并从右边的下拉列表中选择“运行判断”策略，如图 8-56 所示 。

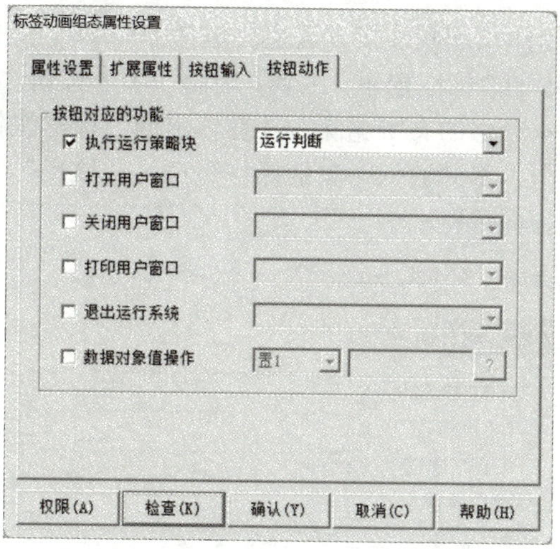

图 8-56 “系统运行”标签按钮动作属性设置

（5）最后，将按钮元件和标签元件调整到相同大小并中心对齐（注意层次，按钮在下，标签在上），再合并图元，移动到控制面板适当位置，如图 8-51 所示。

4. 运行指示灯的制作及动画连接

单击绘图工具箱中的“插入元件”按钮 ，从元件库中的“指示灯”类中选择“指示灯6”图形，移动到“系统运行”按钮左边适当位置并调整其大小，作为系统运行指示灯图形元件，如图 8-51 所示。双击指示灯，在“数据对象”选项卡中选择“填充颜色”，将其“数据对象连接”设为“演示运行=1 OR 仿真运行=1”，如图 8-57 所示。选择绘图工具箱中的“标签”工具，在指示灯下边输入“运行指示灯”注释文字。

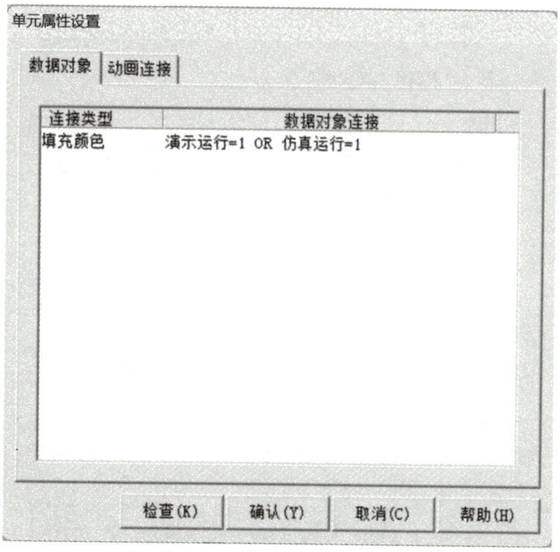

图 8-57 运行指示灯数据对象属性设置

5. “暂停/继续”按钮的制作及动画连接

“暂停/继续”按钮的制作及动画连接方法主要包括：

（1）选择绘图工具箱中的“标准按钮”工具，绘制一个小按钮。双击该按钮构件，在“基本属性”选项卡中将“文本”中的文字删除，并在弹出的“标准按钮构件属性设置”对话框中选为“操作属性”选项卡，将“数据对象值操作”选为“取反”“暂停”，如图 8-58 所示。

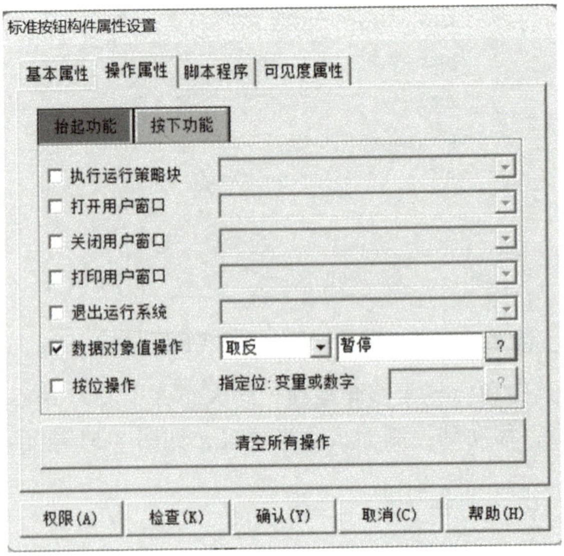

图 8-58 “暂停”按钮操作属性设置

（2）选择绘图工具箱中的“标签”工具绘制一个与小按钮大小相同的标签，并输入“暂停/继续”文字。双击该标签后，在“属性设置”选项卡中将“填充颜色”设为“没有填充”，“边线颜色”设为“没有边线”，选择“颜色动画连接”中的“填充颜色”，相应出现“填充颜色”选项卡，如图 8-59 所示。

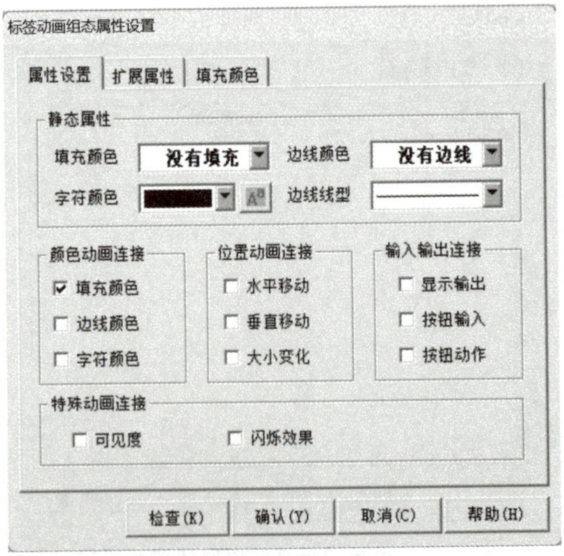

图 8-59 “暂停/继续”标签属性设置

（3）在“填充颜色”选项卡的“表达式”中选择“暂停”，在“填充颜色连接”中将分段点 0“对应颜色”设为灰色（与按钮的颜色一致），将分段点 1“对应颜色”设为红色，如图 8-60 所示。

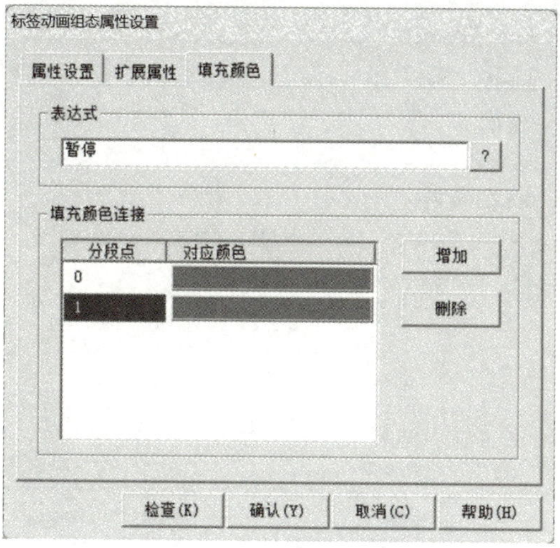

图 8-60 “暂停/继续”标签属性设置

（4）最后，将按钮元件和标签元件调整到相同大小并中心对齐（注意层次，按钮在下，标签在上），再合并图元，移动到系统运行按钮下方适当位置，如图 8-51 所示。

6.“暂停/继续”指示灯的制作及动画连接

“暂停/继续”指示灯的制作及动画连接方法主要包括：

（1）选择绘图工具箱中的“椭圆”工具，绘制一个大小合适的圆角矩形。双击圆角矩形后，将“填充颜色”设为灰色。

（2）复制圆角矩形，将新复制的圆角矩形“填充颜色”改为红色 。双击该红色圆角矩形，选择“可见度”和“闪烁效果”两个“特殊动画连接”选项，相应出现“可见度”和“闪烁效果”选项卡，如图 8-61 所示。

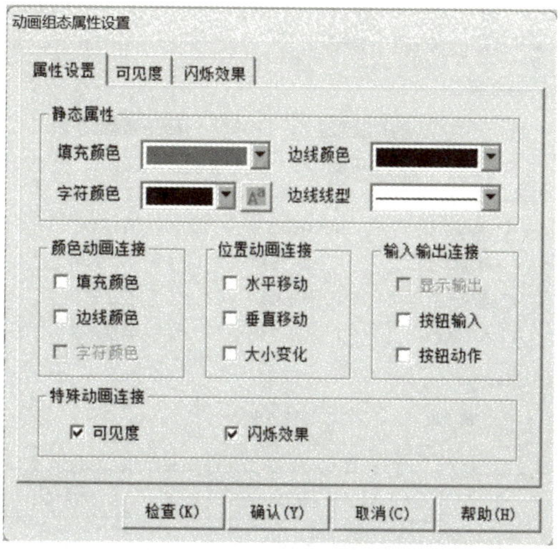

图 8-61 “暂停”指示灯属性设置

（3）在“闪烁效果”选项卡中将“表达式”设为“暂停”，在“可见度”选项卡中将“表达式”设为“暂停”，其他为默认，如图 8-62 所示。

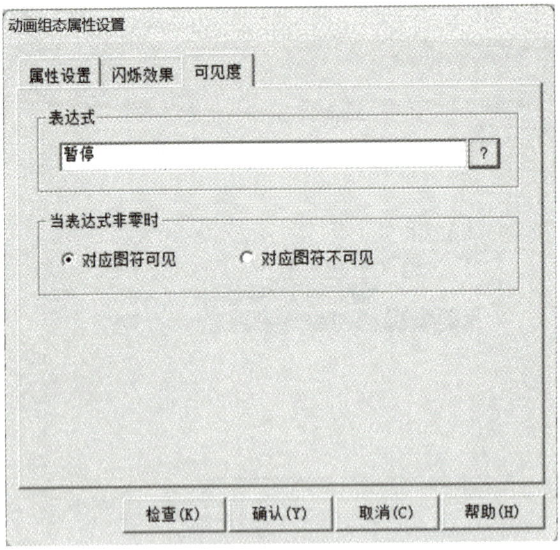

图 8-62 “暂停”指示灯可见度属性设置

（4）最后将两个小圆角矩形中心对齐，合并图元，移动到“暂停/继续”按钮左边适当位置，如图 8-51 所示。

（5）选择绘图工具箱中的“标签”工具，在暂停指示灯下边输入“暂停指示灯”注释文字。

7.“设定次数”显示标签的制作及动画连接

“设定次数”显示标签的制作及动画连接方法主要包括：

（1）选择工具箱中的“标签”工具，绘制一个标签。双击该标签后，将“填充颜色”设为深灰色，“字符颜色”设为黄色，“字符字体”设为“宋体”“小四号”，选择“输入输出连接”中的“显示输出”，相应出现“显示输出”选项卡，如图 8-63 所示。

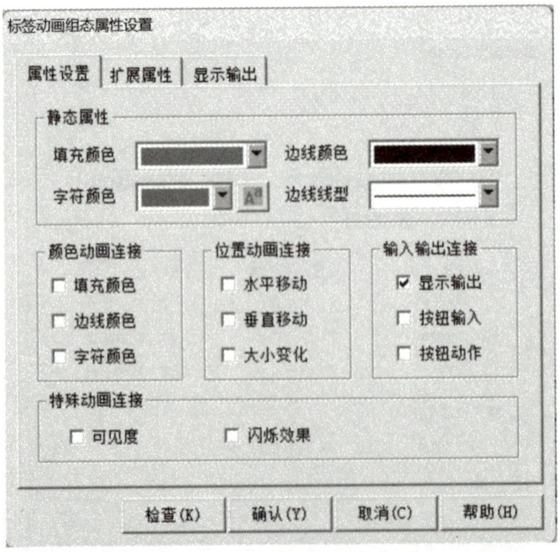

图 8-63 “设定次数”显示标签属性设置

（2）在“显示输出”选项卡中将“表达式”设为“次数设定”，“输出值类型”选为“数值量输出”，“输出格式”选为“十进制”和“自然小数位”，如图 8-64 所示。

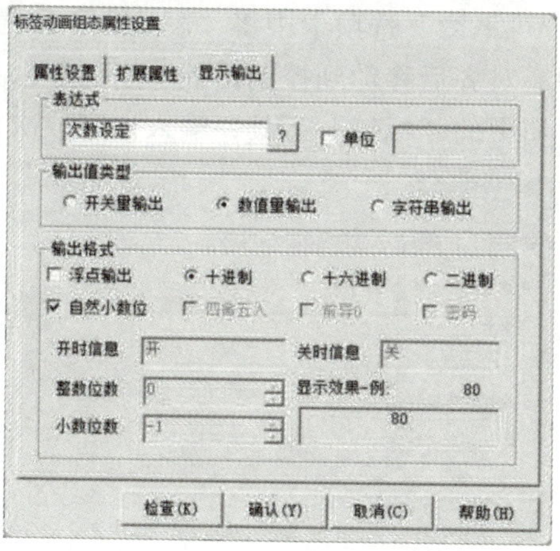

图 8-64 “设定次数”显示标签可见度属性设置

（3）将制作的显示标签移动到控制面板适当位置，如图 8-51 所示，然后选择绘图工具箱中的“标签”工具，输入“设定次数”注释文字。

8.“完成次数”显示标签的制作及动画连接

本项目中演示运行的次数统计选用了 MCGS“计数器”构件，而仿真运行的次数统计采用的是 PLC 计数器 C0，为了使两种计数器互不影响，此处采用不同的变量和显示标签来分别显示两种运行模式下的完成次数，主要包括：

（1）选择绘图工具箱中的“标签”工具，绘制一个标签。双击该标签后，将“填充颜色”设为深灰色，“字符颜色”设为黄色，“字符字体”设为“宋体”“小四号”，选择“输入输出连接”中的“显示输出”和“特殊动画连接”中的“可见度”，相应出现“显示输出”选项卡和“可见度”选项卡。

（2）在“显示输出”选项卡中将“表达式”设为“完成次数”，“输出值类型”选择“数值量输出”，“输出格式”选为“十进制”和“自然小数位”，如图 8-65 所示。

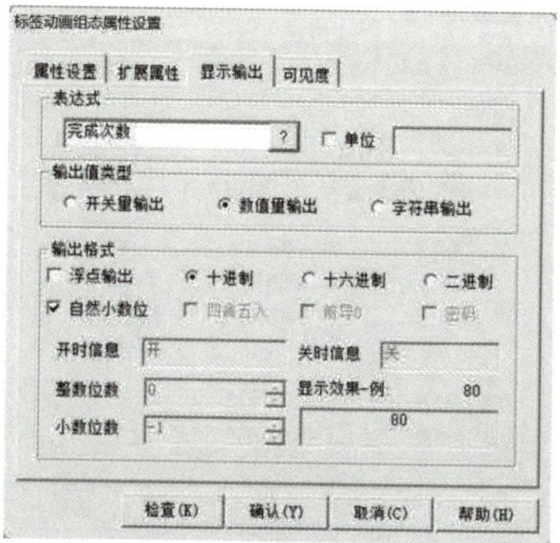

图 8-65 “完成次数”显示标签属性设置

（3）在“可见度”选项卡中将“表达式”设为“演示”，其他为默认，如图 8-66 所示。

（4）复制刚制作的“完成次数”显示标签，双击该标签后，将“显示输出”选项卡的“表达式”改为“PLCC0”；在“可见度”选项卡中将“表达式”改为“仿真”。

（5）将两个显示标签中心对齐后移动到控制面板适当位置，如图 8-51 所示。

（6）最后选择绘图工具箱中的“标签”工具，输入“完成次数”注释文字。

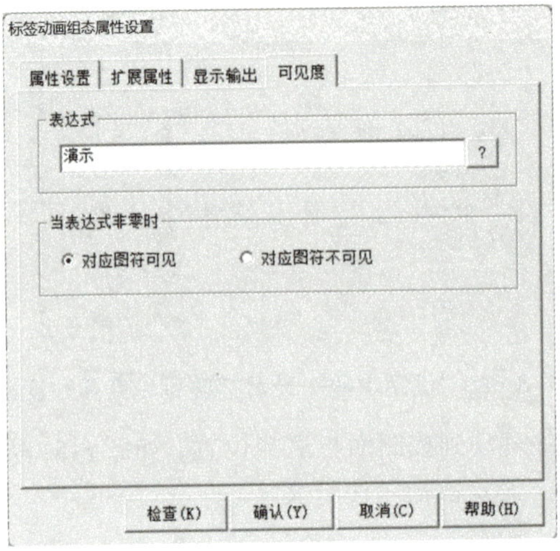

图 8-66 “完成次数”显示标签可见度属性设置

9.“日期”“时间”和“星期”显示标签的制作及动画连接

“日期”“时间”和“星期”显示标签的制作及动画连接方法主要包括：

（1）选择绘图工具箱中的“标签”工具，绘制一个适当大小的长方形标签，如图 6-51 所示。双击该标签后，在“属性设置”选项卡中将“填充颜色”设为“没有填充”，“边线颜色”设为浅灰色，“字符颜色”设为黄色，“字符字体”设为“宋体”“五号”，选择“输入输出连接”中的“显示输出”，相应出现“显示输出”选项卡，如图 8-67 所示。

（2）在“显示输出”选项卡中将“表达式”设为“日期”，“输出值类型”选择“字符串输出”，如图 8-68 所示。

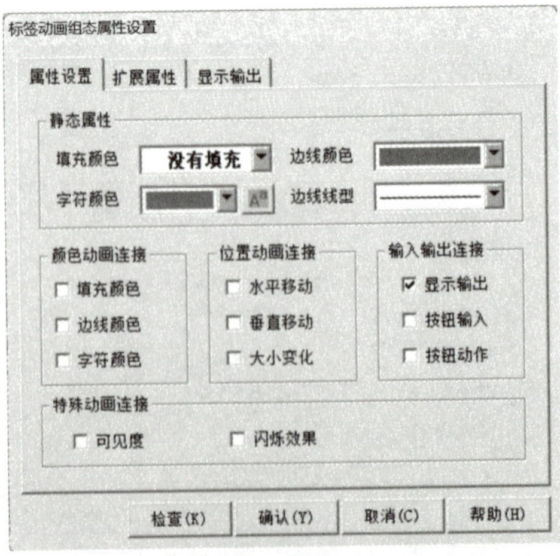

图 8-67 “日期”显示标签属性设置

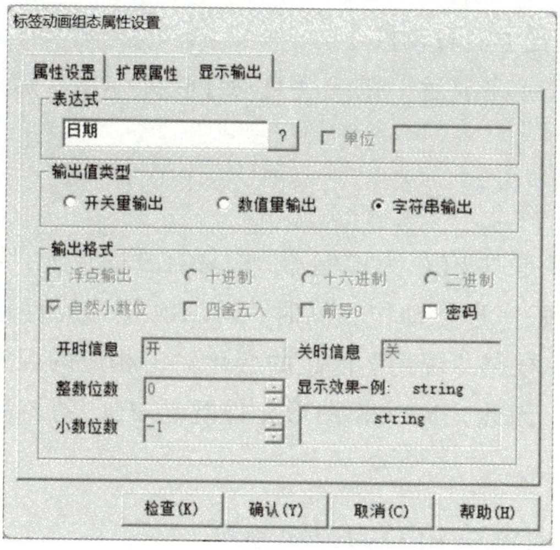

图 8-68 “日期”显示标签显示输出属性设置

（3）“时间”显示标签和“星期”显示标签可通过复制的方法制作。复制 2 个刚制作的“日期”显示标签，分别将它们的“显示输出”选项卡中的“表达式”改为“时间”和“星期”即可。

（4）最后将“日期”“时间”和“星期”显示标签垂直对齐、均匀分布，如图 8-51 所示。

（5）保存、关闭“主画面”窗口。

8.2.3 模拟（演示）运行调试

在控制面板制作完毕后，可进行模拟（演示）运行调试，若有错误随时进行修改。模拟（演示）运行调试的内容主要包括：

（1）按键盘中的“F5”键或单击工具条中的  按钮，弹出“下载配置”对话框。选择“模拟运行”，单击“工程下载”开始下载，数秒钟后下载结束。单击“启动运行”，系统会打开登录界面。输入密码后进入主界面。

（2）单击运行方式选择开关，选择“演示”运行方式（实际上系统默认方式为“演示”运行方式）。单击“系统运行”按钮，系统会弹出“运行次数设置”窗口，设定好运料次数后，单击“启动”按钮，系统会演示运行，同时系统运行指示灯变绿。

（3）如果设置的运料次数大于 20 次或者小于 0 次，系统会弹出“次数超限”提示窗。需要重新输入正确的次数后系统才能正常运行。

（4）如果在系统正在运行的情况下单击运行方式选择开关，则会弹出提示窗口，提醒操作者等待本次运料任务完成后方可进行方式选择。

（5）如果系统正在运行，若再次按下“系统运行”按钮，系统会弹出“系统正忙”提示窗口。只有在本次运料任务完成后，才能重新进行系统次数设定和启动。

（6）如果在系统运行过程中按下暂停按钮，则“暂停”指示灯闪烁，但小车不能立即停止，只有在完成本次运料循环后才会停止在初始位置。若再次按下“暂停停/继续”按钮，小车将完成剩余次数的运料任务后自动停止。

当本次设定的运料任务完成后，系统会自动停止并弹出“运料完成”提示窗口。

8.3 PLC控制程序设计

本项目仿真运行方式是以PLC为控制器，将MCGS图形元件作为控制对象，通过PLC的控制，使其按照PLC程序进行动作，同时，MCGS图形元件也会产生相应的“现场”信息，反馈给PLC，PLC根据“现场”信息的变化输出相应的控制信号，从而实现运料小车自动运行的仿真效果。因此，MCGS图形元件既是PLC的控制对象，又是整个系统的监控画面。

8.3.1 触摸屏数据对象与PLC寄存器分配

本项目选用三菱FX3u-32MR PLC作为控制器。由于“现场”信息由MCGS图形元件演示产生，所以不能使用PLC输入（X）端子，只能使用PLC的内部寄存器。本项目选用PLC通用辅助寄存器M。根据本项目控制要求与MCGS仿真需要，PLC共有19个通道与MCGS相关数据对象进行连接，具体见表8-2。

表8-2 触摸屏数据对象与PLC寄存器分配表

序号	触摸屏数据对象	PLC寄存器	序号	触摸屏数据对象	PLC寄存器
1	启动	M100	11	A装料阀	Y000
2	SQA	M101	12	B装料阀	Y001
3	SQB	M102	13	卸料阀	Y002
4	SQC	M103	14	右行	Y004
5	暂停	M107	15	左行	Y005
6	仿真	M110	16	PLCT0	T0
7	演示	M111	17	PLCT1	T1
8	仿真运行	M120	18	PLCT2	T2
9	演示运行	M121	19	PLCC0	C0
10	次数设定	D0			

8.3.2 PLC控制程序

根据运料小车的工作过程和表8-2分配的I/O地址，绘制出运料小车仿真系统PLC状态转移图，如图8-69所示。据此状态转移图编制的PLC梯形图程序如图8-70所示。

利用GX Developer编程软件输入如图8-70所示程序，并将其写入PLC。

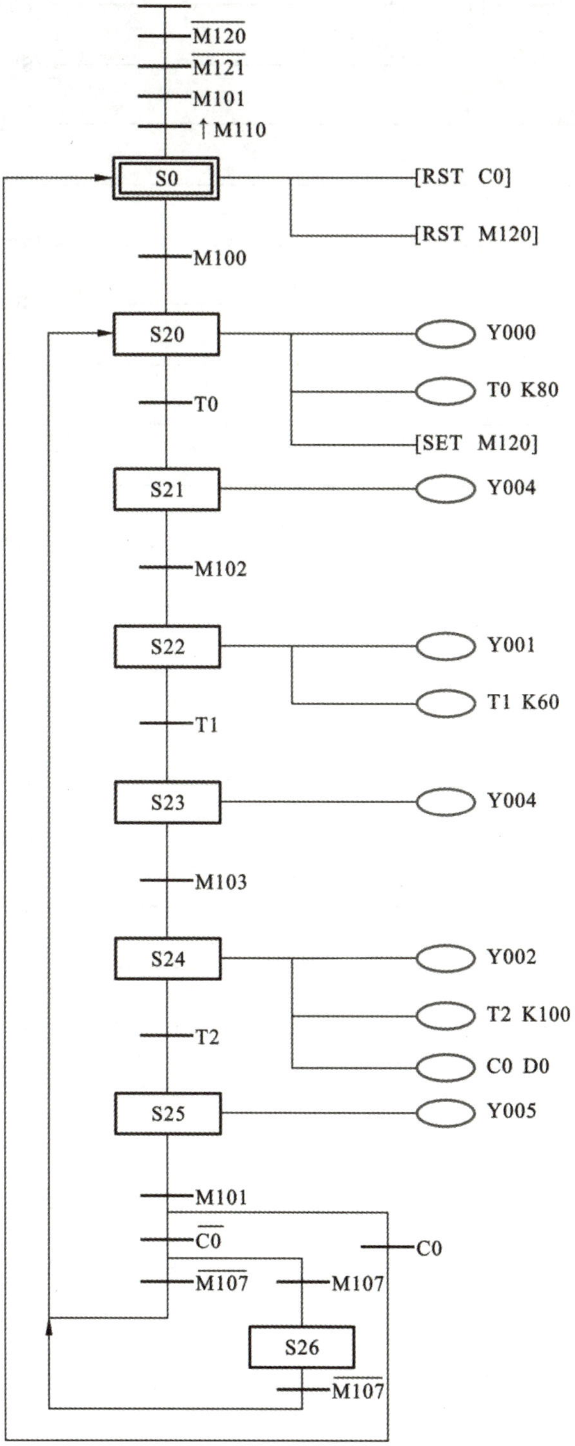

图 8-69 运料小车控制系统 PLC 状态转移图

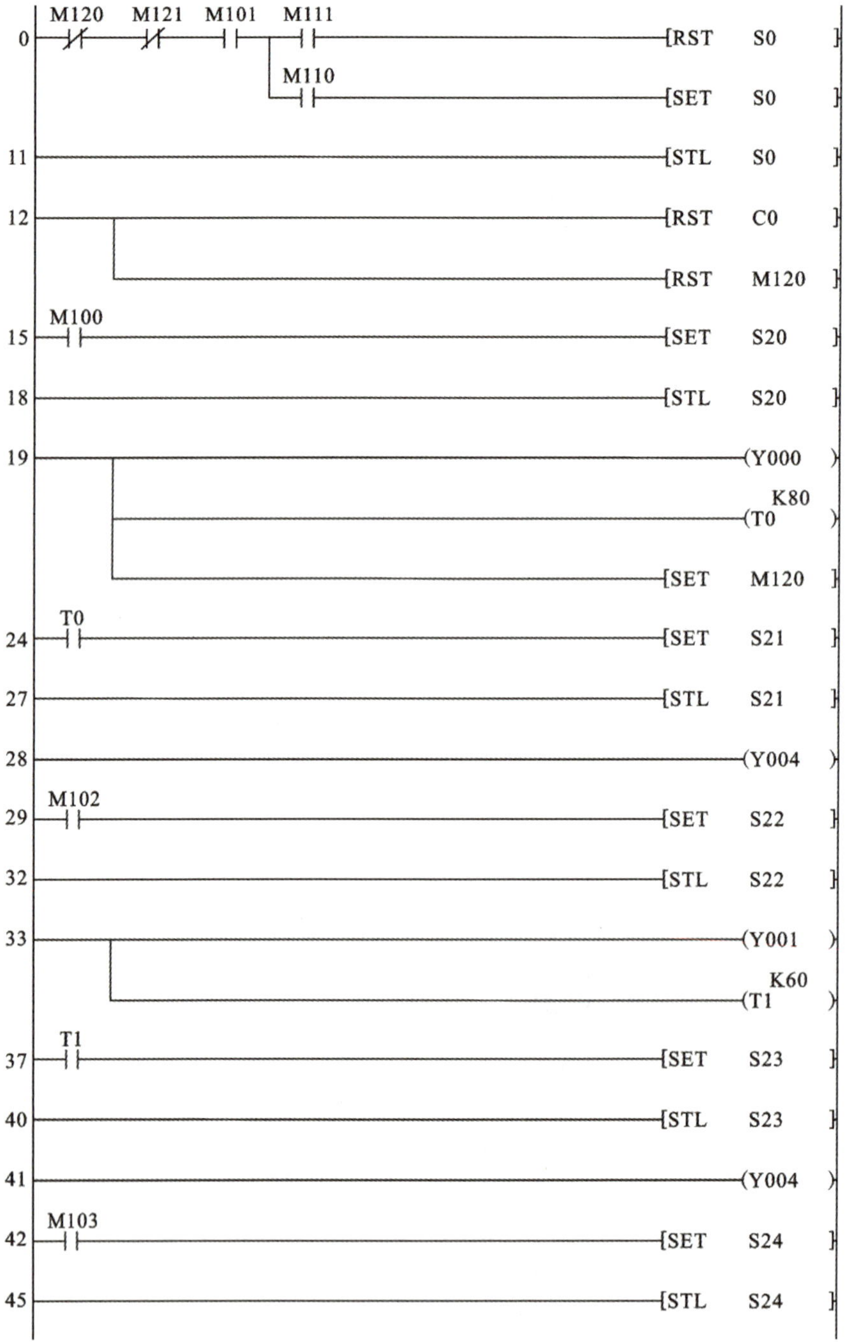
0
M120
M121
M101
M111
RST S0
M110
SET S0
11
STL S0
12
RST C0
RST M120
15
M100
SET S20
18
STL S20
19
Y000
K80
T0
SET M120
24
T0
SET S21
27
STL S21
28
Y004
29
M102
SET S22
32
STL S22
33
Y001
K60
T1
37
T1
SET S23
40
STL S23
41
Y004
42
M103
SET S24
45
STL S24

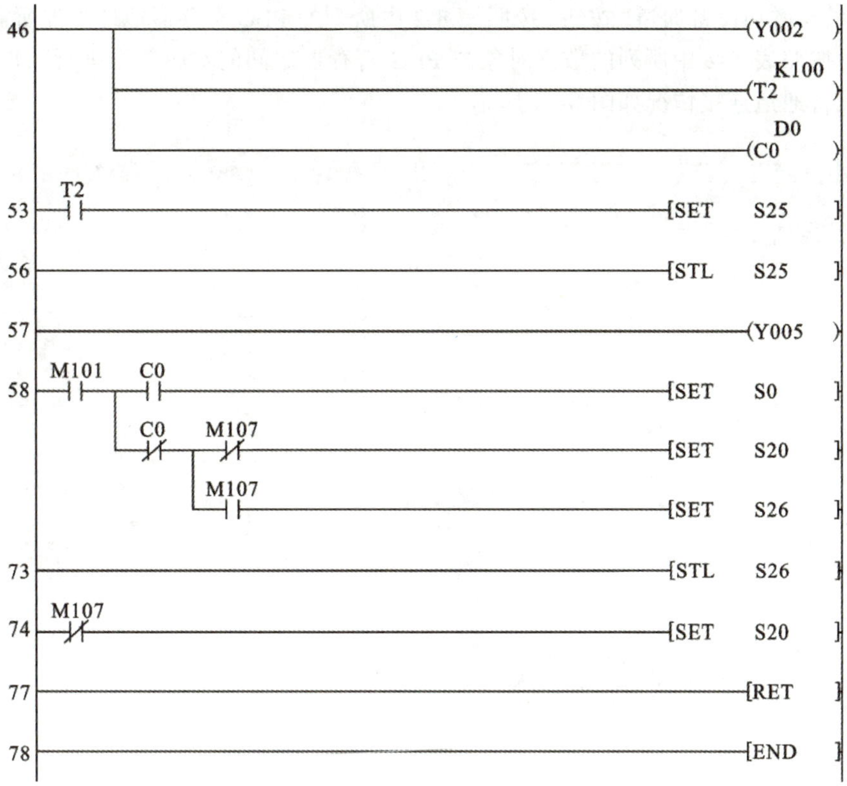

图 8-70　运料小车控制系统 PLC 梯形图程序

8.4　MCGS 设备组态与在线调试

8.4.1　设备组态

1. 添加 PLC 设备

添加 PLC 设备的方法主要包括：

（1）打开“运料小车控制系统设计”工程，切换至工作台窗口中的“设备窗口”选项卡，鼠标双击  图标进入设备组态画面，弹出设备组态窗口，窗口内为空白，没有任何设备。

（2）在设备工具箱中，按先后顺序双击“通用串口父设备”“三菱 FX 系列编程口”，将它们添加至组态画面。

2. PLC 设备属性设置及通道连接

PLC 设备属性设置及通道连接方法主要包括：

（1）在设备组态窗口中双击已添加的“通用串口父设备 0-[通用串口父设备]”，弹出“通用串口设备属性编辑”对话框。在“基本属性”选项卡中对通信端口和通信参数进行设置。

（2）双击“设备 0-[三菱 FX 系列编程口]”，弹出“设备编辑窗口”对话框。单击“删除全部通道”按钮，将不用的通道 X0000 ~ X0007 删除。

（3）单击“增加设备通道”按钮，按照表 8-2 中所列的 PLC 寄存器地址添加所需要的 PLC 通道，然后按照表 8-2 中所列的数据对象与 PLC 寄存器之间的对应关系进行数据通道连接。本项目的设备通道连接情况如图 8-71 所示。

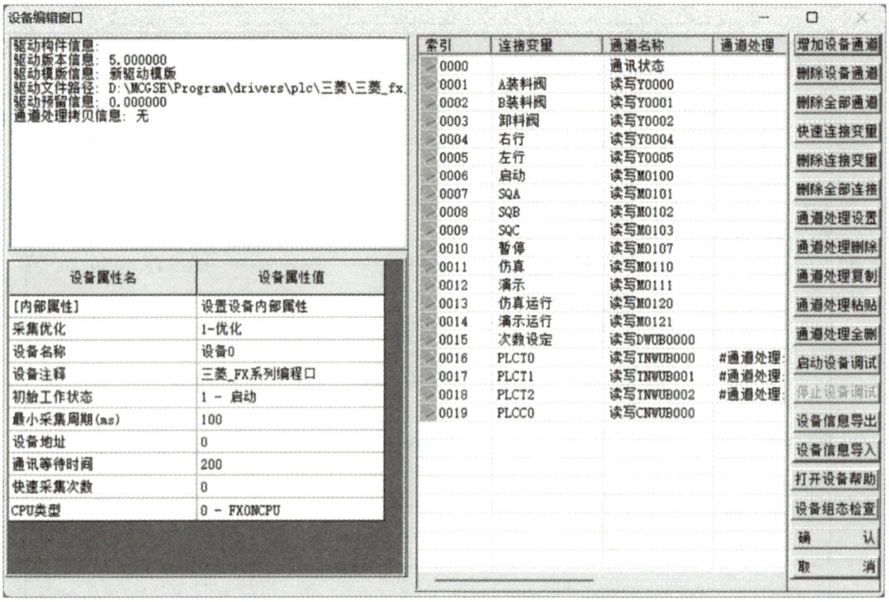

图 8-71　MCGS 变量与 PLC 通道连接

（4）通道处理：对于“PLCT0”“PLCT1”“PLCT2”三个 PLC 时间显示变量需要进行数据处理，如图 8-71 所示。双击右侧列表中“PLCT0”行与“通道处理”列对应的单元格，弹出“通道处理设置”对话框，如图 8-72 所示，在“处理方法”中单击 ① 按钮，弹出“设置多项式处理参数”对话框，设“K1”的“参数值”为“0.1”，如图 8-73 所示。单击“确认”按钮，处理内容如图 8-72 所示，再单击“确认”按钮。按照同样的方法对“PLCT1”“PLCT2”进行通道处理设置。

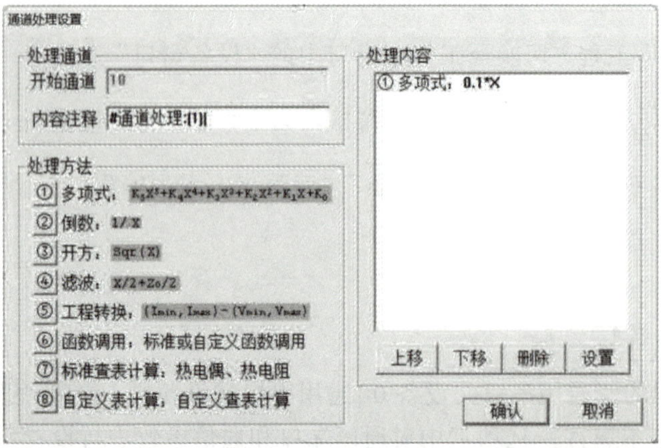

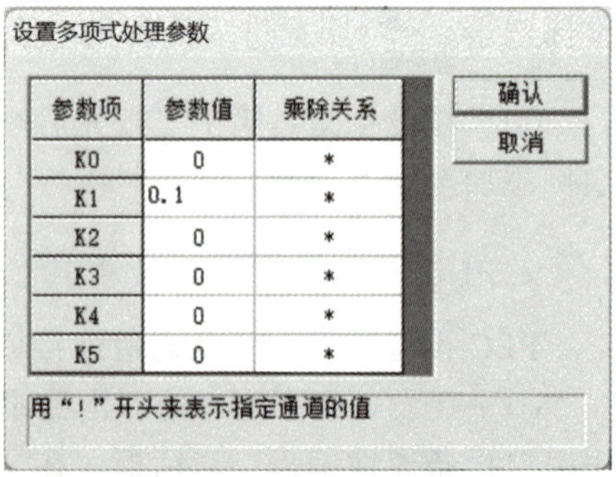

图 8-72　通道处理设置　　图 8-73　多项式处理参数设置

（5）选择 PLC 类型：单击“设备编辑窗口”对话框中的“CPU 类型”，从右边的下拉列表中选择“4-FX3UCPU”，如图 8-74 所示。

（6）确认、保存，设备组态结束。

设备属性名	设备属性值
[内部属性]	设置设备内部属性
采集优化	1-优化
设备名称	设备0
设备注释	三菱_FX系列编程口
初始工作状态	1 - 启动
最小采集周期(ms)	100
设备地址	0
通讯等待时间	200
快速采集次数	0
CPU类型	4 - FX3UCPU

图 8-74　选择 PLC 类型

8.4.2　在线运行调试

1. 在线模拟运行调试

如果没有 MCGS 触摸屏，也可以在计算机上在线模拟运行调试。调试方法主要包括：

（1）利用专用通信线连接 PLC 与计算机，然后利用 GX Developer 编程软件将如图 8-70 所示程序写入到 PLC 中，下载结束后将 PLC 置于“RUN”运行状态。

（2）设置好通信端口和通信参数。打开设备组态窗口，在设备组态窗口中双击已添加的“通用串口父设备 0-[通用串口父设备]”，弹出“通用串口设备属性编辑”对话框，在“基本属性”选项卡中将其通信参数设置成 PLC 通信参数相同，串口端口号应按 PLC 与计算机之间实际连接的端口号进行设置。

（3）设置好通信参数后单击“确认”按钮返回，保存后关闭设备组态窗口。

（4）按键盘中的“F5”键或单击工具条中的按钮，弹出“下载配置”对话框。

（5）选择“模拟运行”，单击“工程下载”开始下载，数秒钟后下载结束。

（6）单击“启动运行”，系统进入模拟运行环境，运行“运料小车控制系统”工程。

（7）单击运行方式选择开关，选择“仿真”运行方式。单击“系统运行”按钮，系统会弹出“运行次数设置”窗口，设定好运料次数后，单击“启动”按钮，系统会仿真运行，同时系统运行指示灯变绿。

（8）系统正在运行的情况下单击运行方式选择开关，则会弹出提示窗口，提醒操作者等本次运料任务完成后方可进行方式选择。

（9）系统正在运行时，若再次按下“运行”按钮，系统会弹出“系统正忙提示”窗口。只有本次运料任务完成后，才能重新进行系统次数设定和启动。

（10）运行过程中按下“暂停/继续”按钮，则“暂停指示灯”闪烁，但小车不能立即停止，只有在完成本次运料循环后才会停止在初始位置。若再次按下“暂停/继续”按钮，小车将完成剩余次数的运料任务后自动停止。

（11）本次设定的运料任务完成后，系统会自动停止并弹出“运料完成提示”窗口。

2. 在线连机运行调试

如果有 MCGS 触摸屏，则可进行在线连机运行调试。调试方法主要包括：

（1）利用 GX Developer 编程软件将如图 8-70 所示的程序写入 PLC 中，下载结束后将 PLC 置于“RUN”运行状态。

（2）利用专用通过信线连接 MCGS 触摸屏与 FX3u-32MR PLC。

（3）将普通 USB 线的扁平接口插到计算机的 USB 口，微型接口插到 TPC（触摸屏）端的 USB2 口。

（4）下载 MCGS 工程前，一定要将“通用串口父设备”的通信端口设置为“COM1”（此为触摸屏的默认通信端口），然后按键盘中的“F5”键或单击工具条中的按钮，弹出“下载配置”对话框。

（5）选择“连机运行”，连接方式选择“USB 通信”，然后单击“工程下载”开始下载，数秒钟后下载结束。

（6）单击“启动运行”或用手直接单击触摸屏上的“进入运行环境”按钮，输入正确的密码登录后，系统会运行“主画面”窗口。

（7）单击运行方式选择开关，选择“仿真”运行方式。单击“系统运行”按钮，系统会弹出“运行次数设置”窗口，设定好运料次数后单击“启动”按钮，系统会仿真运行，同时系统运行指示灯变绿。

（8）在系统在运行的情况下单击运行方式选择开关，则会弹出提示窗口，提醒操作者等本次运料任务完成后方可进行方式选择。

（9）系统运行过程中若再次按下“运行”按钮，系统会弹出“系统正忙提示”窗口。只有在本次运料任务完成后，才能重新进行系统次数设定和启动。

（10）在运行过程中按下“暂停/继续”按钮，则“暂停指示灯”闪烁，但小车不能立即停止，只有在完成本次运料循环后才会停止在初始位置。若再次按下“暂停/继续”按钮，小车将完成剩余次数的运料任务后自动停止。

（11）本次设定的运料任务完成后，系统会自动停止并弹出“运料完成提示”窗口。

参考文献

[1] 陈志文. 组态控制实用技术[M]. 4 版. 北京：机械工业出版社，2024.

[2] 覃贵礼. 组态控制技术[M]. 北京：北京理工大学出版社，2007.

[3] 贾丽仕，唐亮，付晓军. 组态控制技术[M].武汉：华中科技大学出版社，2019.

[4] 王洪，常芳，唐中武. 组态控制技术（MCGS 嵌入版）[M]. 北京：知识产权出版社，2021.

[5] 王凤杰，付丽娟.组态控制技术[M]. 南京：东南大学出版社，2013.

[6] 吴孝慧，鹿业勃. 工业组态控制技术[M]. 北京：电子工业出版社，2016.

[7] 曾劲松. 组态控制技术项目化教程[M]. 北京：电子工业出版社，2018.

[8] 张文明，华祖银. 嵌入式组态控制技术[M]. 3 版. 北京：中国铁道出版社，2019.

[9] 李红萍. 工控组态技术及应用[M]. 西安：西安电子科技大学出版社，2013.

[10] 赖永波. 组态控制技术项目式教程[M]. 北京：机械工业出版社，2017.

[11] 李宁. 组态控制技术及应用[M]. 北京：清华大学出版社，2015.

[12] 李金霞，王金祥. 组态控制技术及应用[M]. 西安：西安电子科技大学出版社，2021.

[13] 董威. 工业组态控制技术[M]. 北京：高等教育出版社，2018.

[14] 林德颖，肖玥，林福.MCGS 组态软件应用技术[M]. 天津：天津科学技术出版社，2022.

[15] 薛迎成，何坚强. 工控机及组态控制技术原理与应用[M]. 2 版. 北京：中国电力出版社，2011.

[16] 刘小春，张蕾. 组态控制技术及应用（微课版）[M]. 北京：人民邮电出版社，2023.

[17] 李江全. 组态控制技术实训教程（MCGS）[M]. 2 版. 北京：机械工业出版社，2020.

[18] 李红萍. 工控组态技术及应用——组态王[M]. 3 版. 西安：西安电子科技大学出版社，2021.

[19] 袁秀英，石梅香. 计算机监控系统的设计与调试：组态控制技术[M]. 3 版. 北京，电子工业出版社，2017.